理化检测技术与应用丛书

金属材料力学性能检测技术与应用

组　编　中国中车股份有限公司计量理化技术委员会
主　编　于跃斌　王文生
副主编　张旻昌　尚增飞
参　编　颜晓飞　侯兴华　杨　健　李凌医
　　　　杨文强　赵　璐

机　械　工　业　出　版　社

本书全面系统地介绍了金属材料的各种力学性能试验原理、方法和试验程序等，主要内容包括金属材料基础知识，力学性能试验取样方法，金属材料拉伸试验，金属材料硬度试验，金属材料夏比摆锤冲击试验，金属材料弯曲、压缩与剪切试验，金属材料疲劳试验，紧固件力学性能试验，测量不确定度。本书采用现行的相关国家标准和行业标准，内容由浅入深，注重基本理论与实践相结合，数据齐全可靠，查阅方便快捷，具有实用性、综合性、先进性和可靠性。

本书可供从事工程设计、材料研究、质量检测的技术人员使用，也可作为轨道交通力学检验人员的培训教材，同时也可供相关专业的在校师生阅读参考。

图书在版编目（CIP）数据

金属材料力学性能检测技术与应用/中国中车股份有限公司计量理化技术委员会组编；于跃斌，王文生主编. —北京：机械工业出版社，2024.4

（理化检测技术与应用丛书）

ISBN 978-7-111-75232-5

Ⅰ.①金… Ⅱ.①中… ②于… ③王… Ⅲ.①金属材料-材料力学性质-性能检测 Ⅳ.①TG14

中国国家版本馆 CIP 数据核字（2024）第 048324 号

机械工业出版社（北京市百万庄大街 22 号 邮政编码 100037）

策划编辑：陈保华　　责任编辑：陈保华　李含杨

责任校对：潘　蕊　李　杉　　封面设计：马精明

责任印制：常天培

北京科信印刷有限公司印刷

2024 年 4 月第 1 版第 1 次印刷

184mm×260mm · 11 印张 · 256 千字

标准书号：ISBN 978-7-111-75232-5

定价：49.00 元

电话服务

客服电话：010-88361066

010-88379833

010-68326294

网络服务

机　工　官　网：www.cmpbook.com

机　工　官　博：weibo.com/cmp1952

金　　书　　网：www.golden-book.com

机工教育服务网：www.cmpedu.com

丛书编委会

前 言

金属材料是目前应用最广泛的材料之一，涉及国防、民生、科技等社会的方方面面，在机械、交通、建筑、化工、冶金、航空航天等领域发挥着重要作用，对国家经济与科技发展起着关键的支撑作用。而力学性能作为金属材料的重要属性，得到各应用领域的高度关注。

为了帮助检验人员深入理解试验标准、获得准确的金属材料力学性能参数，从而为正确选择材料、合理进行工程设计、制订热处理工艺和提高产品质量等提供有关材料性能方面的依据，多位长期从事力学性能检测的专家共同努力，在借鉴国内外相关资料的基础上，根据目前力学性能检测人员的实际情况和需求编写了这本《金属材料力学性能检测技术与应用》。书中采用现行的相关国家标准和行业标准，内容系统全面，数据齐全可靠，查阅方便快捷，具有实用性、综合性、先进性和可靠性等优点。

本书全面系统地介绍了金属材料力学性能试验方法的原理、试验程序及相关标准，在层次安排上由浅入深，注重基本理论与实践相结合，详细讲解了金属材料基础知识，力学性能试验取样方法，拉伸、硬度、冲击、弯曲、压缩、剪切、疲劳等金属材料力学性能试验的基本概念、意义、范围、原理、方法和分析等，同时还介绍了测量不确定度的相关知识，并给出了测量不确定度评定实例。此外，本书还融入了各位作者多年从事材料力学性能测试的工作经验和体会。本书可供从事工程设计、材料研究、质量检测的技术人员使用，也可作为轨道交通力学检验人员的培训教材，同时也可供相关专业的在校师生阅读参考。

本书由于跃斌、王文生担任主编，张旻昌、尚增飞担任副主编，参加编写工作还有颜晓飞、侯兴华、杨健、李凌医、杨文强、赵璐。其中，第1章由尚增飞编写，第2章由赵璐、于跃斌编写，第3章由杨健编写，第4章由杨文强编写，第5章由李凌医编写，第6章由侯兴华编写，第7章由颜晓飞编写，第8章由张旻昌编写，第9章和附录由王文生编写。

在本书的编写过程中，参考了国内外同行的大量文献和相关标准，在此谨向有关人员表示衷心的感谢！由于编者水平有限，书中难免存在疏漏和不足之处，敬请广大读者批评指正。

王文生

目 录

第 1 章

金属材料基础知识

1.1 金属的晶体结构

金属材料是金属元素或以金属元素为主构成的具有金属特性的材料的统称，包括纯金属、合金、金属间化合物和特种金属材料等。人类文明的发展和社会的进步同金属材料关系十分密切，继石器时代之后出现的铜器时代、铁器时代，均以金属材料的应用为其时代的显著标志。现代，种类繁多的金属材料已成为人类社会发展的重要物质基础。

1.1.1 晶体结构的基础知识

物质通常有三种聚集状态：气态、液态和固态，而按照原子（或分子）排列的特征又可以将固态物质分为两大类：晶体和非晶体。晶体中原子在空间呈有规律的周期性规则排列，而非晶体中原子则是无规则排列的。原子排列在决定固态物质的组织和性能方面起着极重要作用。

理想晶体中，原子在三维空间呈周期性规则排列，并具有完全相同的周围环境，将原子在三维空间的规则排列称为晶格，在晶格中选取一个能够完整反映晶格特征的最小几何单元称为晶胞，将晶胞做三维的重复堆砌就构成了晶格（见图 1-1）。

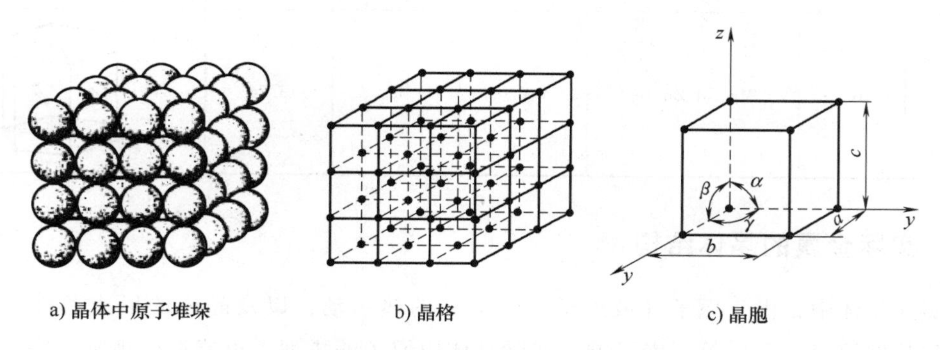

图 1-1 晶体、晶格和晶胞

为描述晶胞的形状和大小，常采用平行六面体的三条棱边长 a、b、c（称为晶格常数）和三条棱边之间的夹角 α、β、γ 来表述。由不同元素组成的金属晶体，因其晶格结构不同，其物理、化学和力学性能也有很大差异。表 1-1 列出了金属晶体结构中三种典型的晶体结构。

（1）面心立方晶格（FCC 晶格） 金属原子分布在立方体的八个角上和六个面的中心，面中心的原子与该面四个角上的原子紧靠。晶胞特征为晶格常数 $a=b=c$，$\alpha=\beta=\gamma=90°$，晶胞内原子数为 4 个，致密度为 0.74，配位数为 12 个。铝（Al）、铜（Cu）、镍（Ni）、金（Au）、银（Ag）等具有这种晶格。

（2）体心立方晶格（BCC 晶格） 八个金属原子分别处于立方体的八个角上，一个原子处于立方体的中心，角上八个原子与中心原子紧靠一起。晶胞特征为晶格常数 $a=b=c$，$\alpha=\beta=\gamma=90°$，晶胞原子数为 2 个，致密度为 0.68，配位数为 8 个。钼（Mo）、钨（W）、钒（V）等具有这种晶格。

（3）密排六方晶格（HCP 晶格） 十二个金属原子分布在六方体的十二个角上，在上下底面的中心各分布一个原子，上下底面之间均匀分布三个原子。晶格常数用底面正六边形的边长 a 和两底面之间的距离 c 来表述，两相邻侧面之间的夹角为 120°，侧面与底面之间的夹角为 90°。晶胞原子数为 6 个，致密度为 0.74，配位数为 12 个。镁（Mg）、镉（Cd）、锌（Zn）、铍（Be）等具有这种晶格。

表 1-1 典型的晶体结构

晶格结构	符号	常见金属	晶胞内原子数/个	配位数/个	致密度	晶胞
面心立方晶格	FCC	Al、Cu、Ni、Au	4	12	0.74	
体心立方晶格	BCC	Mo、W、V	2	8	0.68	
密排六方晶格	HCP	Mg、Cd、Zn、Be	6	12	0.74	

1.1.2 实际金属的晶体结构

在实际晶体中，由于原子（或离子、分子）的热运动，以及晶体的形成条件、冷热加工过程和其他辐射、杂质等因素影响，实际晶体中原子的排列不可能那样规则、完整，常存在各种偏离理想结构的情况，即晶体缺陷。根据缺陷的几何特征，晶体缺陷可分为三类：

（1）点缺陷 其特征是在三维尺度上都很小，尺寸范围约为一个或几个原子尺度。点缺陷包括空位、间隙原子、杂质或溶质原子，故称零维缺陷（见图 1-2）。点缺陷会造成局部晶格畸变，使金属的电阻率、强度增加，密度发生变化。

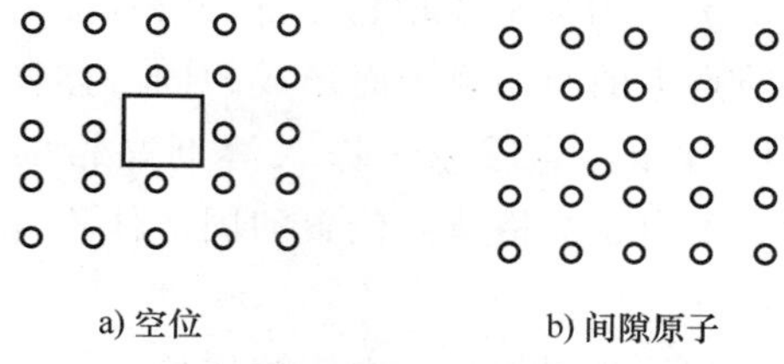

图 1-2 晶体中的点缺陷

（2）线缺陷 其特征是在两个方向尺寸很小，另外一个方向延伸较长。线缺陷也称一维缺陷，即位错，由晶体中原子平面的错动引起，如刃型位错（见图 1-3）、螺型位错、混合位错。

（3）面缺陷 其特征是在一个方向尺寸很小，另外两个方向扩展很大。面缺陷也称二维缺陷。晶界（见图 1-4）、亚晶界、相界、孪晶界和堆垛层错等都属于面缺陷。

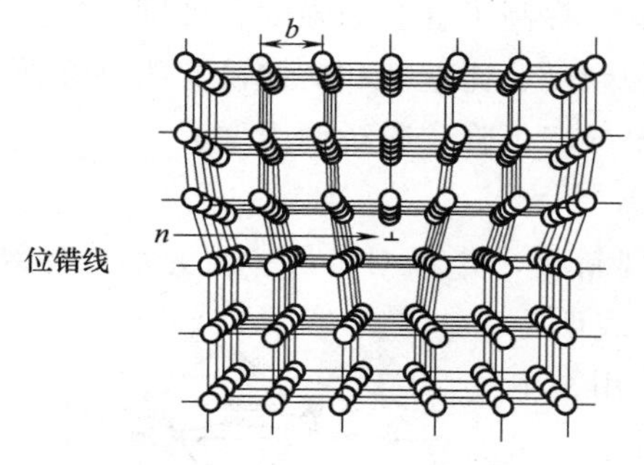

图 1-3 晶体中的刃型位错

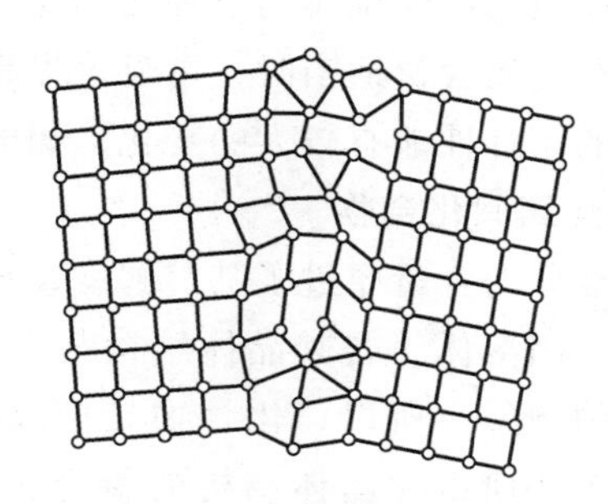
图 1-4 晶体中的晶界

在晶体中，这三类缺陷经常共存，它们互相联系，相互制约，在一定条件下还能互相转化，从而对晶体性能产生复杂影响。

1.1.3 合金中的相结构

虽然纯金属在工业中有着重要的应用，但由于其强度低等，在工业上广泛使用的金属材料绝大多数都是合金。合金是两种或两种以上的金属或非金属经熔炼、烧结或其他方法组合而成具有金属特性的物质。组成合金的基本的、独立的物质称为组元。组元可以是金属或非金属，也可以是化合物。

相是合金中具有同一聚集状态，同一晶体结构和性质，并以界面相互隔开的均匀组成部分。在固态材料中，按其晶格结构的基本属性来分，可分为固溶体和化合物两大类。组织是人们用肉眼或借助某种工具（放大镜、光学显微镜、电子显微镜等）所观察到的材料形貌，它取决于组成相的类型、形状、大小、数量、分布等，组织是决定材料性能的关键。

通常固态时合金形成固溶体、金属间化合物和机械混合物。

1. 固溶体

当材料由液态结晶为固态时，组成元素间会像溶液那样互相溶解，形成一种在某种元素的晶格结构中包含其他元素原子的新相，称为固溶体。与固溶体的晶格相同的组成元素称为溶剂，在固溶体中一般都占有较大的含量；其他的组成元素称为溶质，其含量与溶剂相比为较少。固溶体，即一些元素进入某一组元的晶格中，不改变其晶体结构，形成的均匀相。

按溶质原子在固溶体（溶剂）晶格中的位置不同可分为置换固溶体和间隙固溶体（见

图 1-5）。溶质原子取代了部分溶剂晶格中某些节点上的溶剂原子而形成的固溶体称为置换固溶体。溶质原子嵌入溶剂晶格的空隙中，不占据晶格节点位置的固溶体称为间隙固溶体。

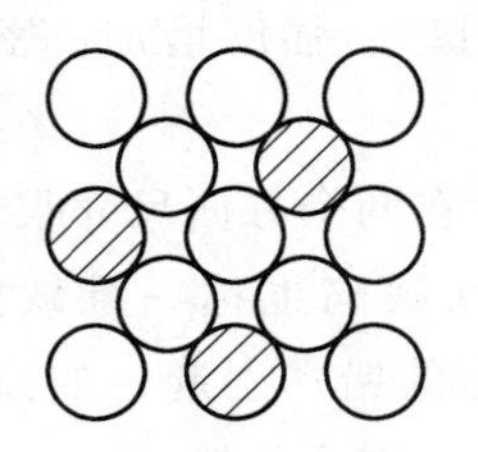

a) 置换固溶体

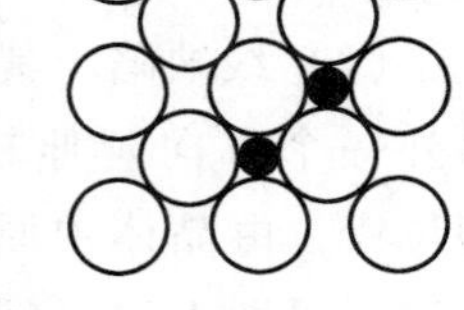

b) 间隙固溶体

图 1-5　置换固溶体和间隙固溶体

和纯金属相比，由于溶质原子的溶入导致固溶体的点阵常数、力学性能、物理和化学性能产生不同程度的变化。随着溶质原子的溶入，晶格发生畸变，晶格畸变增大了位错运动的阻力，使金属的滑移变形变得更加困难，从而提高了合金的强度和硬度，称为固溶强化。在溶质含量适当时，可显著提高材料的强度和硬度，而塑性和韧性没有明显降低，但固溶体的物理性能有较大的变化，如电阻率上升，电导率下降，磁矫顽力增大。

2. 金属间化合物

当溶质的含量超过了其溶解度，在材料中将出现新相，若新相为另一组元的晶体结构，则是另一固溶体。若其晶体结构与组元都不相同，表明生成了新的物质。所以，化合物是构成的组元相互作用，生成不同于任何组元晶体结构的新物质。在金属材料中，原子之间的结合除离子键和共价键，金属键在不同程度上也参与一定的作用，如果生成的化合物也具有金属性，则称之为金属间化合物。金属间化合物一般可用化学分子式表示，如 Fe_3C（见图 1-6）、$Cr_{23}C_6$ 等。

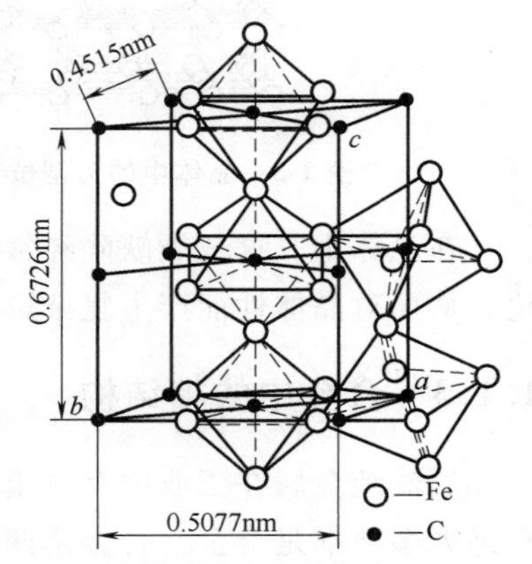

图 1-6　Fe_3C 的晶体结构

大多数金属间化合物具有熔点较高（结合键强的表现之一），力学性能表现为硬而脆的特点。金属间化合物在合金中作为强化项，可有效地提高钢的强度、硬度、耐热性和耐磨性，是高合金钢和硬质合金中的重要组成相。

3. 机械混合物

由两种或两种以上的互不相溶晶体结构（纯金属、固溶体或化合物）机械地混合而形成的物质称为机械混合物。机械混合物的性能主要取决于组成它的各组成物的性能，以及其数量、形状、大小和分布情况。可以借助某种工具直接观察到有不同状态的物质共存的混合物。

1.2　金属材料的分类

金属材料是具有光泽、延展性，容易导电、传热等性质的材料，一般分为钢铁材料和有色金属材料。其中，钢铁材料是基本的结构材料，称为“工业的骨骼”。由于科学技术的进步，各种新型化学材料和新型非金属材料的广泛应用，使钢铁材料的替代品不断增多，对钢铁材料的需求量相对下降，但迄今为止，钢铁材料在工业原材料构成中的主导地位还是难以取代的。

1.2.1 钢铁材料的分类

钢铁材料主要指铁及其合金，如钢、生铁、铁合金、铸铁等，尤其是合金。钢铁材料在国民经济中占有极其重要的地位，也是衡量一个国家国力的重要标志之一。

1. 铸铁的分类

铸铁是 $w(C)>2.11\%$ 的铁碳合金。它是以铁、碳、硅为主要组成元素，并比碳素钢含有较多的锰、硫、磷等杂质的多元合金。有时为了提高铸铁的力学性能或物理、化学性能，还可加入一定量的合金元素，得到合金铸铁。早在公元前6世纪春秋时期，我国已开始使用铸铁，直到目前为止，在工业生产中铸铁仍然是最重要的材料之一。铸铁件具有优良的铸造性能，可制成复杂零件，一般有良好的可加工性。另外，铸铁还具有耐磨性和减振性良好，价格低等特点。铸铁的分类见表1-2。

表1-2 铸铁的分类

分类方法	分类名称	说明
按断口特征	白口铸铁	碳除少数溶于铁素体，其余的都以渗碳体的形式存在于铸铁中，其断口呈银白色。主要用作炼钢原料和生产可锻铸铁的毛坯
	灰口铸铁	碳全部或大部分以片状石墨存在于铸铁中，其断口呈暗灰色。有一定的力学性能和良好的切削性能
	麻口铸铁	碳一部分以石墨形式存在，类似灰口铸铁；另一部分以自由渗碳体形式存在，类似白口铸铁。断口中呈黑白相间的麻点。具有较大硬脆性，故工业上很少应用
按石墨形态	灰铸铁	铸铁中石墨呈片状存在
	可锻铸铁	石墨呈团絮状存在，由一定成分的白口铸铁经高温长时间退火后获得。其韧性和塑性较灰铸铁高
	球墨铸铁	石墨呈球状存在，它是在铁液浇注前经球化处理后获得的。力学性能比灰铸铁和可锻铸铁高，生产工艺比可锻铸铁简单，在生产中的应用日益广泛
	蠕墨铸铁	铁液经过蠕化处理，大部分石墨为蠕虫状的铸铁。蠕墨铸铁的基体形式为铁素体、珠光体、铁素体+珠光体
按化学成分	普通铸铁	不含任何合金元素的铸铁，如灰铸铁、可锻铸铁、球墨铸铁等
	合金铸铁	在普通铸铁加入一些合金元素，以提高某些特殊性能的铸铁
按铸铁的特殊性能	抗磨铸铁	在摩擦条件下而不易磨损的铸铁。通常有普通白口铸铁、合金白铸铁、中锰球墨铸铁等
	冷硬铸铁	全部或大部分碳呈化合态的铸铁，组织是由外层的白口组织和心部的灰口组织（片状石墨或球状石墨）共生组成
	耐热铸铁	高温下其氧化或变形符合使用要求的铸铁。在铸铁中加入某些合金元素，以提高铸铁在高温时的抗氧化性和抗生长性
	耐蚀铸铁	有一定耐蚀性，如高硅耐酸铸铁、高硅钼抗氯铸铁、抗碱铸铁等，主要用于制作石油、化工等设备中的许多零件

2. 钢的分类

钢是对 $w(C)=0.02\%\sim2.11\%$ 的铁碳合金的统称。钢以其低廉的价格、可靠的性能成为世界上使用最多的材料之一，是建筑业、制造业和人们日常生活中不可或缺的材料。钢的种类繁多，为了便于生产、使用、管理，可按以下几种方法分类。

1）按化学成分可将钢分为碳素钢和合金钢，碳素钢根据碳含量分为低碳钢、中碳钢和高碳钢。合金钢根据合金元素含量分为低合金钢、中合金钢和高合金钢。表 1-3 列出了非合金钢、低合金钢和合金钢合金元素规定含量界限值。

表 1-3　非合金钢、低合金钢和合金钢合金元素规定含量界限值

合金元素	合金元素规定含量界限值(质量分数,%)		
	非合金钢	低合金钢	合金钢
Al	<0.10	—	≥0.10
B	<0.0005	—	≥0.0005
Bi	<0.10	—	≥0.10
Cr	<0.30	0.30~0.50	≥0.50
Co	<0.10	—	≥0.10
Cu	<0.10	0.10~0.50	≥0.50
Mn	<1.00	1.00~1.40	≥1.40
Mo	<0.05	0.05~0.10	≥0.10
Ni	<0.30	0.30~0.50	≥0.50
Nb	<0.02	0.02~0.06	≥0.06
Pb	<0.40	—	≥0.40
Se	<0.10	—	≥0.10
Si	<0.50	0.50~0.90	≥0.90
Te	<0.10	—	≥0.10
Ti	<0.05	0.05~0.13	≥0.13
W	<0.10	—	≥0.10
V	<0.04	0.04~0.12	≥0.12
Zr	<0.05	0.05~0.12	≥0.12
La 系(每一种元素)	<0.02	0.02~0.05	≥0.05
其他规定元素(S、P、C、N 除外)	<0.05	—	≥0.05

2）按质量等级分类，钢的质量是以硫、磷的含量来划分的。根据硫、磷的含量，可将钢分为普通质量钢、优质钢、特殊质量钢。

3）按冶炼方法分类，根据冶炼所用炼钢炉不同，可将钢分为平炉钢、转炉钢和电炉钢。

4）按金相组织分类，按退火组织可将钢分为亚共析钢、共析钢和过共析钢；按正火组织可将钢分为珠光体钢、贝氏体钢、马氏体钢、铁素体钢、奥氏体钢和莱氏体钢等。

5）按使用用途分类，可把钢分成结构钢、工具钢和特殊用途钢。结构钢又分为工程结构钢和机械结构钢。工程结构钢主要指建筑、铁路、桥梁、容器等工程构件用钢，采用这种钢制成的构件大多不再进行热处理；机械结构钢指机床、武器等的零件用钢，采用这种钢制成的零件大多要进行热处理。

工具钢主要用来制造各种工具，如量具、刃具、模具，对工具钢制成的工具都要进行热处理。

特殊用途钢指制成的零件在特殊条件下工作，对钢有特殊要求，如物理、化学、力学等性能。表 1-4 列出了钢的主要分类及举例。

表 1-4　钢的主要分类及举例

按质量分类	非合金钢	低合金钢	合金钢
普通质量	1)低碳结构钢板和带钢 2)碳素结构钢 3)碳素钢钢筋 4)铁道用钢、钢板桩钢 5)一般工程用热处理的普通质量碳素钢 6)普通碳素钢盘条 7)一般用途低碳钢丝 8)栅栏用钢丝	1)一般用途低合金结构钢 2)一般低合金钢筋钢 3)低合金轻轨钢 4)矿用低合金结构钢	
优质	1)锅炉和压力容器用钢 2)船舶、铁道、桥梁、汽车、锚链、自行车用钢 3)输油及输气管用钢 4)工程结构用铸造碳素钢 5)焊条用钢 6)冷镦用钢 7)花纹用钢 8)盘条钢 9)非合金表面硬化钢 10)非合金弹簧钢 11)易切削结构钢 12)非合金电工钢板	1)一般用途低合金结构钢 2)锅炉和压力容器用低合金钢 3)造船用低合金钢 4)桥梁用低合金钢 5)低合金高耐候钢 6)可焊接低合金耐候钢 7)起重机用低合金钢轨钢 8)铁路用异型钢 9)矿用低合金结构钢 10)易切削结构钢	1)一般工程结构用合金钢筋钢 2)地质石油钻探用合金钢 3)电工用钢 4)铁道用合金钢 5)压力容器用合金钢 6)热处理合金钢筋钢 7)石油钻探用合金钢 8)高锰钢 9)机械结构用钢 10)经热处理的地质、石油钻探用合金钢
特殊质量	1)特殊要求的优质碳素结构钢、保证淬透性钢 2)航空、兵器、核压力容器用非合金钢 3)焊条用钢 4)碳素弹簧钢和工具钢 5)特殊盘条钢 6)非合金表面硬化钢 7)冷顶锻和冷挤压钢 8)特殊易切削钢 9)碳素中空钢 10)具有规定导电性能的非合金电工钢	1)核能用低合金钢 2)压力容器用低合金钢 3)保证厚度方向性能的低合金钢 4)舰船、兵器用低合金钢 5)铁路用低合金车轮钢 6)刮脸刀片用低合金钢	1)不锈钢和耐热钢 2)合金工具钢 3)高速工具钢 4)轴承钢 5)特殊物理性能钢

钢材按外形可分为型材、板材、管材、金属制品四大类。为便于采购、订货和管理，我国目前将钢材分为十六大品种，见表 1-5。

表 1-5 钢材的分类

类别	品种	说明
型材	重轨	每米质量大于 30kg 的钢轨(包括起重机轨)
	轻轨	每米质量小于或等于 30kg 的钢轨
	大型型钢	普通钢圆钢、方钢、扁钢、六角钢、工字钢、槽钢、等边和不等边角钢及螺纹钢等。按尺寸大小分为大、中、小型型钢
	中型型钢	
	小型型钢	
	线材	直径 5~10mm 的圆钢和盘条
	冷弯型钢	将钢材或钢带冷弯成形制成的型钢
	优质型材	优质钢圆钢、方钢、扁钢、六角钢等
	其他钢材	包括重轨配件、车轴坯、轮箍等
板材	薄钢板	厚度等于和小于 4mm 的钢板
	厚钢板	厚度大于 4mm 的钢板,可分为中板(>4~20mm)、厚板(>20~60mm)、特厚板(>60mm)
	钢带	也称带钢,实际上是长而窄并成卷供应的薄钢板
	电工硅钢薄板	也称硅钢片或矽钢片
管材	无缝钢管	用热轧、冷拔或挤压等方法生产的管壁无接缝的钢管
	焊接钢管	将钢板或钢带卷曲成形,然后焊接制成的钢管
金属制品	金属制品	包括钢丝、钢丝绳、钢绞线等

1.2.2 有色金属材料的分类

有色金属又称非铁金属，是铁、锰、铬以外的所有金属的统称。有色金属材料包括有色金属和有色合金。有色合金是以一种有色金属为基体（质量分数通常大于 50%），加入一种或几种其他元素而构成的合金。有色金属的分类很多，大约有 80 多种，大致按其相对密度、价格、在地壳中的储量及分布情况和被人们发现与使用情况的早晚等分为五大类。

1）重有色金属：指密度大于 4.5g/cm^3 的有色金属，包括铜、镍、锢、铅、锌、锑、汞、镉和铋。

2）轻有色金属：指密度小于或等于 4.5g/cm^3 的有色金属，包括铝、镁、钙、钾、锶和钡。

3）贵金属：指在地壳中含量少，开采和提取都比较困难，对氧和其他试剂稳定，价格比一般金属贵的有色金属，包括金、银和铂族元素。一般密度都较大，熔点较高（916~3000℃），有很好的化学稳定性、优良的抗氧化性及耐蚀性。

4）半金属：一般指硅、硒、碲、砷和硼五种元素。其物理、化学性质介于金属和非金属之间，如砷是非金属，但它能传热和导电。

5）稀有金属：稀有金属并不是说稀少，只是指在地壳中分布不广，开采冶炼较难，在工业中应用较晚，故称为稀有金属。稀有金属又包括为稀有轻金属、稀有高熔点金属、稀有分散金属、稀土金属、稀有放射性金属。

1.3　金属材料的热处理方法

1.3.1　热处理概述

金属热处理是将金属或合金工件放在一定的介质中加热到适宜的温度，并在此温度中保持一定时间后，又以不同速度在不同的介质中冷却，通过改变金属材料表面化学成分或内部的显微组织结构来控制其性能的一种工艺。除钢铁材料，铝、铜、镁、钛等及其合金也都可以通过热处理改变其力学、物理和化学性能，以获得不同的使用性能。

热处理工艺一般包括加热、保温、冷却三个过程，有时只有加热和冷却两个过程。这些过程互相衔接，不可间断。

加热温度是热处理工艺过程中的重要工艺参数之一，选择和控制加热温度，是保证热处理质量的关键。加热温度随被处理的金属材料和热处理的目的不同而异，但一般都是加热到相变温度以上，以获得需要的组织。另外，转变需要一定的时间，因此当金属工件表面达到要求的加热温度时，还须在此温度保持一定时间，让内外温度一致，使其显微组织转变完全，这段时间称为保温时间。

冷却也是热处理工艺过程中不可缺少的步骤，冷却方法因工艺不同而不同，主要是控制冷却速度，还因金属材料不同而有不同的要求。

1.3.2　常用热处理工艺

金属热处理工艺大体可分为整体热处理、表面热处理和化学热处理三大类。根据加热介质、加热温度和冷却方法的不同，每一大类又可分为若干不同的热处理工艺。同一种金属材料采用不同的热处理工艺，可获得不同的组织，从而具有不同的性能。

1. 整体热处理

对工件整体加热，然后以适当的速度冷却，以改变其整体力学性能的金属热处理工艺，称为整体热处理。整体热处理大致包括退火、正火、淬火和回火四种基本工艺。

（1）退火　退火是将金属工件缓慢加热到一定温度，保持足够时间，然后以适宜速度冷却。目的是降低硬度，改善可加工性；降低残余应力，稳定尺寸，减少变形与裂纹倾向；细化晶粒，调整组织，消除组织缺陷；均匀材料组织和成分，改善材料性能或为以后热处理做组织准备。

根据工件要求和退火的目的不同，退火的工艺规范有多种，常用的有完全退火、球化退火和去应力退火等。

1）完全退火：应用于平衡加热和冷却时有固态相变（重结晶）发生的合金。其退火温度为该合金的相变温度区间以上或以内的某一温度。加热和冷却都是缓慢的。合金于加热和冷却过程中各发生一次相变重结晶，故又称为重结晶退火。钢的完全退火工艺是：缓慢加热到 Ac_3（亚共析钢）或 Ac_{cm}（过共析钢）以上 20～30℃，保持适当时间，然后缓慢冷却下来。

2）球化退火：将工件加热到 Ac_1 以上 20～30℃，保温一段时间，然后缓慢冷却到略低于 Ac_1 的温度，并停留一段时间，使组织转变完成。其目的在于使珠光体内的片状渗碳体和先共析渗碳体都变为球粒状，均匀分布于铁素体基体中（这种组织称为球化珠光体）。具有这种组织的中碳钢和高碳钢硬度低，可加工性好，冷形变能力大。

3）去应力退火：将工件加热到 Ac_1 以下的适当温度（非合金钢为 500～600℃），保温后随炉冷却的热处理工艺，称为去应力退火。去应力加热温度低，在退火过程中无组织转变，主要适用于毛坯件及经过切削加工的工件，目的是为了消除毛坯和工件中的残余应力，稳定工件尺寸及形状，减少工件在切削加工和使用过程中的形变和裂纹倾向。

（2）正火　将工件加热到 Ac_3（亚共析钢）或 Ac_{cm}（过共析钢）温度以上 30～50℃后，保温一段时间出炉空冷。主要特点是冷却速度快于退火而低于淬火，正火时可在稍快的冷却速度中使结晶的晶粒细化，不但可得到满意的强度，而且可以明显提高韧性，降低工件的开裂倾向。一些低合金热轧钢板、低合金钢锻件与铸件经正火处理后，材料的综合力学性能可以得到大幅度改善，而且也改善了可加工性。

（3）淬火　将工件加热到临界温度 Ac_3（亚共析钢）或 Ac_{cm}（过共析钢）以上温度，保温一段时间，使之全部或部分奥氏体化，然后以大于临界冷却速度的速度快冷到 Ms 以下（或 Ms 附近温度）进行马氏体（或贝氏体）转变的热处理工艺。

淬火包括加热、保温、冷却三个阶段，为了获得较快的冷却速度，通常选用水、油或其他无机盐、有机水溶液作为淬火冷却介质。淬火是钢件热处理工艺中应用最为广泛的工艺方法。

（4）回火　大多数钢件淬火后都要经过回火。回火是将经过淬火的工件重新加热到低于相变临界温度，保温一段时间后在空气或水、油等介质中冷却的热处理工艺。一般用于减小或消除淬火钢件中的内应力，或者降低其硬度和强度，以提高其塑性或韧性。淬火后的工件应及时回火，通过淬火和回火的相配合，才可以获得所需的力学性能。

按回火温度范围，回火可分为低温回火、中温回火和高温回火。

1）低温回火：工件在 150～250℃ 进行的回火，目的是保持淬火工件高的硬度和耐磨性，降低淬火残余应力和脆性。硬度一般为 58～64HRC，具有高的硬度和耐磨性。低温回火主要用于各类高碳钢的工具、刃具、量具、模具、滚动轴承、渗碳件及表面淬火件等。

2）中温回火：工件在 350～500℃之间进行的回火，目的是得到较高的弹性和强度，足够的塑性和韧性。硬度一般为 35～50HRC。中温回火主要用于弹簧、发条、锻模、冲击工具等。

3）高温回火：工件在 500℃以上进行的回火，目的是得到强度、塑性和韧性都较好的综合力学性能。硬度一般为 25～35HRC，有较好的综合力学性能。高温回火主要用于各种较重要的受力结构件，如连杆、螺栓、齿轮及轴类零件等。

以上四种基本工艺随着加热温度和冷却方式的不同，又演变出不同的热处理工艺。为了获得一定的强度和韧性，把淬火和高温回火结合起来的工艺，称为调质。图 1-7 所示为一种工件的热处理工艺。

2. 表面热处理

通过对工件表层的加热、冷却，改变表层组织结构，获得所需性能的金属热处理工艺，称为表面热处理。通过表面热处理，可获得表面高硬度的马氏体组织，而保留心部的韧性和塑性，提高工件的综合力学性能。例如，对一些轴类、齿轮和承受变向负荷的零件，可通过表面热处理，使表面具有较高的耐磨性，使工件整体的抗疲劳能力大幅度提高。

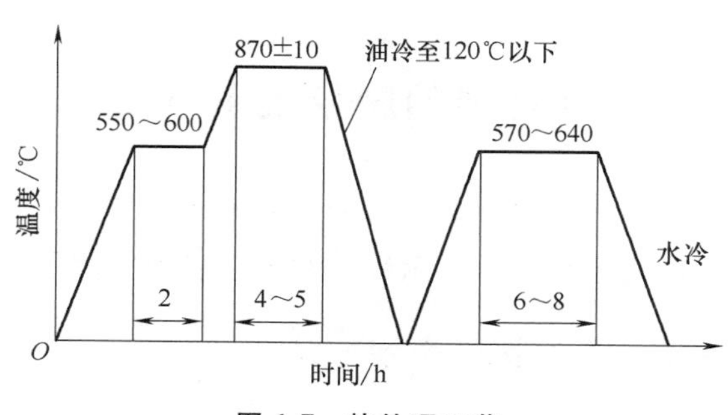

图 1-7 热处理工艺

表面热处理最主要的内容是钢铁件的表面淬火，可分为火焰淬火和感应淬火。为了只加热工件表层而不使过多的热量传入工件内部，使用的热源须具有高的能量密度，即在单位面积的工件上给予较大的热能，使工件表层或局部能短时或瞬时达到高温。表面热处理的主要方法有激光淬火、火焰淬火和感应淬火，常用的热源有氧乙炔或氧丙烷火焰、感应电流、激光和电子束等。图 1-8 所示为感应淬火加热的原理。

3. 化学热处理

化学热处理是利用化学反应、有时兼用物理方法改变钢件表层化学成分及组织结构，以便得到比均质材料更好的技术经济效益的金属热处理工艺。由于机械零件的失效和破坏大多数都萌发在表层，特别在可能引起磨损、疲劳、腐蚀、氧化等条件下工作的零件，表层的性能尤为重要。

化学热处理与表面热处理的不同之处是前者改变了工件表层的化学成分。化学热处理是将工件放在含碳、氮或其他合金元素的介质（气体、液体、固体）中加热，保温较长时间，从而使工件表层渗入碳、氮、硼和铬等元素。渗入元素后，有时还要进行其他热处理工艺，如淬火及回火。

化学热处理的方法繁多，多以渗入元素或形成的化合物来命名，如渗碳、渗氮、渗硼、渗硫、渗铝、渗铬、渗硅、碳氮共渗、氧氮共渗、硫氰共渗和碳氮硫氧硼五元共渗等。图 1-9 所示为钢件的气体渗碳炉。

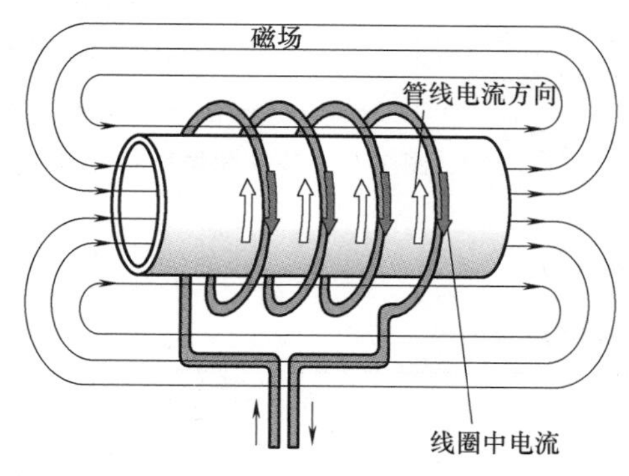

图 1-8 感应淬火加热的原理

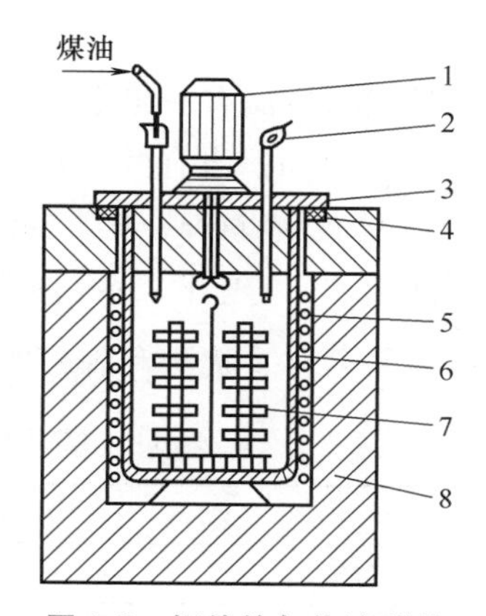

图 1-9 钢件的气体渗碳炉

1—风扇电动机 2—废气火焰 3—炉盖 4—砂封
5—电阻丝 6—耐热罐 7—工件 8—炉体

1.4 金属材料的牌号表示方法

金属材料多种多样，为了使生产、管理方便有序，有关标准对不同金属材料规定了它们牌号的表示方法，以示统一和便于采纳、使用。

1.4.1 铸铁牌号表示方法

GB/T 5612—2008《铸铁牌号表示方法》对铸铁牌号的表示方法有明确的规定。铸铁牌号通常采用铸铁代号、化学元素符号和阿拉伯数字等符号表示。

1. 铸铁代号

铸铁基本代号由表示该铸铁特征的汉语拼音的第一个大写正体字母组成，当两个铸铁名称的代号字母相同时，可以在该大写正体字母后加小写正体字母来区分。当要表示铸铁的组织特征或特殊性能时，代表铸铁组织特征或特殊性能的汉语拼音的第一个大写正体字母排在基本代号后面。

2. 元素符号、含量定义及力学性能

合金化元素用国际化学元素表示，混合稀土元素用符号“RE”表示，名义含量及力学性能用阿拉伯数字表示。

当以化学成分表示铸铁的牌号时，合金元素符号及名义含量（质量分数）排在铸铁代号字后。在牌号中，常规碳、硅、锰、硫、磷元素一般不标注，有特殊作用时，才标注其元素符号及含量。合金化元素的含量大于或等于1%（质量分数）时，在牌号中用整数标注；小于1%（质量分数）时，一般不标注，只有对该合金特性有较大影响时，才标注其合金化元素符号。合金化元素按其含量递减次序排列，含量相等时候按元素符号的字母顺序排列。

当以力学性能表示铸铁的牌号时，力学性能值排在铸铁代号之后。当牌号中有合金元素符号时，抗拉强度值排列于元素符号及含量之后，之间用“-”隔开。

牌号中的代号后面有一组数字时，该组数字表示抗拉强度值，单位为MPa；当有两组数字时，第一组数字表示抗拉强度值，单位为MPa，第二组表示伸长率值（%），两组数字之间用“-”隔开（示例见图1-10）。

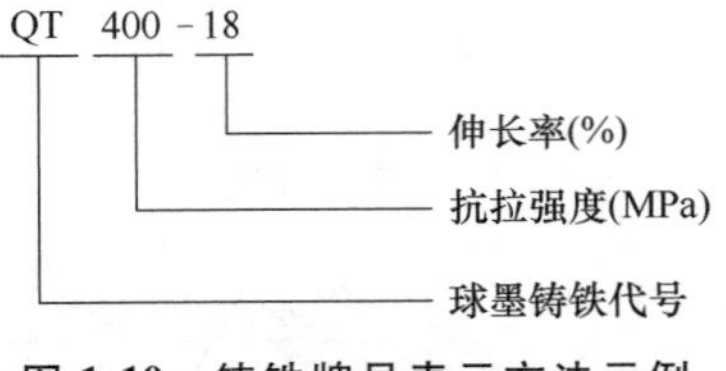

图1-10 铸铁牌号表示方法示例

常用的铸铁名称、代号和牌号的表示方法见表1-6。

表1-6 常用的铸铁名称、代号和牌号的表示方法

铸铁名称	代号	牌号表示方法示例
灰铸铁	HT	HT250、HT Cr-300
蠕墨铸铁	RuT	RuT300、RuT420
球墨铸铁	QT	QT500-6、QT600-3
黑心可锻铸铁	KHT	KHT300-06

（续）

铸铁名称	代号	牌号表示方法示例
白心可锻铸铁	KBT	KBT350-04
耐磨灰铸铁	HTM	HTM Cu1CrMo
抗磨白口铸铁	BTM	BTM Cr15Mo
冷硬灰铸铁	HTL	HTL Cr1Ni1Mo
耐蚀球墨铸铁	QTS	QTS Ni20Cr2
奥氏体灰铸铁	HTA	HTA Ni20Cr2
耐热球墨铸铁	QTR	QTR Si5

1.4.2 钢铁牌号表示方法

GB/T 221—2008《钢铁产品牌号表示方法》对钢铁产品牌号的表示方法有明确的规定。

1. 基本原则

钢铁产品牌号的表示，通常采用大写汉语拼音字母、化学元素符号和阿拉伯数字相结合的方法表示。为了便于国际交流和贸易的需要，也可采用大写英文字母或国际惯例表示符号。

采用汉语拼音字母或英文字母表示产品名称、用途、特性和工艺方法时，一般从产品名称中选取有代表性的汉字的汉语拼音的首位字母或英文单词的首位字母。当和另一产品所取字母重复时，改取第二个字母或第三个字母，或同时选取两个（或多个）汉字或英文单词的首位字母。采用汉语拼音字母或英文字母，原则上只取一个，一般不超过三个。

产品牌号中各组成部分的表示方法应符合相应规定，各部分按顺序排列，如无必要可省略相应部分。除有特殊规定，字母、符号及数字间无间隙。产品牌号中的元素含量用质量分数表示。

2. 常用钢铁产品牌号表示方法

（1）碳素结构钢和低合金结构钢　碳素结构钢和低合金结构钢的牌号通常由以下部分组成：①前缀符号+强度值，其中通用结构钢前缀符号为代表屈服强度的拼音的字母“Q”；②钢的质量等级（必要时），用英文字母 A、B、C、D、E……表示；③(必要时）脱氧方式表示符号，即沸腾钢、半镇静钢、镇静钢、特殊镇静钢分别以“F”“b”“Z”“TZ”表示；④(必要时）产品用途、特性和工艺方法表示符号。例如，常见的 Q235AF、Q355D 等。

根据需要，低合金高强度结构钢的牌号也可以采用两位阿拉伯数字（表示平均碳含量，以万分之几计）、元素符号及必要时加代表产品用途、特性和工艺方法的表示符号，按顺序表示。例如，矿用牌号 20MnK。

（2）优质碳素结构钢和优质碳素弹簧钢　优质碳素结构钢和优质碳素弹簧钢牌号通常由以下部分组成：①以两位阿拉伯数字表示平均碳含量（以万分之几计）；②(必要时）较高含锰量的优质碳素结构钢，加锰元素符号 Mn；③(必要时）钢材冶金质量，即高级优质钢、特级优质钢分别以 A、E 表示，优质钢不用字母表示；④(必要时）脱氧方式表示符号，即沸腾钢、半镇静钢、镇静钢分别以“F”“b”“Z”表示，但镇静钢表示符号通常可以省略；⑤（必要时）产品用途、特性或工艺方法表示符号。例如，常见的优质碳素结构钢 65Mn。

（3）易切削钢　易切削钢牌号通常由易切削钢表示符号“Y”、表示平均碳含量（以万分之几计）的阿拉伯数字，以及易切削元素符号，如含钙、铅、锡等易切削元素的易切削钢分别以 Ca、Pb、Sn 表示组成。为区分牌号，对较高硫含量的易切削钢，在牌号尾部加硫元素符号 S。例如，碳含量为 0.42%~0.50%（质量分数）、钙含量为 0.002%~0.006%（质量分数）的易切削钢，其牌号表示为 Y45Ca。

（4）车辆车轴和机车车辆用钢　车辆车轴及机车车辆用钢牌号通常由两部分组成：①车辆车轴用钢表示符号“LZ”或机车车辆用钢表示符号“JZ”；②以两位阿拉伯数字表示平均碳含量（以万分之几计）。

（5）合金结构钢　合金结构钢牌号通常由以下部分组成：①以两位阿拉伯数字表示平均碳含量（以万分之几计）；②合金元素含量以化学元素符号及阿拉伯数字表示，平均含量<1.50%（质量分数，下同）时，牌号中仅标明元素，一般不标明含量；平均含量为 1.50%~2.49%、2.50%~3.49%、3.50%~4.40%……时，在合金元素后相应写成 2、3、4 等；③钢材冶金质量，即高级优质钢、特级优质钢分别以 A、E 表示，优质钢不用字母表示；④（必要时）产品用途、特性或工艺方法表示符号。例如，25Cr2MoVA。

（6）合金工具钢和高速工具钢　合金工具钢的牌号通常由两部分组成：①当平均碳含量≥1.0%（质量分数）时，不标出碳含量，当平均碳含量<1.0%（质量分数）时，采用一位数字表示碳含量（以千分之几计）；②合金元素含量以化学元素符号及阿拉伯数字表示。例如，Cr12、CrWMn、9SiCr、3Cr2W8V。

对铬含量较低（平均铬的质量分数小于 1%）的合金工具钢牌号，其铬含量以千分之几表示，并在表示含量的数字前加“0”，以便把它和一般元素含量按百分之几表示的方法区别开来，如 Cr06。

高速工具钢的牌号一般不标出碳含量，只标出各种合金元素平均含量的百分之几。例如，钨系高速钢的钢号表示为“W18Cr4V”。钢牌号冠以字母“C”者，表示其碳含量高于未冠“C”的通用钢牌号。

（7）不锈钢和耐热钢　不锈钢和耐热钢牌号采用合金元素符号和阿拉伯数字表示。牌号中碳含量一般以万分之几表示，如“20Cr13”钢的平均碳含量为 0.2%（质量分数，下同）；若钢中碳含量≤0.03%或≤0.08%时，牌号前分别冠以“022”及“06”表示之，如 022Cr17Ni14Mo2、06Cr18Ni9 等。

对钢中主要合金元素以百分之几表示，而钛、铌、锆、氮等则按合金结构钢对微合金元素的表示方法标出。

（8）轴承钢　在牌号头部冠以字母“G”，表示轴承钢。高碳铬轴承钢牌号中的碳含量不标出，铬含量以千分之几表示，如 GCr15。渗碳轴承钢的牌号表示方法，基本上和合金结构钢相同。

1.4.3　铸钢牌号表示方法

GB/T 5613—2014《铸钢牌号表示方法》对各种铸钢牌号的表示方法有明确的规定。

以强度表示的铸钢牌号用铸钢代号“ZG”加后面两组数字组成。第一组数字表示该牌号铸钢屈服强度的最低值（MPa），第二组数字表示其抗拉强度的最低值（MPa），两组数字间用“-”隔开，如常见的铸造碳钢 ZG270-500、焊接结构用铸钢 ZGH230-450。

以化学成分表示的铸钢牌号在其钢牌号前加“ZG”表示，如耐热铸钢 ZGR40Cr25Ni20。

1.4.4　变形铝及铝合金牌号表示方法

GB/T 16474—2011《变形铝及铝合金牌号表示方法》对各种变形铝及铝合金牌号的表示方法有明确的规定。

1. 纯铝的牌号命名法

铝含量不低于 99.00%（质量分数）时为纯铝，其牌号用 1×××系列表示。牌号的最后两位数字表示最低铝百分含量。当最低铝百分含量精确到 0.01%时，牌号中的最后两位数字就是最低铝百分含量中小数点后面的两位。牌号第二位的字母表示原始纯铝的改型情况：如果字母为 A，则表示为原始纯铝；如果是 B~Y 的其他字母，则表示为原始纯铝的改型，与原始纯铝相比，其元素含量略有改变。

2. 铝合金的牌号命名法

铝合金的牌号用 2×××~8×××系列表示。牌号的最后两位数字没有特殊意义，仅用来区分同一组中不同的铝合金。牌号第二位字母的含义与纯铝牌号命名法的类似。

国际四位数字体系牌号可直接引用，其中的第一、三、四位为阿拉伯数字，第二位为英文大写字母（C、I、L、N、O、P、Q、Z 字母除外），牌号的第一位数字表示铝及铝合金的组别，见表 1-7。

表 1-7　铝及铝合金的牌号系列和组别

牌号系列	组　别
1×××	纯铝(铝的质量分数不小于 99.00%)
2×××	以铜为主要合金元素的铝合金
3×××	以锰为主要合金元素的铝合金
4×××	以硅为主要合金元素的铝合金
5×××	以镁为主要合金元素的铝合金
6×××	以镁为主要合金元素并以 Mg_2Si 相为强化相的铝合金
7×××	以锌为主要合金元素的铝合金
8×××	以其他元素为主要合金元素的铝合金
9×××	备用合金组

主要铝及铝合金牌号有 1024、2011、6060、6063、6061、6082、7075 等。

1.4.5 铸造有色金属及其合金牌号表示方法

GB/T 8063—2017《铸造有色金属及其合金牌号表示方法》对铸造有色金属及其合金牌号的表示方法做了明确的规定。

1）铸造有色纯金属牌号由“Z”和相应纯金属元素符号及表示产品纯度名义含量的数字或用表明产品级别的数字组成，如铸造纯铝 ZAl99.5，铸造纯钛 ZTi1。

2）铸造有色合金牌号由“Z”和基体金属的元素符号、主要合金元素符号以及表明合金元素名义含量的数字组成。当合金元素多于两个时，合金牌号中应列出足以表明合金主要特性的元素符号及其名义含量的数字。合金元素符号按其名义含量递减的次序排列，当名义含量相等时，则按元素符号字母顺序排列。当要表明决定合金类别的合金元素首先列出时，不论其含量多少，该元素符号均应紧置于基体元素符号之后。

除基体元素的名义含量不标注，其他合金元素的名义含量均标注于该元素符号之后，当合金元素含量规定为大于或等 1%（质量分数）的某个范围时，取其平均含量整数值，必要时也可用带一位小数的数字标注。合金元素含量小于 1%（质量分数）时，一般不标注，只有对合金性能起重大影响的合金元素，允许用一位小数标注其平均含量。

对具有相同主成分。杂质限量有不同要求的合金，在牌号结尾加注“A、B、C”表示等级，如铸造铝合金 ZAlSi7MgA。

第 2 章

力学性能试验取样方法

材料在一定环境条件下受力或在能量作用时所表现出的特性的试验，称为材料力学性能试验，试验的内容主要是测量材料的强度、硬度、刚度、塑性和韧性等。材料力学性能的测定与机械产品的设计计算、材料选择、工艺评价和材质的检验等有密切的关系，取样的部位和方向、试样的形状和尺寸，试验时的加力特点，包括加载速度、环境介质的成分和温度等，都会影响试验的结果。为了保证试验结果的相对可比性，通常都制订出统一的标准试验方法，对试验条件一一做出规定，以便试验时遵守。力学性能试验正确取样就成为评定材料性能的重要环节。

2.1　取样原则

2.1.1　试验概述

试验单元是根据产品标准或合同的要求，基于产品抽样试验结果，全部接收或拒收产品的件数或吨数。在检验、试验时，从试验单元中抽取的部分产品，如棒材、板材称为抽样产品。为制备一个或多个试样，从抽样产品中切取足够量的材料作为试料。试料经过机械加工处理和在适当情况下热处理后作为样坯。

所谓试样是经机械加工或未经机械加工后，具有合格尺寸且满足试验要求状态的样坯。试样、样坯或热处理后的状态能够代表产品的标准状态。图 2-1 所示为有关取样各个部分的定义。

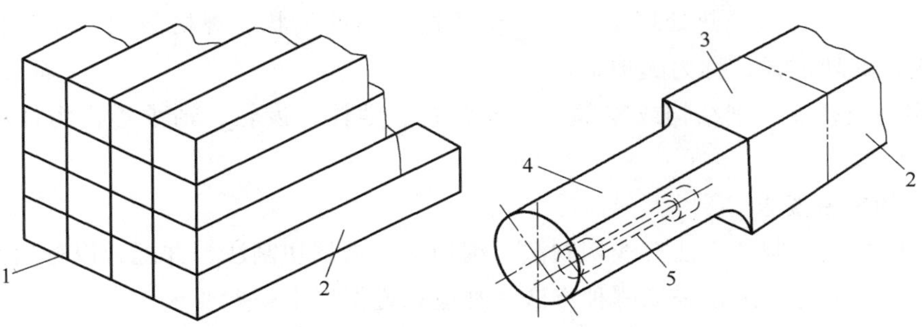

图 2-1　有关取样各个部分的定义

1—试验单元　2—抽检产品　3—试料　4—样坯　5—标准试样

2.1.2 取样原则

1. 取样对力学性能试验结果的影响

取样部位、取样方向和取样数量是对材料性能试验结果影响较大的三个因素，被称为取样三要素。

（1）取样部位　由于金属材料在冷热变形加工过程中，变形量不会处处均匀，材料内部的各种缺陷分布和金属组织也不均匀，因此在产品的不同部位取样时，力学性能试验结果必然不同。例如，大直径圆钢中心部位的抗拉强度就低于其他部位的抗拉强度，在槽钢腰部不同高度处取样，其拉伸性能也有差异。

（2）取样方向　钢材轧制或锻造时，金属沿主加工变形方向流动，晶粒被拉长并排成行，且夹杂也沿主加工变形方向排列，由此造成材料性能的各向异性。纵向试样（试样纵向轴线与主加工方向平行）和横向试样（试样纵向轴线与主加工方向垂直）有较大的差异，如薄板纵向试样的抗拉强度、屈服强度都高于横向试样，断面收缩率更是远远大于横向试样。

（3）取样数量　某些力学性能指标对试验条件和材料本身的特性十分敏感，因此一个试样的试验结果的可信度太低，但取样数量太多，则造成人力、材料和时间的浪费。为了确定最小取样数量，须根据试验类型、产品和材料性能的用途、试验结果的分散性及经济因素对具体问题进行具体分析，如冲击性能试验结果往往就比较分散，一般每次取三个试样进行试验。

2. 力学性能试验的试样类型

力学性能试验的试样大致分为以下四种类型。

（1）从原材料上直接取样　即从原材料上直接切取样坯，然后加工成标准规定的试样，如型材、棒材、板材、管材和线材等，并根据有关标准，在一定的部位取出一定尺寸的样坯，加工成所需的拉伸、弯曲、冲击试样。

（2）从成品（结构件或零部件）上取样　即从产品（结构或零部件）的一定部位（一般是最薄弱、最危险的部位）上切取样坯，加工成一定尺寸的试样。通过对这些试样进行力学性能试验，并和实验应力分析相配合，可进一步校正设计计算的正确性，同时在失效分析和安全评估中有重要的作用。

（3）专门单独铸造或热处理试样　由于铸造产品的形状、规格限制，经常会随着产品单独铸造或热处理试样，称为随炉试样。

（4）实物类样品　把结构或零部件，如弹簧、螺栓、齿轮、轴承等作为样品，直接进行力学性能试验。

3. 试样的制备要求

目前常用的试样制备方法有线切割法、锯切法、火焰切割法，并配合以普通车床、数控车床、铣床、刨床等。无论采取哪种方法，都应该遵循以下一般要求。

（1）试样代表性　在产品的不同部位取样时，力学性能会有差异。例如，熔炼、铸造、热或冷成形等生产方式不同，导致钢产品性能不均匀，所以从不同位置选取的试样的力学性能可能会有差异。GB/T 2975—2018《钢及钢产品　力学性能取样位置和试样制备》对钢和钢产品力学性能试验的取样位置，包括取样方向做了一般性的规定。此外，不少产品标准和协议也都根据产品的特点明确规定了取样部位和方向。

（2）试样的标识　抽样产品、试料、样坯和试样应做标记，以确保可追溯至原产品，以及它们在原产品中的位置和方向。因此，如果存在抽样过程中无法避免要将抽样产品、试料、样坯和试样（一个或多个）的标记去除，应在这些标记去除前或在试样从自动制样设备中取出前做好标记。在规定检验和需方要求的情况下，标记转移须在需方代表在场的情况下进行。

对于全自动的在线制样和测试系统，若配置了完备的控制系统，在系统故障发生时能按设定程序响应，则无须对抽样产品、试料、样坯和试样进行标记。

（3）切取和机械加工　用于制备试样的试料和样坯的切取和机械加工，应避免产生表面加工硬化及热影响改变材料的力学性能。机械加工后，应去除任何工具留下的可能影响试验结果的痕迹，可采用研磨（提供充足的冷却液）或抛光。采用的最终加工方法应保证试样的尺寸和形状处于相应试验标准规定的公差范围内，试样的尺寸公差应符合相应试验方法的规定。

用于交货状态试验的试料应从下列两种状态中任选一种：①成形或热处理（或两者）完成以后的产品；②如在热处理之前取样，切取的试料应在与交货产品相同的条件下进行热处理。所采用的试料切割方法应不能改变用于制作试样那部分试料的特性。当试料需要压平或矫直时，除非产品标准另有规定，压平或矫直试料应在冷状态下进行。

采用烧割法切取样坯时，从样坯切割线至试样边缘宜留有足够的加工余量，一般应不小于钢产品的厚度或直径，但最小不得少于12.5mm。对于厚度或直径大于60mm的钢产品，其加工余量可根据供需双方协议适当减小。采用冷剪法切取样坯时，在冷剪边缘会产生塑性变形，厚度或直径越大，塑性变形的范围也越大，必须按表2-1留下足够的加工余量。推荐采用无影响区域的数控锯切、水刀等冷切割方式。采用激光切割方式时，加工余量按表2-2选择。

表2-1　冷剪法加工余量的选择

直径或厚度/mm	加工余量/mm
≤4	4
>4~10	厚度或直径
>10~20	10
>20~35	15
>35	20

表2-2　激光切割加工余量的选择

直径或厚度/mm	加工余量/mm
≤15	1~2
>15~25	2~3

2.2 型钢的取样位置

型钢是一种有一定截面形状和尺寸的钢材，是钢材四大品种（板、管、型、丝）之一。根据断面形状，型钢分简单断面型钢和复杂断面型钢（异型钢）。前者指方钢、圆钢、扁钢、角钢、六角型钢等；后者指工字钢、槽钢、钢轨、窗框钢、弯曲型钢等。

2.2.1 型钢宽度方向的取样位置

对于型钢宽度方向取样，应在翼缘宽度 1/3 处取拉伸、弯曲和冲击样坯，如图 2-2 所示。对于翼缘有斜度的型钢（如工字钢、槽钢），应在腹板 1/4 处取样（见图 2-2b、d），经过协商可以从翼缘取样进行机械加工。

对于翼缘无斜度且宽度大于 150mm 的产品，应从翼缘取拉伸试样，如图 2-2f 所示。对于其他产品，如果产品标准有规定，可从腹板取样。对于翼缘长度不相等的角钢，可从任意翼缘取样。

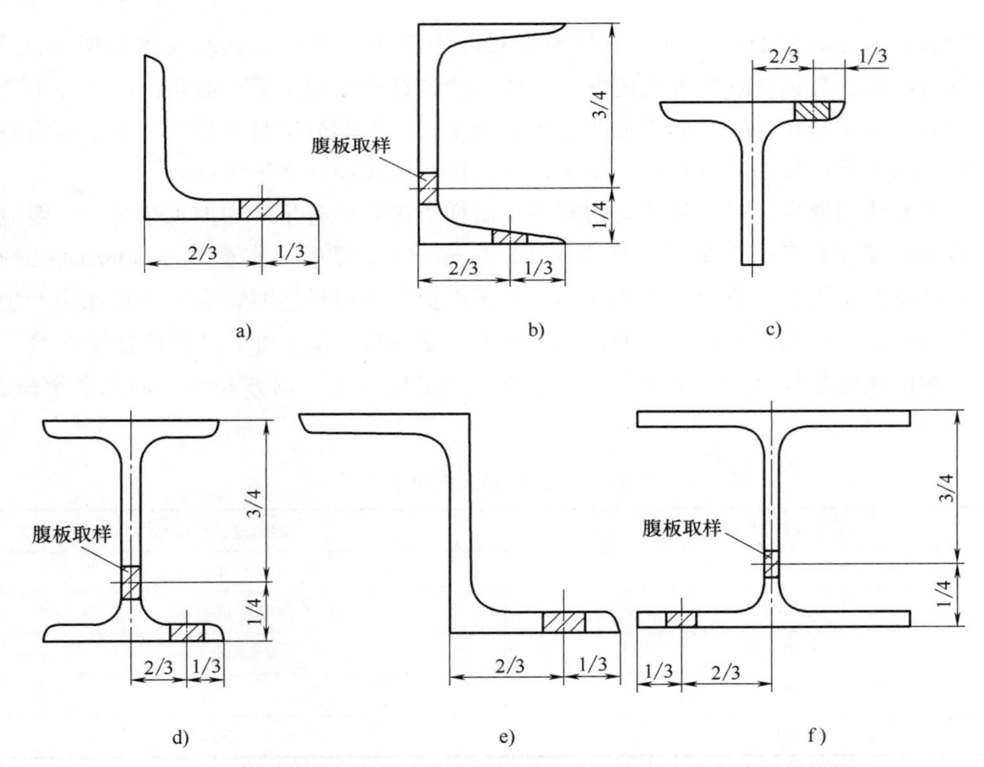

图 2-2 型钢拉伸和冲击试样的型钢腹板及翼缘宽度方向的取样位置

2.2.2 型钢厚度方向的取样位置

型钢厚度方向拉伸试样的取样位置如图 2-3 所示。除非产品标准另有规定，应位于翼缘的外表面取样。在机械加工和试验机能力允许时，应该取全厚度试样，如图 2-3a 所示。当试验机能力不够时，则在其样坯中心线厚度 1/4 或距离底部 12. 5mm 处取样，取两者数字较大者，如图 2-3c、b 所示。

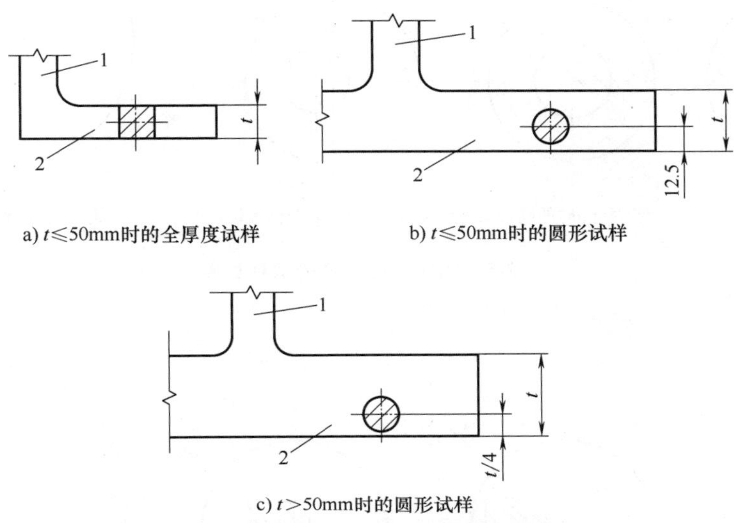

图 2-3　型钢厚度方向拉伸试样的取样位置

1—腹板　2—翼缘　t—翼缘厚度

型钢厚度方向冲击试样的取样位置如图 2-4 所示。除非产品标准另有规定，应位于翼缘的外表面取样。

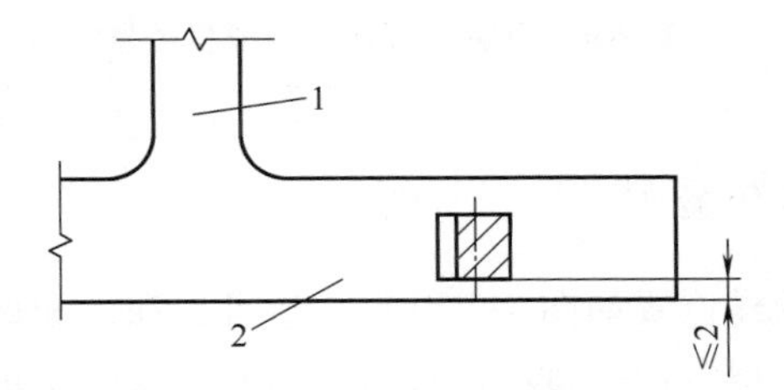

图 2-4　型钢厚度方向冲击试样的取样位置

1—腹板　2—翼缘

2.3　条钢的取样位置

条钢包括常见的热轧和冷拉圆钢、六角型钢和矩形截面条钢，在机械加工行业有广泛的用途。

2.3.1　圆钢的取样位置

圆钢拉伸试样的取样位置如图 2-5 所示。当机械加工和试验机能力允许时，应尽可能使用全截面试样。圆钢冲击试样的取样位置如图 2-6 所示。

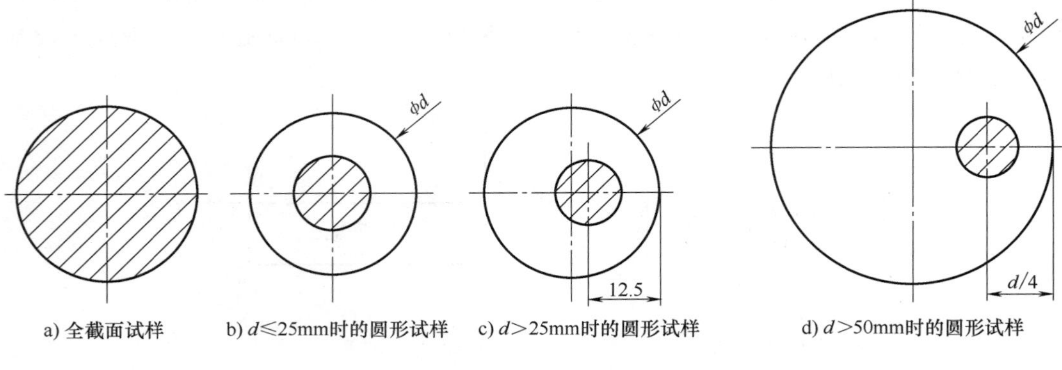

a) 全截面试样　b) $d \leq 25$mm时的圆形试样　c) $d > 25$mm时的圆形试样　d) $d > 50$mm时的圆形试样

图 2-5　圆钢拉伸试样的取样位置

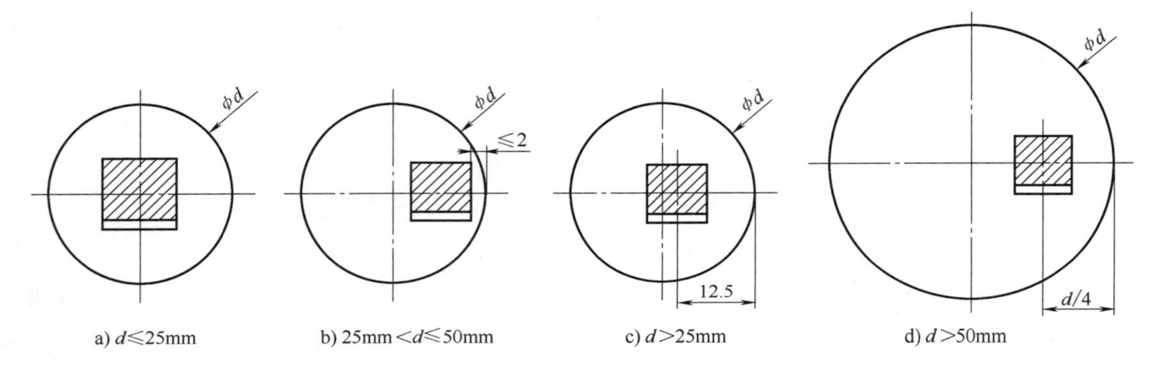

a) $d \leq 25$mm　b) 25mm $< d \leq$ 50mm　c) $d > 25$mm　d) $d > 50$mm

图 2-6　圆钢冲击试样的取样位置

2.3.2　六角型钢的取样位置

六角型钢拉伸试样的取样位置如图 2-7 所示。当机械加工和试验机能力允许时，应尽可能使用全截面是试样。六角型钢冲击试样的取样位置如图 2-8 所示。

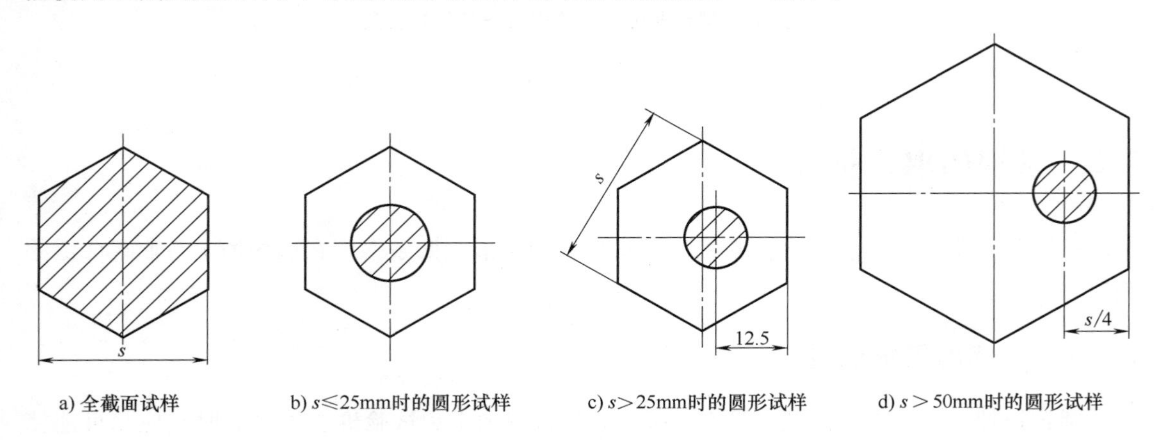

a) 全截面试样　b) $s \leq 25$mm时的圆形试样　c) $s > 25$mm时的圆形试样　d) $s > 50$mm时的圆形试样

图 2-7　六角型钢拉伸试样的取样位置

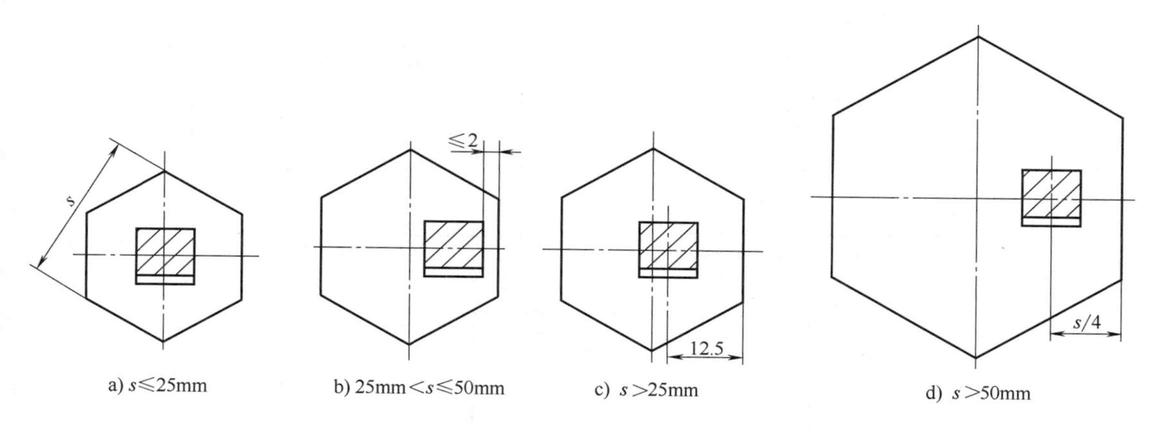

a) $s \leqslant 25$mm　b) 25mm$<s \leqslant 50$mm　c) $s>25$mm　d) $s>50$mm

图 2-8　六角型钢冲击试样的取样位置

2.3.3　矩形截面条钢的取样位置

矩形截面条钢拉伸试样的取样位置如图 2-9 所示。当机械加工和试验机能力允许时，应尽可能使用全截面试样或矩形试样。

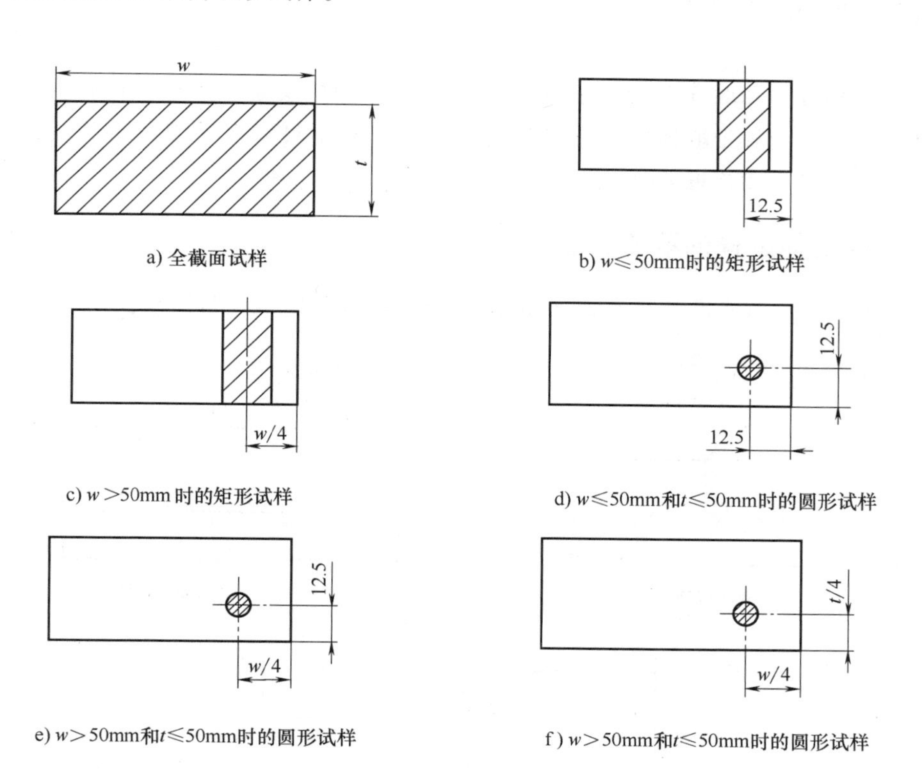

a) 全截面试样　b) $w \leqslant 50$mm时的矩形试样　c) $w>50$mm 时的矩形试样　d) $w \leqslant 50$mm和$t \leqslant 50$mm时的圆形试样　e) $w>50$mm和$t \leqslant 50$mm时的圆形试样　f) $w>50$mm和$t \leqslant 50$mm时的圆形试样

图 2-9　矩形截面条钢拉伸试样的取样位置

矩形截面条钢冲击试样的取样位置如图 2-10 所示。

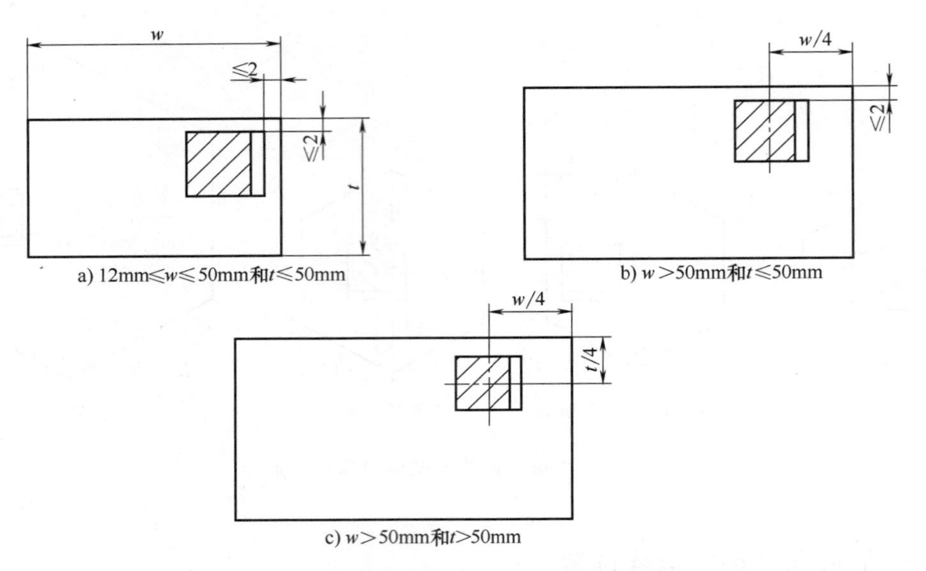

图 2-10 矩形截面条钢冲击试样的取样位置

2.4 钢板的取样位置

钢板的取样方向和取样位置一般在产品标准或合同中规定。未规定时，应在钢板 $w/4$ 处切取横向样坯。当规定取横向拉伸试样时，钢板宽度不足以在 $w/4$ 处取样的，试样中心可以内移，但应尽可能接近 $w/4$ 处。

2.4.1 钢板拉伸试样的取样位置

钢板拉伸试样的取样位置如图 2-11 所示。在机械加工和试验机的能力允许时，应使用全

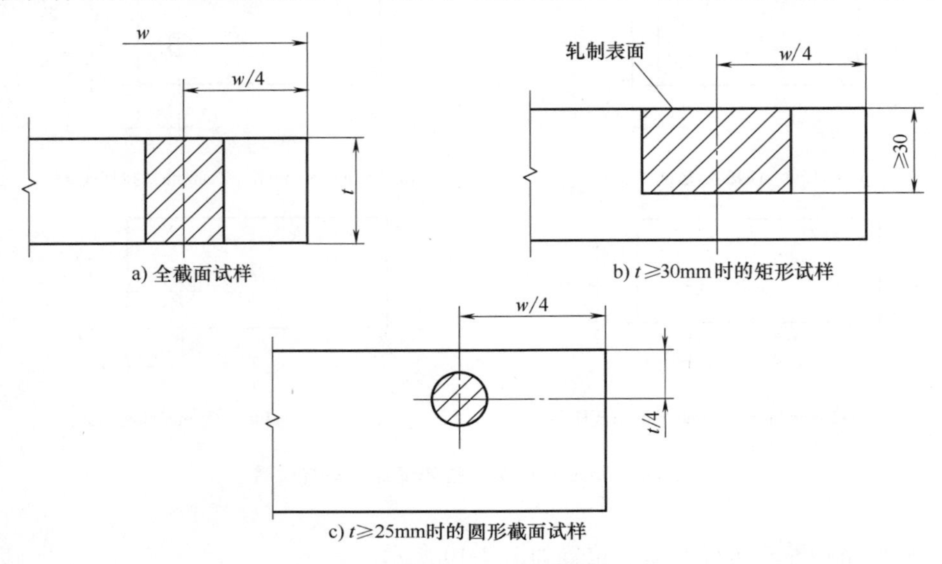

图 2-11 钢板拉伸试样的取样位置

截面试样或矩形试样。对于调质或热机械轧制钢板，试样厚度应为产品的全厚度或厚度一半。

2.4.2　钢板冲击试样的取样位置

钢板冲击试样的取样位置如图 2-12 所示。对于 28mm≤t<40mm 的钢板，取样位置可以选择图 2-12d。对于 t≥40mm 的钢板，取样位置（见图 2-12a、b、c）应在产品或合同中规定，未规定时，取样位置采用图 2-12b。

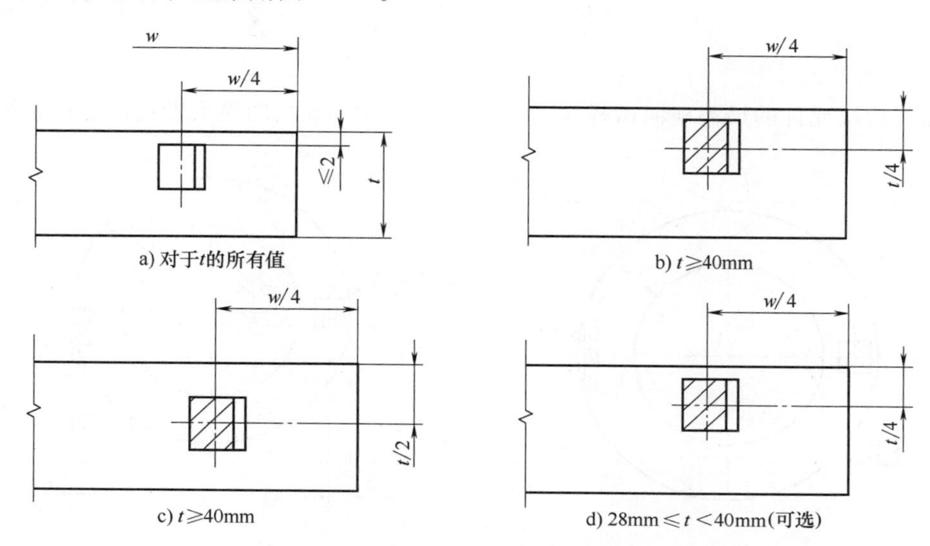

图 2-12　钢板冲击试样的取样位置

2.5　管材的取样位置

2.5.1　圆形管材和圆形空心型材的取样位置

圆形管材和圆形空心型材拉伸试样的取样位置如图 2-13 所示。机械加工和试验机能力

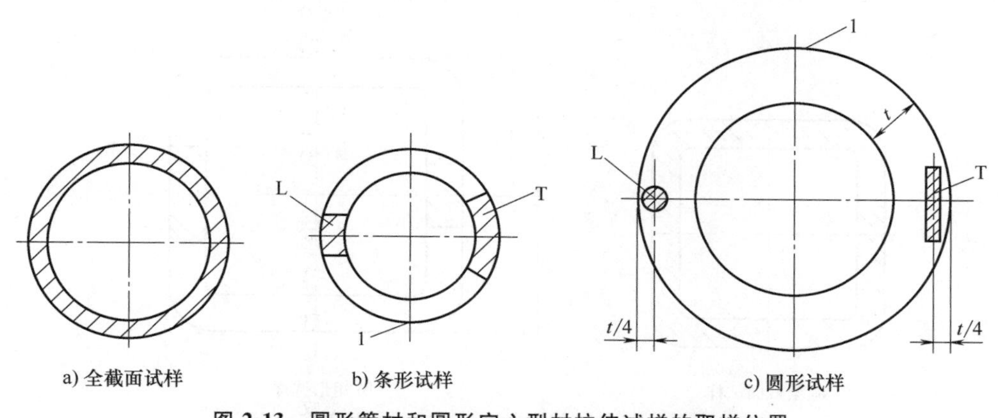

图 2-13　圆形管材和圆形空心型材拉伸试样的取样位置

1—焊接接头位置，试样应远离　L—纵向试样　T—横向试样　t—壁厚

允许时，应该使用全截面试样。对于焊管，当取条状试样检测焊缝性能时，焊缝应该位于试样中部。如果产品标准或合同没有规定取样位置，则由生产厂家选择。

无缝管和焊管冲击试样的取样位置如图 2-14 所示。如果产品标准或合同中没有规定取样位置，则由生产厂选择。试样的取样方向由管的尺寸决定，当规定取横向试样时，应切取 5~10mm 之间最大厚度试样。切取横向试样所需管材的最小公称直径 $D_{\min}$（mm）按式（2-1）计算：

$$D_{\min}=(t-5)+\frac{756.25}{t-5} \tag{2-1}$$

式中　t——壁厚。

当无法切取允许的最小横向试样时，应该使用 5~10mm 之间最大宽度的纵向试样。

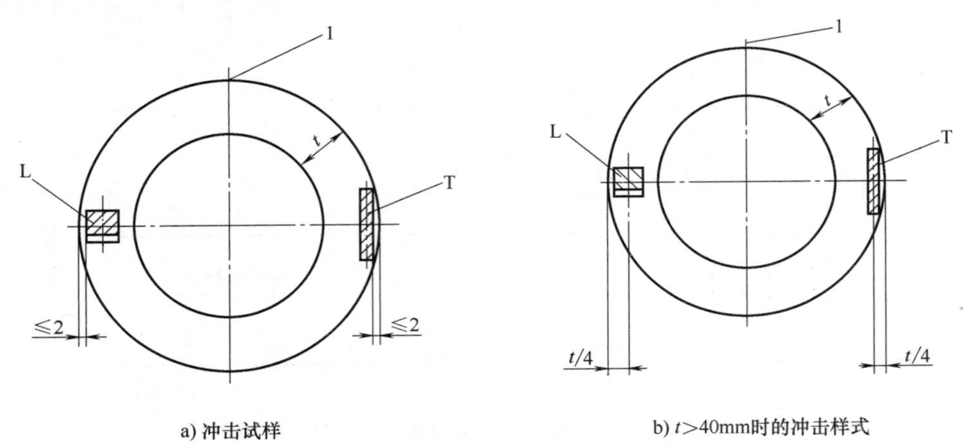

图 2-14　无缝管和焊管冲击试样的取样位置

1—焊接接头位置，试样应远离　L—纵向试样　T—横向试样

2.5.2　矩形空心型材的取样位置

矩形空心型材拉伸试样的取样位置如图 2-15 所示。机械加工和试验机能力允许时，应使用全截面试样。矩形空心型材冲击试样的取样位置如图 2-16 所示。

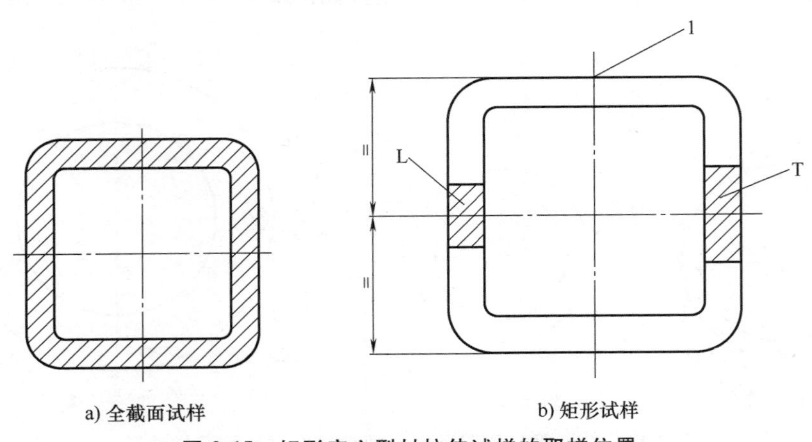

图 2-15　矩形空心型材拉伸试样的取样位置

1—焊接接头位置，试样应远离　L—纵向试样　T—横向试样

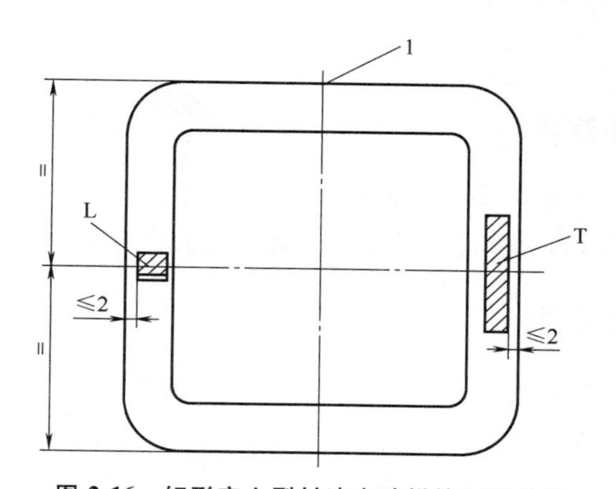

图 2-16 矩形空心型材冲击试样的取样位置

1—焊接接头位置，试样应远离 L—纵向试样 T—横向试样

2.6 焊接接头的取样方法

焊接是金属材料间最有效的连接方法，焊接过程是一个加热和冷却过程，包括在焊缝区金属的熔化凝固结晶所形成焊缝金属，以及在焊缝金属邻近部位的母材由于传热所引起的加热和冷却作用而产生的热影响区。焊接接头是两个或两个以上焊件要用焊接组合的接点，焊接接头由焊缝金属、熔合区、热影响区和母材金属组成。

焊接接头力学性能试验主要是测定焊接接头的强度、塑性和冲击韧性。在 GB/T 2650—2022、GB/T 2651—2023、GB/T 2652—2022、GB/T 2653—2008、GB/T 2654—2008 等标准中规定了冲击、拉伸、弯曲、硬度等试样的取样方法。

2.6.1 拉伸试验取样方法

试样应从焊接接头垂直于焊缝轴线方向截取，试样加工完成后，焊缝的轴线应位于试样平行长度部分的中间。

试样的厚度 t_s 一般应与焊接接头处母材厚度相等。当相关标准要求进行全厚度（厚度超过 30mm）试验时，可从接头截取若干个试样覆盖整个厚度，如图 2-17 所示。在这种情况

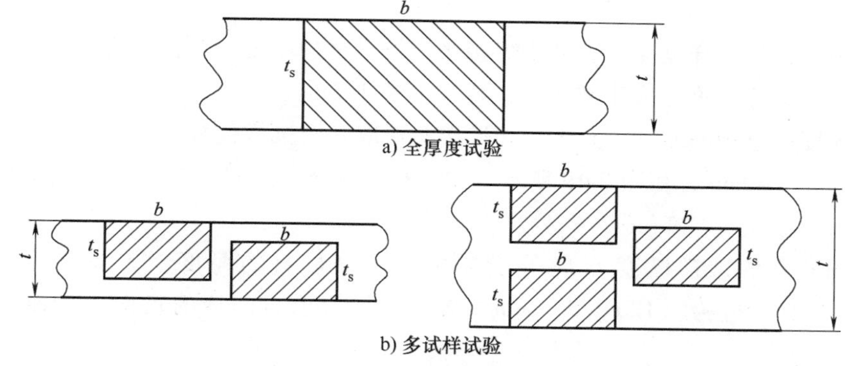

图 2-17 焊接接头拉伸试验取样

下，对试样焊接接头厚度方向的位置应做标识。

2.6.2 冲击试验取样方法

冲击试验取样时，缺口面可平行于试件表面或垂直于试件表面。具体取样方法可参照 GB/T 2650—2022《金属材料焊缝破坏性试验　冲击试验》。

2.6.3 硬度试验取样方法

焊接接头的硬度试验可以标线测定或单点测定。具体取样方法可参照 GB/T 2654—2008《焊接接头硬度试验方法》。

2.6.4 弯曲试验取样方法

对于对接接头横向弯曲试验，应从产品或试件的焊接接头上横向截取试样，以保证加工后焊缝的轴线在试样的中心或适合于试验的位置。对于对接接头纵向弯曲试验，应从产品或试件的焊接接头上纵向截取试样。

横向弯曲的正弯和背弯试样厚度 t_s 一般应与焊接接头处母材厚度相等。当相关标准要求对整个厚度（超过 30mm）进行试验时，可从截取若干个试样覆盖整个厚度，如图 2-18 所示。在这种情况下，对试样焊接接头厚度方向的位置应做标识。

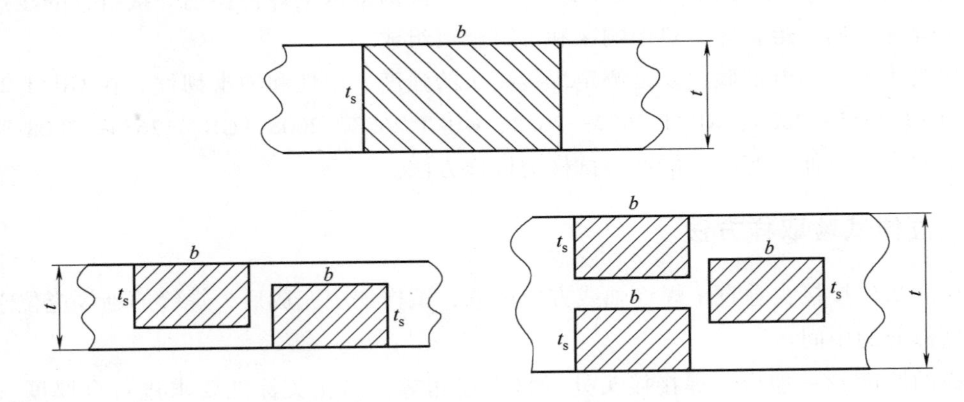

图 2-18　焊接对接接头弯曲试验取样

横向弯曲侧弯的试样宽度 b 应等于焊接接头处母材的厚度。试样厚度 t_s 至少应为（10±0.5）mm，而且试样宽度应大于或等于试样厚度的 1.5 倍。

当接头厚度超过 40mm 时，允许从焊接接头截取几个试样代替一个全厚度试样，试样宽度 b 的范围为 20~40mm，如图 2-19 所示。在这种情况下，对试样在焊接接头厚度方向的位置应做标识。

纵向弯曲侧弯的试样厚度 t_s 应等于焊接接头处母材的厚度。如果试件厚度 t 大于 12mm，试样厚度 t_s 应为（12±0.5）mm，而且试样应取自焊缝的正面或背面，如图 2-20 所示。

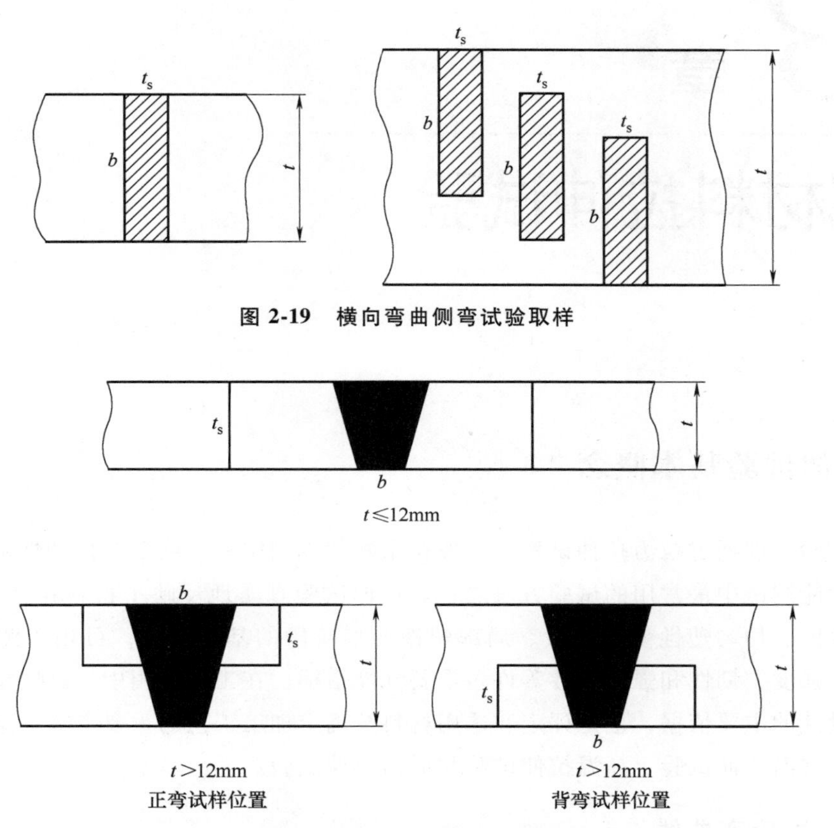

图 2-19　横向弯曲侧弯试验取样

图 2-20　纵向弯曲侧弯试验取样

第3章

金属材料拉伸试验

3.1 拉伸试验基本概念

拉伸试验，即通过拉力拉伸试样，一般拉至断裂以测定一个或多个拉伸性能的试验，是材料力学性能测试中最常用的试验方法之一。拉伸试验真实地反映了材料在弹性变形阶段、屈服变形阶段、均匀塑性变形阶段、局部塑性变形阶段的基本特性，可用于测定材料的弹性、塑性、强度、韧性和强化指数等许多重要性能指标。在工程应用中，这些指标不仅是机构静强度设计的主要依据，也是评定和选用材料及确定加工工艺的重要参数。金属材料的拉伸试验分为常温拉伸试验、高温拉伸试验和低温拉伸试验。

3.1.1 应力-应变曲线

将试验期间任一时刻的拉伸力 F 与试样原始横截面积 S_o 的比值定义为工程应力 S，即

$$S=F/S_o$$

将拉伸时试样长度方向特定标距下的伸长量 ΔL 与原始标距 L_o 的比值定义为工程应变 e，即

$$e=\Delta L/L_o$$

应力-应变曲线，即表示正应力和试样平行部分相应的应变在整个试验过程中的关系曲线。不同的材料拉伸时所表现出的物理现象和力学性能指标不尽相同，它们有着不同的应力-应变曲线。各种类型材料的拉伸应力-应变曲线如图 3-1 所示。

曲线 1 为纯弹性应变，无塑性变形就断裂，如玻璃、陶瓷等。

曲线 2 最为典型，存在明显屈服，有上、下屈服点 c、d，有均匀塑性变形段 de，有局部塑性变形段 ef，如低碳钢。

曲线 3 无明显屈服和缩颈，如高强度、超高强度结构钢，高温合金等。

曲线 4 无明显屈服和均匀硬化阶段，如冷拉钢。

曲线 5 没有屈服，甚至弹性变形正比关系也不严格存在，如退火钢、结构钢等。

曲线 6 为锯齿形曲线。低温和高应变速率下，面心立方金属的塑性变形通过孪晶核滑移交替进行。当孪晶产生的应变速率超过试验机夹头移动速度时，负荷会突然松弛下降，反复

进行呈现锯齿应力-应变曲线，如 GH3044 合金板材。

曲线 7 为弹性-局部塑性-均匀塑性型。主要是一些结晶态高聚物，在塑性变形开始时原有结晶结构破坏，发生缩颈，载荷下降。在变形最剧烈区域重新组合成新的、方向性好的、强度高的结晶结构，使应力-应变曲线再次上升，直至断裂。

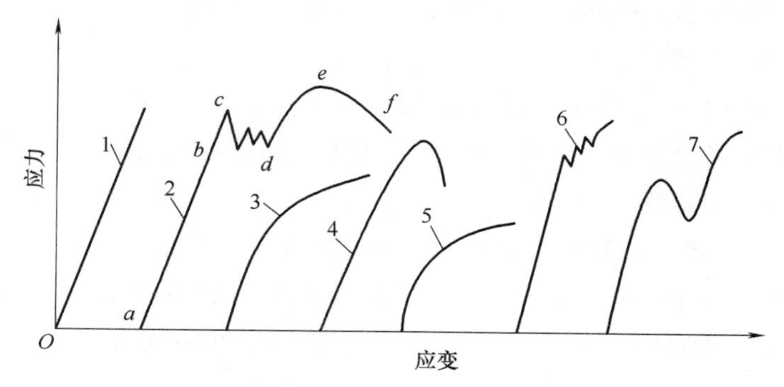

图 3-1 各种类型材料的拉伸应力-应变曲线

下面以最典型的低碳钢拉伸曲线（见图 3-2）为例，具体讲解拉伸过程中曲线图的各阶段特征。从图 3-2 可以看到，标准形状试样的低碳钢在拉伸时试样均匀伸长，然后某一截面迅速变细，最后断裂。整个过程可分为弹性变形、滞弹性变形、屈服前微塑性变形、屈服变形、均匀塑性变形和局部塑性变形六个阶段。

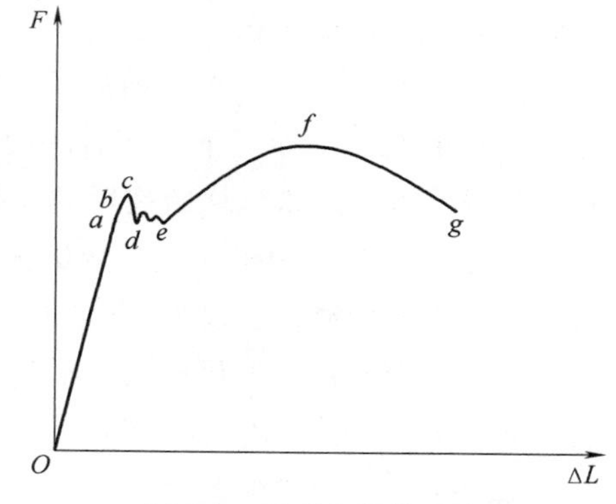

图 3-2 低碳钢拉伸曲线

1. 弹性变形阶段（*oa*）

在这个阶段，试样为弹性变形，即试样的伸长量随着载荷呈正比例增加，符合胡克定律。若卸去载荷，试样将恢复原长，不产生永久变形。点 *a* 是拉伸曲线呈直线关系的最高点。*oa* 段的斜率为试验材料的弹性模量 E。

2. 滞弹性变形阶段（*ab*）

滞弹性变形是金属材料发生弹性变形时，应变落后于应力的行为。在这个阶段，载荷和伸长不是严格的正比例关系，而是有一个时间的滞后。此阶段的变形依旧是弹性的，卸除载荷后，试样仍能恢复原长，但需要较长的时间。

3. 屈服前微塑性变形阶段（*bc*）

这个阶段的试样开始出现连续均匀的微小塑性变形，这种变形在卸载后不会完全消失。这一阶段在实际试验过程中并不明显，而且不易与滞弹性变形阶段区分。

4. 屈服变形阶段（*cde*）

当载荷加到点 *c* 时，突然产生较大的塑性变形，载荷也会突然出现不同程度的下降。此后试样塑性变形急剧增加，而载荷却在很小的范围内波动。如果忽略这一波动，*de* 段可以用一条水平直线代替。这个阶段包含了两个重要的特征点，即上屈服点 R_{eH} 和下屈服点 R_{eL}。起始点 *c* 可以看作金属材料从弹性变形到塑性变形的一个明显标志。

5. 均匀塑性变形阶段（*ef*）

屈服结束后，试样在不断增长的载荷作用下被均匀拉长。随着变形量的增加，金属材料也不断强化，这一现象称为应变硬化。在此过程中，试样某一截面产生塑性变形，截面积减小，但由于硬化作用阻止塑性变形在此处继续发展，使得塑性变形转移到其他部位。由于塑性变形和硬化的交替作用，试样在该阶段呈现均匀塑性变形现象。

6. 局部塑性变形阶段（*fg*）

在载荷的持续作用下，金属材料的硬化能力跟不上塑性变化量，在某个截面出现急剧的塑性变形，该截面积迅速变小，形成“缩颈”现象。随着缩颈处面积不断减小，承载能力不断下降，最终在点 g 断裂。

图 3-2 中的横、纵坐标的数值与试样的几何尺寸有关，只能反映某一特定尺寸试样的力学性能。将上图 3-2 中的 F 除以试样平行段横截面积 S_o，ΔL 除以试样平行段长度 L，得到该金属材料的应力-应变曲线，它与试样的几何尺寸无关，可以代表该金属材料的力学性能。

3.1.2 拉伸试验相关术语和定义

1. 标距

平行长度 L_c：试样平行缩减部分的长度。对于未经机械加工的试样，平行长度指未加工试样夹持部分之间的距离。

标距 L：在测试的任一时刻，用于测量试样伸长的平行部分长度。

原始标距 L_o：室温下施力前的试样标距。

断后标距 L_u：在室温下将断后的两部分试样紧密地对接在一起，保证两部分的轴线位于同一条直线上，测量试样断裂后的标距。

引伸计标距 L_e：用引伸计测量试样延伸时所使用引伸计起始标距长度。对于测定屈服强度和规定强度性能，建议 L_e 应尽可能跨越试样平行长度。理想的 L_e 应大于 $L_o/2$ 但小于约 $0.9L_c$，这将保证引伸计能检测到发生在试样上的全部屈服。最大力时或在最大力之后的性能，推荐 L_e 等于 L_o 或近似等于 L_o，但测定断后伸长率时 L_e 应等于 L_o。

2. 伸长

伸长：试验期间任一时刻原始标距 L_o 的增量。

伸长率：原始标距的伸长与原始标距 L_o 之比的百分率。

断后伸长率 A：断后标距的残余伸长（L_u-L_o）与原始标距 L_o 之比的百分率。对于比例试样，若原始标距不为 $5.65\sqrt{S_o}$（S_o 为平行长度的原始横截面积），符号 A 应附以下标说明所使用的比例系数，如 $A_{11.3}$ 表示原始标距为 $11.3\sqrt{S_o}$ 的断后伸长率。对于非比例试样，符号 A 应附以下标说明所使用的原始标距，以毫米（mm）表示，如 A_{80mm} 表示原始标距为 80mm 的断后伸长率。

残余伸长率：卸除指定的应力后，伸长与原始标距 L_o 之比的百分率。

3. 延伸

延伸：试验期间任一时刻引伸计标距 L_e 的增量。

延伸率（应变）e：用引伸计标距 L_e 表示的延伸百分率。

残余延伸率：试样施加并卸除应力后引伸计标距的增量与引伸计标距 L_e 之比的百分率。

屈服点延伸率 A_e：呈现明显屈服（不连续屈服）现象的金属材料，屈服开始至均匀加工硬化开始之间引伸计标距的延伸与引伸计标距 L_e 之比的百分率。

最大力总延伸率 A_{gt}：最大力时原始标距的总延伸（弹性延伸加塑性延伸）与引伸计标距 L_e 之比的百分率。

最大力塑性延伸率 A_g：最大力时原始标距的塑性延伸与引伸计标距 L_e 之比的百分率。

断裂总延伸率 A_t：断裂时刻原始标距的总延伸（弹性延伸加塑性延伸）与引伸计标距 L_e 之比的百分率。

4. 强度

抗拉强度 R_m：相应最大力（F_m）的应力。

屈服强度：当金属材料呈现屈服现象时，在试验期间金属材料产生塑性变形而力不增加的应力点。屈服强度区分上屈服强度和下屈服强度。

上屈服强度 R_{eH}：试样发生屈服而力首次下降前的最大应力。

下屈服强度 R_{eL}：在屈服期间，不计初始瞬时效应时的最小应力。

规定塑性延伸强度 R_P：塑性延伸率等于规定的引伸计标距 L_e 百分率时对应的应力。使用的符号应附下标说明所规定的塑性延伸率，如 $R_{p0.2}$ 表示规定塑性延伸率为 0.2%时的应力。

规定总延伸强度 R_t：总延伸率等于规定的引伸计标距 L_e 百分率时的应力。使用的符号应附下标说明所规定的总延伸率，如 $R_{t0.5}$ 表示规定总延伸率为 0.5%时的应力。

规定残余延伸强度 R_r：卸除应力后残余伸长率或延伸率等于规定的原始标距 L_o 或引伸计标距 L_e 百分率时对应的应力。使用的符号应附下标说明所规定的残余延伸率，如 $R_{r0.2}$ 表示规定残余延伸率为 0.2%时的应力。

5. 其他

断面收缩率 Z：断裂后试样横截面积的最大缩减量（S_o-S_u）与原始横截面积 S_o 之比的百分率。

弹性模量 E：在弹性范围内应力变化（ΔR）和延伸率变化（Δc）的商乘以 100%。

泊松比 μ：低于材料比例极限的轴向应力所产生的横向应变与相应轴向应变的负比值。

3.2　试验设备

3.2.1　试验机及引伸计

金属拉伸试验设备主要有电子万能式、液压式、电液式三种，其中应用最广泛的是电子万能式试验机。电子万能式试验机通过控制器，经调速系统控制伺服电动机转动，经减速系统减速后通过精密丝杠副带动横梁上升、下降，完成试样的拉伸、压缩、弯曲、剪切等多种力学性能试验。

在测量金属材料延伸相关性能参数时，通常需要用到引伸计。引伸计是测量试件受力变形的仪器。这里主要指的是单轴试验用的引伸计，对于变标距式、非接触试样式、平面应变测量式等型式的引伸计宜专门考虑。引伸计有机械式、电子式、光学式、全自动式等，使用最多的是电子式中的电阻应变式，它主要由电阻应变片、弹性元件、刀口、变形传动杆几部分组成。测量变形时，将引伸计装夹于试件上，刀刃与试件接触而感受两刀刃间距内的伸长，通过变形杆使弹性元件产生应变，应变片将其转换为电阻变化量，再用适当的测量放大电路转换为电压信号。

试验机的测力系统应按照 GB/T 16825.1—2022 进行校准，并且其准确度应为 1 级或优于 1 级。引伸计的准确度级别应符合 GB/T 12160—2019 的要求。测定上屈服强度、下屈服强度、屈服点延伸率、规定塑性延伸强度、规定总延伸强度、规定残余延伸强度时应使用不劣于 1 级准确度的引伸计；测定其他具有较大延伸率的性能，如最大力总延伸率、最大力塑性延伸率、断裂总延伸率时应使用不劣于 2 级准确度的引伸计。测力系统特性值和引伸计特性值见表 3-1 和表 3-2。

表 3-1　测力系统特性值

试验机级别	最大允许值(%)				
	示值相对误差	重复性相对误差	进回程相对误差	零点相对误差	相对分辨力
0.5	±0.5	0.5	±0.75	±0.05	0.25
1	±1.0	1.0	±1.5	±0.1	0.5
2	±2.0	2.0	±3.0	±0.2	1.0
3	±3.0	3.0	±4.5	±0.3	1.5

表 3-2　引伸计特性值

引伸计系统级别	标距相对误差(%)	分辨力		示值误差	
		读数的百分数(%)	绝对值/μm	相对误差(%)	绝对误差/μm
0.2	±0.2	0.1	0.2	±0.2	±0.6
0.5	±0.5	0.25	0.5	±0.5	±1.5
1	±1.0	0.5	1.0	±1.0	±3.0
2	±2.0	1.0	2.0	±2.0	±6.0

3.2.2　高低温试验辅助装置

高低温试验辅助装置是由加热装置、冷却装置、环境箱、低温恒温器或杜瓦瓶、温度测量装置等组成。

1. 加热装置

高温拉伸试验需要配置加热试样的高温电炉，与试验机相配合，进行高温下的力学性能试验。一般采用对开式圆筒型高温电阻炉，加热温度为 100~1000℃。采用内置式加热体，升温速度快，调节灵敏，精度高。采用 PID 温度控制仪，用电炉支架安装在试验机上，电炉方便进出主机。

2. 冷却装置

冷却装置是把试样冷却到规定的试验温度，并保持该温度直至试验结束所使用的装置。其温度偏差应小于±2℃。冷却装置也应有均匀温度区，其长度至少为试样标距的1.5倍。在试样标距两端同时测得的温度之差最大不超过3℃。可使用搅拌装置使冷却介质沿试样轴线方向流动循环来达到温度均匀。

3. 环境箱

进行-60~250℃中低温拉伸试验时，有时也会用到高低温试验箱，它由加热源、制冷源、工作室、温控单元组成。高温采用硅碳棒加热，低温采用液氮或压缩机制冷。工作室空气用风扇鼓风循环，强制空气对流，使之室内温度均匀。环境箱主要用于金属材料在高温或低温下的力学性能试验。

4. 低温恒温器或杜瓦瓶

进行深低温拉伸试验时，需要将试样冷却，应配有可放置冷却液的低温恒温器或杜瓦瓶。试验时，根据试验温度配置冷却液（-196℃用液氮，-269℃用液氦），并将其与试样一起置于低温恒温器或杜瓦瓶中，并与材料试验机连接就可以进行拉伸试验。

5. 温度测量装置

温度测量装置由热电偶、补偿导线和电位差计组成。根据不同的试验温度选择热电偶类型。试验时，由电位差计测得的数值查表即可得到所对应的温度。热电偶、补偿导线及电位差计应定期进行检定。

3.3　金属拉伸试样

试样的形状与尺寸取决于要被试验的金属产品的形状与尺寸。通常从产品、压制坯或铸件切取样坯经机械加工制成试样，但具有恒定横截面的产品（型材、棒材、线材等）和铸造试样（铸铁和铸造非铁合金）可以不经机械加工而进行试验。试样横截面可以为圆形、矩形、多边形、环形，特殊情况下可以为某些等截面形状。

试样原始标距与横截面积平方根的比值为常数者称为比例试样，比例系数 $k=L_o/\sqrt{S_o}$。$k=5.65$ 时，称为短比例试样，此时 $L_o=5.65\sqrt{S_o}=5.65\times\sqrt{\pi}\times r=5d_o$；$k=11.3$ 时，称为长比例试样，此时 $L_o=11.3\sqrt{S_o}=11.3\times\sqrt{\pi}\times r=10d_o$。原始标距应不小于15mm。当试样横截面积太小，以致采用短比例试样不能符合这一最小标距要求时，可以采用长比例试样或非比例试样（选用小于20mm标距的试样，测量不确定度可能增加）。非比例试样的原始标距 L_o 与原始横截面积 S_o 无关。

对于截面较小的薄带试样和某些异型截面试样，由于其标距短或截面不用测量（如只测定一定标距下的伸长率），可以采用 L_o 为50mm、80mm、100mm、200mm的定标距试样。它的标距与试样截面无关，简称定标试样。必须注意，用非比例试样进行拉伸试验测得的断后伸长率与比例试样测得的断后伸长率之间无可比性。如果要比对，可按GB/T 17600.1—

1998 或 GB/T 17600.2—1998 进行钢材不同试样之间伸长率的换算。

3.3.1 试样的分类

常用的拉伸试样有圆形截面试样、薄板（带）矩形截面试样、矩形截面试样、圆管管段截面试样和圆管纵向弧形截面试样。试验时，应优先选择短比例试样。试样形状如图 3-3～图 3-6 所示，试样尺寸见表 3-3～表 3-7。

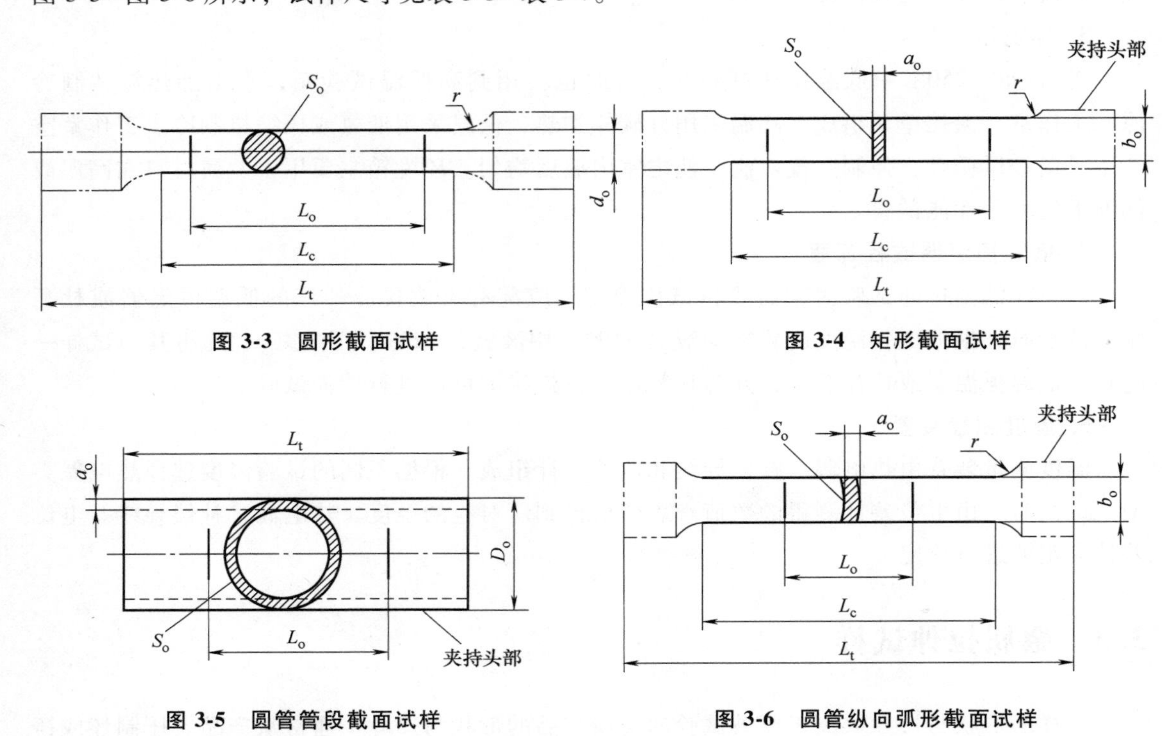

图 3-3 圆形截面试样

图 3-4 矩形截面试样

图 3-5 圆管管段截面试样

图 3-6 圆管纵向弧形截面试样

表 3-3 圆形截面比例试样尺寸

d_o/mm	r	$k=5.65$			$k=11.3$		
		L_o	L_c	试样编号	L_o	L_c	试样编号
25	$\geqslant 0.75d_o$	$5d_o$	$\geqslant L_o+d_o/2$ 仲裁试验： L_o+2d_o	R1	$10d_o$	$\geqslant L_o+d_o/2$ 仲裁试验： L_o+2d_o	R01
20				R2			R02
15				R3			R03
10				R4			R04
8				R5			R05
6				R6			R06
5				R7			R07
3				R8			R08

注：1. 如相关产品标准无具体规定，优先采用 R2、R4 或 R7 试样。

2. 试样总长度取决于夹持方法，原则上 $L_t>L_c+4d_o$。

表 3-4　薄板（带）矩形截面比例试样尺寸

b_o/mm	r/mm	k=5.65			k=11.3		
		L_o	L_c	试样编号	L_o	L_c	试样编号
10	≥20	$5.65\sqrt{S_o}$ ≥15mm	$\geq L_o+b_o/2$ 仲裁试验：L_o+2b_o	P1	$11.3\sqrt{S_o}$ ≥15mm	$\geq L_o+b_o/2$ 仲裁试验：L_o+2b_o	P01
12.5				P2			P02
15				P3			P03
20				P4			P04

注：1. 优先采用短比例试样。
2. 如需要，厚度小于 0.5mm 的试样在其平行长度上可带小凸耳以便装夹引伸计。上下两凸耳宽度中心线间的距离为原始标距。

表 3-5　矩形截面比例试样尺寸

b_o/mm	r/mm	k=5.65			k=11.3		
		L_o	L_c	试样编号	L_o	L_c	试样编号
12.5	≥20	$5.65\sqrt{S_o}$	$\geq L_o+1.5\sqrt{S_o}$ 仲裁试验：$L_o+2\sqrt{S_o}$	P7	$11.3\sqrt{S_o}$	$\geq L_o+1.5\sqrt{S_o}$ 仲裁试验：$L_o+2\sqrt{S_o}$	P07
15				P8			P08
20				P9			P09
25				P10			P010
30				P11			P011

注：1. 优先采用短比例试样。
2. 厚板材可通过机械加工减薄，其宽厚比不超过 8：1；工程上对于厚板材料一般取 1~4。

表 3-6　圆管管段截面试样尺寸

L_o/mm	L_c/mm	试样编号
$5.65\sqrt{S_o}$	$\geq L_o+D_o/2$ 仲裁试验：L_o+2D_o	S7
50	≥100	S8

表 3-7　圆管纵向弧形截面试样尺寸

试样	D_o/mm	b_o/mm	a_o	r/mm	k=5.65			k=11.3		
					L_o/mm	L_c	试样编号	L_o	L_c	试样编号
比例试样	30~50	10	原始壁厚	≥12	$5.65\sqrt{S_o}$	$\geq L_o+1.5\sqrt{S_o}$ 仲裁试验：$L_o+2\sqrt{S_o}$	S1	$11.3\sqrt{S_o}$	$\geq L_o+1.5\sqrt{S_o}$ 仲裁试验：$L_o+2\sqrt{S_o}$	S01
	>50~70	15					S2			S02
	>70	20					S3			S03
非比例试样	≤100	19			50	—	S4	—		
	>100~200	25					S5			
	>200	38					S6			

注：1. 纵向弧形试样一般适用于管壁厚度大于 0.5mm 的管材。
2. 为了在试验机上夹持，可以压平纵向弧形试样的两头部，但不应将平行长度部分压平。

3.3.2　试样的加工

用于制备试样的试料和样坯的切取和机械加工，应避免产生表面加工硬化及热影响改变材料的力学性能。机械加工后，应去除任何工具留下的可能影响试验结果的痕迹，可采用研磨（提供充足的冷却液）或抛光。采用的最终加工方法应保证试样的尺寸、形状和表面粗糙度处于相应试验标准规定的公差范围内。试样的尺寸公差应符合相应试验方法的规定。

不经机械加工的铸件试样应清除表面上的夹砂、夹渣、毛刺、飞边等。

3.4 试验前的准备工作

3.4.1 测量试样横截面积

试样原始横截面积的测定应准确到±1%（薄板试样可以准确到2%）。对于圆形横截面和四面机械加工的矩形横截面试样，如果试样的尺寸公差和形状公差均满足表3-8的要求，可以用名义尺寸计算原始横截面积。对于所有其他类型的试样，应根据测量的原始试样尺寸计算原始横截面积 S_o，测量的每个尺寸应准确到±0.5%。在测量原始横截面积时，应在平行长度部分上、中、下至少三处测量原始尺寸，并计算平均横截面积（至少保留4位有效数字）。

表3-8 试样的尺寸公差和形状公差 （单位：mm）

名称	名义横向尺寸	尺寸公差①	形状公差②
机械加工的圆形横截面直径和四面机械加工的矩形横截面试样横向尺寸	≥3 ≤6	±0.02	0.03
	>6 ≤10	±0.03	0.04
	>10 ≤18	±0.05	0.04
	>18 ≤30	±0.10	0.05
相对两面机械加工的矩形横截面试样横向尺寸	≥3 ≤6	±0.02	0.03
	>6 ≤10	±0.03	0.04
	>10 ≤18	±0.05	0.06
	>18 ≤30	±0.10	0.12
	>30 ≤50	±0.15	0.15

① 如果试样的公差满足表3-8，原始横截面积可以用试样的横向尺寸名义值计算得到，而不必通过实际测量试样的横向尺寸。如果试样的公差不满足表3-8，就很有必要对每个试样的尺寸进行实际测量。

② 沿着试样整个平行长度，规定横向尺寸测量值的最大与最小之差。

3.4.2 标记试样标距

应用小标记、细画线或细墨线标记原始标距，但不得用引起过早断裂的缺口作标记。对于比例试样，如果原始标距的计算值与其标记值之差小于10%L_o，即 L_o 的计算值>25mm

时，可将原始标距的计算值修约至最接近 5mm 的倍数，否则将 L_o 计算值修约至 1mm。原始标距的标记应准确到±1%。若平行长度 L_c 比原始标距长许多，如不经机械加工的试样，可以标记一系列套叠的原始标距。有时，可以在试样表面划一条平行于试样纵轴的线，并在此线上标记原始标距。

例如，当采用短比例试样时：

对于直径为 10mm 的圆棒，$L_o=5d_o=5\times10\text{mm}=50\text{mm}$，标距取 50mm。

对于宽度为 30mm、厚度为 6mm 的板材，$L_o=5.65\times\sqrt{30\text{mm}\times6\text{mm}}=75.80\text{mm}$，标距取 75mm。

对于截面积为 86.34mm^2 的试样，$L_o=5.65\times\sqrt{86.34\text{mm}^2}=52.5\text{mm}$，标距取 50mm。

3.4.3 选取夹持方式

应使用楔形夹头、螺纹夹头、平推夹头、套环夹具等合适的夹具夹持试样。应尽最大努力确保夹持的试样受轴向拉力的作用，尽量减小弯曲。这对试验脆性材料或测定规定塑性延伸强度、规定总延伸强度、规定残余延伸强度或屈服强度时尤为重要。

为了得到直的试样和确保试样与夹头对中，可以施加不超过规定强度或预期屈服强度的5%相应的预拉力。

3.4.4 设置试验力零点

在试验加载链装配完成后，试样两端被夹持之前，应设定力测量系统的零点。一旦设定了力值零点，在试验期间力测量系统不应再发生变化。

3.4.5 确定试验速率

金属材料拉伸试验有两种速率控制方式：第一种方法 A 为应变速率（包括横梁位移速率）控制法，第二种方法 B 为应力速率控制法。方法 A 是为了减小测定应变速率敏感参数（性能）时的试验速率变化和试验结果的测量不确定度。

1. 方法 A：应变速率控制的试验速率

方法 A 包括两种不同类型的应变速率控制模式：第一种为方法 A1 闭环，应变速率 $\dot{e}_{Le}$ 是基于引伸计的反馈而得到；第二种为方法 A2 开环，是根据平行长度估计的应变速率 $\dot{e}_{Lc}$，即通过控制平行长度与需要的应变速率相乘得到的横梁位移速率来实现。

如果材料显示出均匀变形能力，力值能保持名义的恒定，应变速率 $\dot{e}_{Le}$ 和根据平行长度估计的应变速率 $\dot{e}_{Lc}$ 大致相等。如果材料展示出不连续屈服或锯齿状屈服（如某些钢和 AlMg 合金在屈服阶段或如某些材料呈现出的 Portevin-LeChatelier 锯齿屈服效应）或发生缩颈时，两种速率之间会存在不同。随着力值的增加，由于试验机系统的柔度，实际的应变速率可能会明显低于应变速率的设定值。

方法 A 提供了四种试验速率用于测定不同的参数：

1）范围 1：$\dot{e}_{Le}=0.00007\text{s}^{-1}$，相对误差±20%。

2）范围 2：$\dot{e}_{Le}=0.00025s^{-1}$，相对误差±20%。

3）范围 3：$\dot{e}_{Le}=0.002s^{-1}$，相对误差±20%。

4）范围 4：$\dot{e}_{Le}=0.0067s^{-1}$，相对误差±20%。

不同参数测定选用的试验速率见表 3-9。

表 3-9　试验速率选择

参数	试验控制模式	试验速率
R_{eH}、R_p、R_t、R_r	引伸计控制（推荐） 横梁控制	范围 1 范围 2（推荐）
R_{eL}、A_e	横梁控制	范围 2（R_{eL} 推荐） 范围 3
R_m、A、A_{gt}、A_g、Z	横梁控制	范围 2 范围 3 范围 4（推荐）

需要注意的是，同一根试样如果要测定多个参数，需要转换试验速率。

例如，对于平行段长度为 80mm 的试样，要测定 R_{eL} 和 R_m。由表 3-9 可知，应采用横梁控制模式，试验速率分别为范围 2 及范围 4。试验时其横梁位移速率应设置为

$$v_2=80\times0.00025\text{mm/s}=0.02\text{mm/s}$$

$$v_4=80\times0.0067\text{mm/s}=0.536\text{mm/s}$$

在测定 R_{eL} 时的横梁位移速率为 0.02mm/s，在此之后将速度率为 0.536mm/s。

2. 方法 B：应力速率控制的试验速率

试验速率取决于材料特性，如果没有其他规定，在应力达到规定屈服强度的一半之前，可以采用任意的试验速率。超过这点以后的试验速率应满足下述规定。

测定上屈服强度 R_{eH} 时，在弹性范围和直至上屈服强度，试验机夹头的分离速率应尽可能保持恒定并在表 3-10 规定的应力速率范围内。

表 3-10　应力速率

材料弹性模量 E/MPa	应力速率 $\dot{R}$/(MPa/s)	
	最小	最大
<150000	2	20
≥150000	6	60

注：弹性模量小于 150000MPa 的典型材料包括锰、铝合金、铜和钛。弹性模量大于 150000MPa 的典型材料包括铁、钢、钨和镍基合金。

若仅测定下屈服强度 R_{eL}，在试样平行长度的屈服期间应变速率应为 0.00025～0.0025s^{-1} 之间，并尽可能保持恒定。若不能直接调节这一应变速率，应通过调节屈服即将开始前的应力速率来调整，在屈服完成之前不再调节试验机的控制。任何情况下，弹性范围内的应力速率不得超过表 3-10 规定的最大速率。

测定规定塑性延伸强度 R_p、规定总延伸强度 R_t 和规定残余延伸强度 R_r 时，在弹性范围内，试验机横梁位移速率应在表 3-10 规定的应力速率范围内，并尽可能保持恒定。在塑

性范围和直至规定强度，此横梁位移速率应保持任何情况下应变速率不应超过 $0.0025s^{-1}$。测定屈服强度或塑性延伸强度后，试验速率可以增加到不大于 $0.008s^{-1}$ 的应变速率。

如果仅仅需要测定材料的抗拉强度，在整个试验过程中可以选取不超过 $0.008s^{-1}$ 的单一试验速率。

例如，对于平行段长度为80mm的某碳素钢试样，其弹性模量为 2×10^5MPa，测定其下屈服强度。在上屈服强度前，其横梁位移速率不超过：

$$\frac{80\text{mm}\times60\text{MPa/s}}{2\times10^5\text{MPa}}=0.024\text{mm/s}$$

在屈服阶段，横梁位移速率不超过：

$$80\text{mm}\times0.0025\text{s}^{-1}=0.2\text{mm/s}$$

屈服结束后，横梁位移速率不超过：

$$80\text{mm}\times0.008\text{s}^{-1}=0.64\text{mm/s}$$

3.5 拉伸性能指标测定

3.5.1 强度性能指标测定

金属拉伸试验中，常用的强度性能指标有上屈服强度、下屈服强度、规定塑性延伸强度、规定总延伸强度、规定残余延伸强度和抗拉强度。

1. 上、下屈服强度的测定

上屈服强度 R_{eH} 和下屈服强度 R_{eL} 可以从应力-应变曲线上测得。R_{eH} 为力首次下降前的最大值对应的应力，下屈服强度 R_{eL} 为不计初始瞬时效应时屈服阶段中最小力所对应的应力，如图3-7所示。

对于上、下屈服强度位置判定的基本原则如下：

1）屈服前的第一个峰值应力（第一个极大值应力）判为上屈服强度，不管其后的峰值应力比它大或比它小。

2）屈服阶段中如呈现两个或两个以上的谷值应力，舍去第一个谷值应力（第一个极小值应力），取其余谷值应力中最小者判为下屈服强度。如只呈现一个下降谷，此谷值应力判为下屈服强度。

3）屈服阶段中呈现屈服平台，平台应力判为下屈服强度；如呈现多个且后者高于前者的屈服平台，判第一个平台应力为下屈服强度。

4）正确的判定结果应是下屈服强度一定低于上屈服强度。

为提高试验效率，可以将上屈服强度之后延伸率为0.25%范围以内的最低应力作为下屈服强度，不考虑任何初始瞬时效应。使用此简捷方法时，试验报告中应注明。

上述规定仅适用于呈现明显屈服的材料和不测定屈服点延伸率的情况。

2. 规定塑性延伸强度的测定

根据应力-应变曲线测定规定塑性延伸强度 R_p。在曲线图上，作一条与曲线的弹性直线

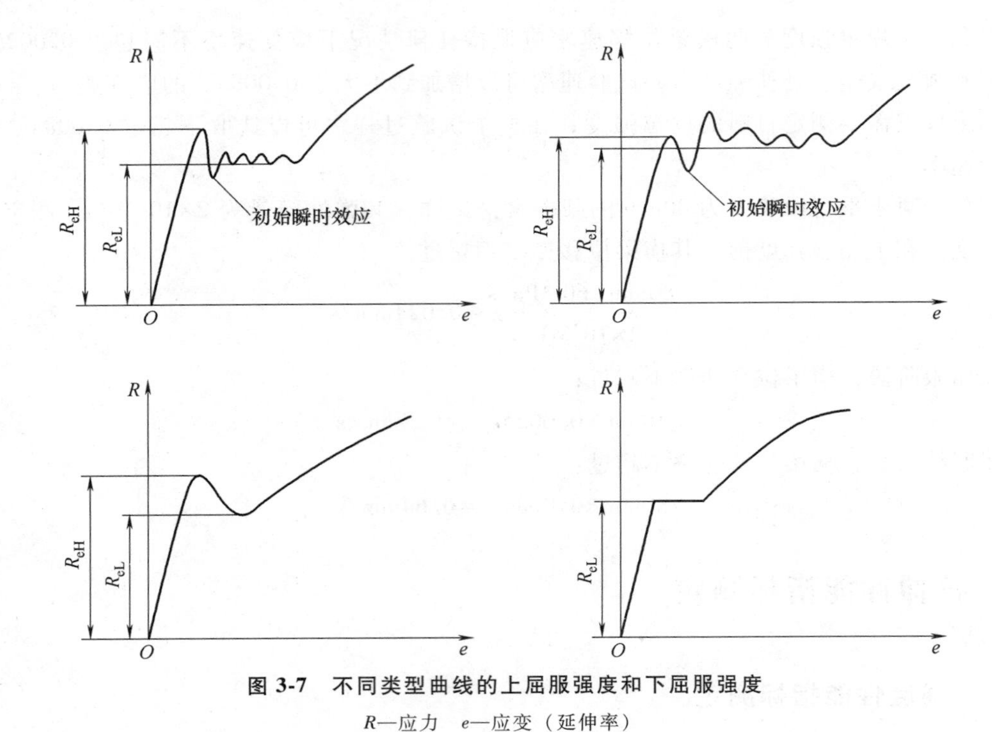

图 3-7 不同类型曲线的上屈服强度和下屈服强度

R—应力 e—应变（延伸率）

段部分平行，且在延伸轴上与此直线段的距离等效于规定塑性延伸率，如 0.2%的直线。此平行线与曲线的交点给出相应于所求规定塑性延伸强度的力，此力除以试样原始横截面积 S_o 得到规定塑性延伸强度（见图 3-8a）。

若应力-应变曲线的弹性直线部分不能明确地确定，以致不能以足够的准确度做出这一平行线，推荐采用如下方法（见图 3-8b）。

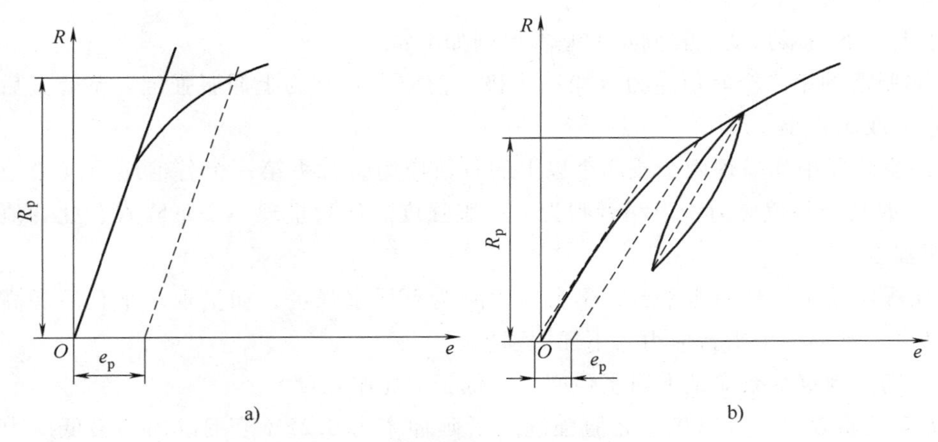

图 3-8 规定塑性延伸强度的测定

试验时，当已超过预期的规定塑性延伸强度后，将力降至约为已达到力的 10%，然后再施加力直至超过原已达到的力。为了测定规定塑性延伸强度，过滞后环两端点画一直线，然后经过横轴上与曲线原点的距离等效于所规定的塑性延伸率的点，作平行于此直线的平行线。平行线与曲线的交点给出相应于规定塑性延伸强度的力，此力除以试样原始横截面积得到规定塑性延伸强度（见图 3-8b）。

可以用各种方法修正曲线的原点。作一条平行于滞后环所确定的直线的平行线，并使其与力-延伸曲线相切，此平行线与延伸轴的交点即为曲线的修正原点（见图 3-8b）。

宜注意保证在力降低开始点的塑性应变只略微高于规定的塑性延伸强度 R_p。较高应变的开始点将会降低通过滞后环获得直线的斜率。

如果在产品标准中没有规定或得到客户的同意，在不连续屈服期间或之后测定规定塑性延伸强度是不合适的。

使用自动处理装置（如微处理机等）或自动测试系统测定规定塑性延伸强度，可以不绘制应力-应变曲线。

3. 规定总延伸强度的测定

在应力-应变曲线上，作一条平行于力轴并与该轴的距离等效于规定总延伸率的平行线，此平行线与曲线的交点给出相应于规定总延伸强度的力，此力除以试样原始横截面积 S_o 得到规定总延伸强度 R_t（见图 3-9）。

使用自动处理装置（例如微处理机等）或自动测试系统测定规定塑性延伸强度，可以不绘制应力-应变曲线。

4. 规定残余延伸强度的测定

试样施加相应于规定残余延伸强度的力，保持力 10~12s，卸除力后验证残余延伸率未超过规定百分率（见图 3-10）。

这是检查通过或未通过的试验，通常不作为标准拉伸试验的一部分。对试样施加应力，允许的残余延伸由相关产品标准（或试验委托方）来规定。例如，报告“$R_{r0.5}$=750MPa 通过”意思是对试样施加 750MPa 的应力，产生的残余延伸小于或等于 0.5%。

如果为了得到规定残余延伸强度的具体数值，GB/T 228.1—2021 附录 K 提供了测定规定残余延伸强度的例子。

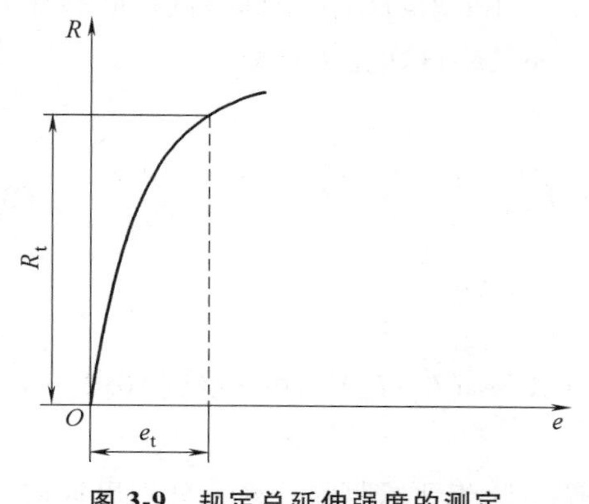

图 3-9 规定总延伸强度的测定

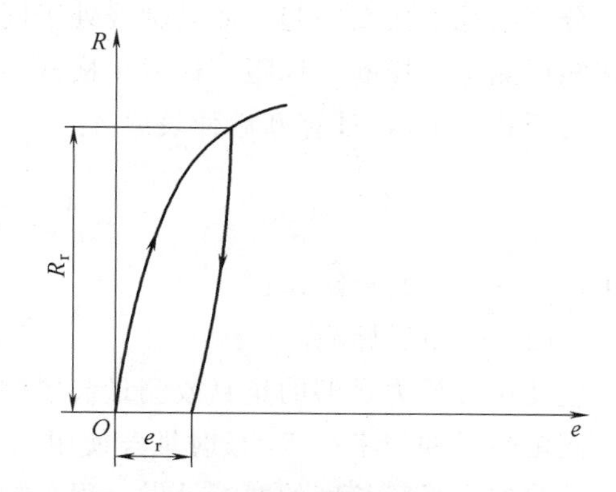

图 3-10 规定残余延伸强度的测定

5. 抗拉强度

在应力-应变曲线上，用最高点对应的力值（有屈服的材料，屈服阶段前不计）除以试

样原始横截面积 S_o 得到抗拉强度 R_m（见图 3-11）。

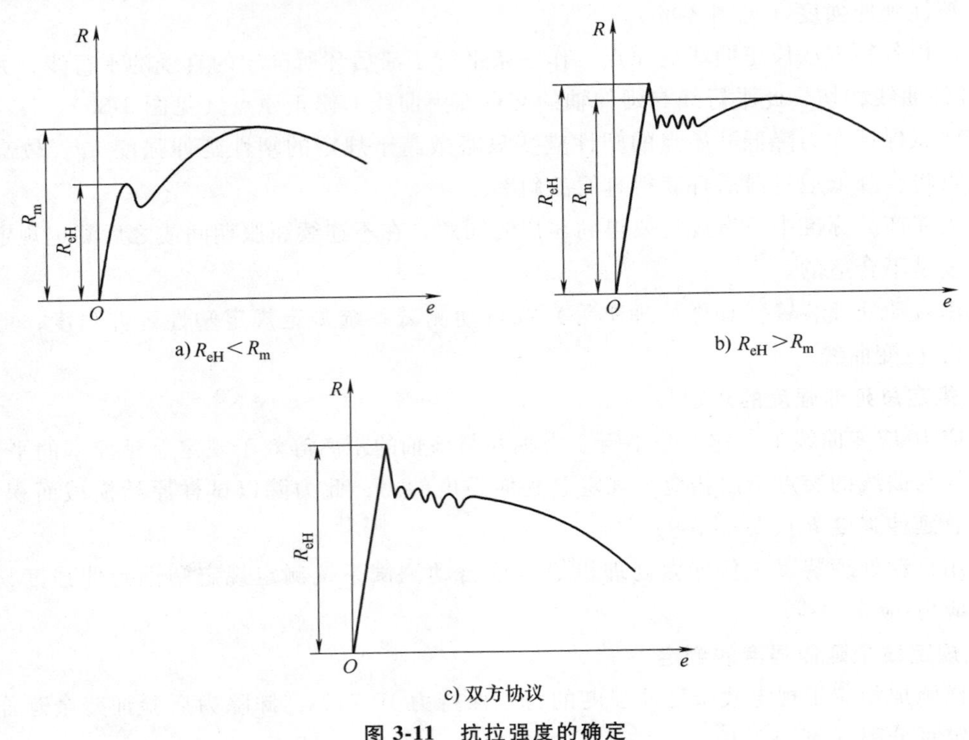

a) $R_{eH}<R_m$

b) $R_{eH}>R_m$

c) 双方协议

图 3-11 抗拉强度的确定

3.5.2 塑性性能指标测定

1. 断后伸长率的测定

测定断后伸长率时，应根据试样的断裂位置来选择合适的方法。

1）如果试样断裂处与最近标距点的距离不小于原始标距的三分之一，可以将试样断裂的部分仔细地配接在一起，使其轴线处于同一直线上，并采取特别措施确保试样断裂部分适当接触后测量试样断后标距。这对小横截面试样和低伸长率试样尤为重要。

按照式（3-1）计算断后伸长率 A：

$$A=\frac{L_u-L_o}{L_o}\times 100\% \tag{3-1}$$

式中 L_o——原始标距；

L_u——断后标距。

应使用分辨力足够的量具或测量装置测定断后伸长量（L_u-L_o），并准确到±0.25mm。

测定断后伸长率小于5%时推荐使用如下方法：

试验前在平行长度的两端处做一很小的标记。使用调节到标距的分规，分别以标记为圆心画一圆弧。拉断后，将断裂的试样置于一装置上，最好借助螺钉施加轴向力，以使其在测量时牢固地对接在一起。以最接近断裂的原圆心为圆心，以相同的半径画第二个圆弧。用工具显微镜或其他合适的仪器测量两个圆弧之间的距离，即为断后伸长，准确到±0.02mm。

为使画线清晰可见，试验前可在样品表面涂上一层染料。

2）如果试样断裂处与最近标距点的距离小于原始标距的三分之一，则采用移位法进行测量。方法如下：

试验前将试样原始标距细分为5mm（推荐）到10mm的N等份。试验后，以符号X表示断裂后试样短段的标距标记，以符号Y表示断裂试样长段的等分标记，此标记与断裂处的距离最接近于断裂处至标距标记X的距离。

若X与Y之间的分格数为n，按如下测定断后伸长率：

若$N-n$为偶数（见图3-12a），测量X与Y之间的距离l_{XY}，以及从Y至距离为$(N-n)/2$个分格的Z标记之间的距离l_{YZ}，按照式（3-2）计算断后伸长率：

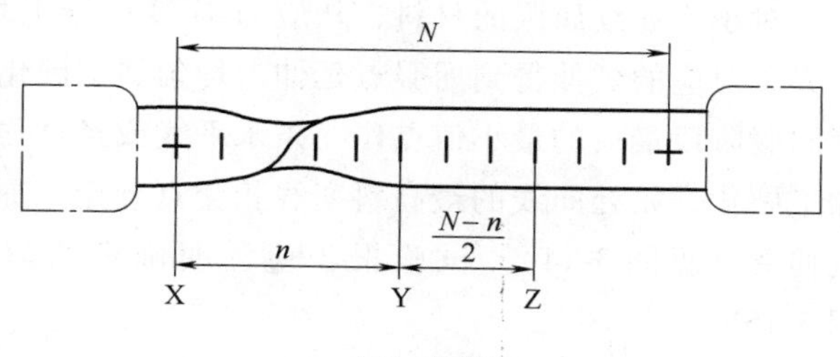

a) $N-n$为偶数

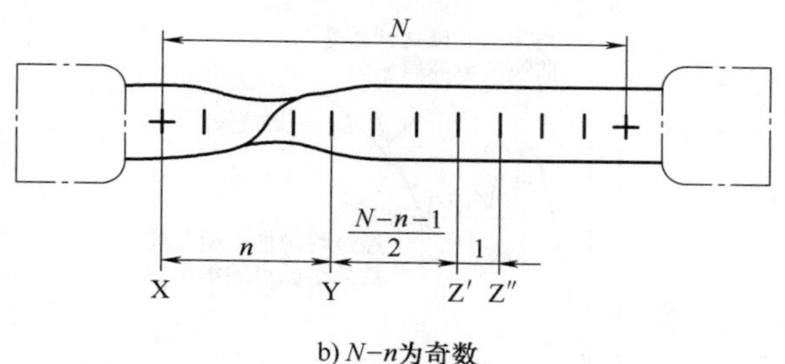

b) $N-n$为奇数

图3-12　移位法图示说明

$$A=\frac{l_{XY}+2l_{YZ}-L_o}{L_o}\times100\% \tag{3-2}$$

若$N-n$为奇数（见图3-12b），测量X与Y之间的距离，以及从Y至距离分别为$(N-n-1)/2$和$(N-n+1)/2$个分格的Z′和Z″标记之间的距离$l_{YZ'}$和$l_{YZ''}$，按照式（3-3）计算断后伸长率：

$$A=\frac{l_{XY}+l_{YZ'}+l_{YZ''}-L_o}{L_o}\times100\% \tag{3-3}$$

需要注意的是，如果断后伸长率的结果大于或等于规定值，不管断裂位置处于何处，测量结果均有效。

2. 断面收缩率的测定

将试样断裂部分仔细地配接在一起，使其轴线处于同一直线上。断裂后最小横截面积的测定应准确到±2%（见图3-13）。原始横截面积S_o与断后最小横截面积S_u之差除以原始横截面积的百分率得到断面收缩率，按照式（3-4）计算：

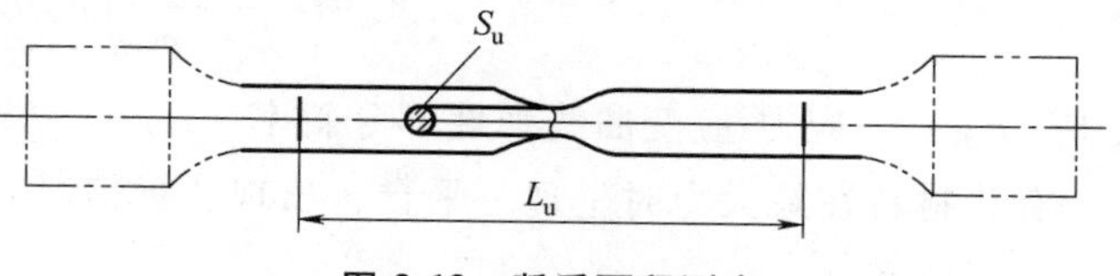

图3-13　断后面积测定

$$Z=\frac{S_o-S_u}{S_o}\times100\% \tag{3-4}$$

对于小直径的圆试样或其他横截面形状的试样，断后横截面积的测量准确度达到±2%很困难，一般不测定断面收缩率。

3. 屈服点延伸率的测定

对于不连续屈服的材料，从应力-应变曲线上均匀加工硬化开始点的延伸减去上屈服强度 R_{eH} 对应的延伸得到屈服点延伸。均匀加工硬化开始点的延伸通过在曲线图上，经过不连续屈服阶段最后的最小值点作一条水平线或经过均匀加工硬化前屈服范围的回归线，与均匀加工硬化开始处曲线的最高斜率线相交点确定。屈服点延伸除以引伸计标距 L_e 得到屈服点延伸率（见图 3-14）。试验报告应注明确定均匀加工硬化开始点的方法（见图 3-15a 或图 3-15b）。

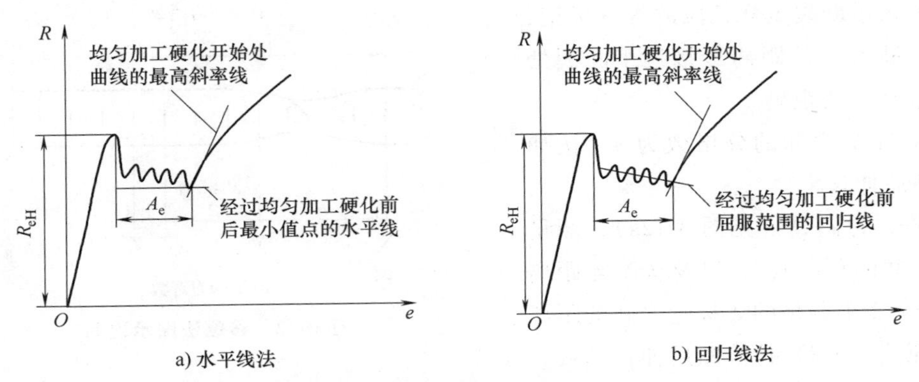

图 3-14 屈服点延伸率的评估方法

4. 最大力塑性延伸率和最大力总延伸率的测定

在用引伸计得到的应力-应变曲线（见图 3-15）上测定最大力总延伸率。最大力总延伸率 A_{gt} 按照式（3-5）计算：

$$A_{gt}=\frac{\Delta L_m}{L_e}\times 100\% \tag{3-5}$$

式中 L_e——引伸计标距；

ΔL_m——最大力下的延伸。

从最大力总延伸中扣除弹性部分即得到最大力时的塑性延伸，将其除以引伸计标距得到最大力塑性延伸率。最大力塑性延伸率按照式（3-6）计算：

$$A_g=\left(\frac{\Delta L_m}{L_e}-\frac{R_m}{m_E}\right)\times 100\% \tag{3-6}$$

式中 m_E——应力-应变曲线弹性部分斜率。

有些材料在最大力时呈现一平台，出现这种情况时，取最大力平台中点对应的塑性延伸率及总延伸率。

对于许多材料，最大力发生在缩颈开始的范围。这意味着对于这些材料，A_g 和 A_{wn} 基本相等。但是，对于很大冷变形的材料，如双面减薄的锡板、辐照过的结构钢或在高温下的试验，A_g 和 A_{wn} 之间有很大不同。这些产品可以采用以下方法测定无缩颈塑性延伸率 A_{wn}。

试验前，在标距上标出等分格标记，连续两个等分格标记之间的距离等于原始标距 L_0'。

的约数。原始标距 L_o' 的标记应准确到±0.5mm以内。断裂后，在试样的最长部分上测量断后标距 L_u'，准确到±0.5mm。

为了使测量有效，应满足以下条件：

1）测量区的范围应处于距离断裂处至少 $5d_o$，距离夹头至少 $2.5d_o$。如果试样横截面为不规则图形，d_o 为不规则截面外接圆的直径。

2）测量用的原始标距应至少等于产品标准中规定的值。

无缩颈塑性伸长率按照式（3-7）计算：

$$A_{wn}=\frac{L_u'-L_o'}{L_o'}\times100\% \tag{3-7}$$

5. 断裂总延伸率的测定

在用引伸计得到的应力-应变曲线上测定断裂总延伸率 A_t（见图3-15）。在试验过程中，引伸计需要全程安装在试样上，直至试样断裂。引伸计的标距应等于或尽量接近于试样标距。断裂总延伸率按照式（3-8）计算：

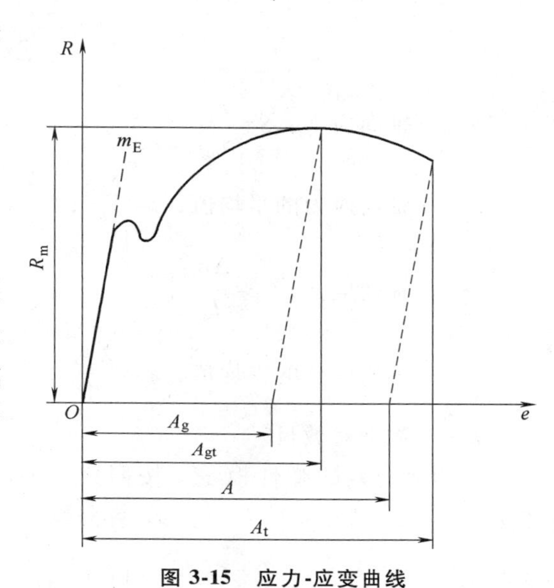

图 3-15　应力-应变曲线

$$A_t=\frac{\Delta L_f}{L_e}\times100\% \tag{3-8}$$

式中　ΔL_f——断裂总延伸。

3.5.3　弹性性能指标测定

1. 弹性模量的测定

（1）图解法　试验时，用自动记录的方法绘制轴向力-轴向变形曲线，如图3-16所示。在记录的轴向力-轴向变形曲线上，确定弹性直线段，在该直线段上读取尽量远的 A、B 两点之间的轴向力变化量和相应的轴向变形变化量，按照式（3-9）计算弹性模量。

$$E=\left(\frac{\Delta F}{S_o}\right)\Bigg/\left(\frac{\Delta l}{L_{el}}\right) \tag{3-9}$$

式中　ΔF——A、B 间轴向力变化量；

S_o——试样的原始横截面积；

Δl——A、B 间轴向变形变化量；

L_{el}——轴向引伸计标距。

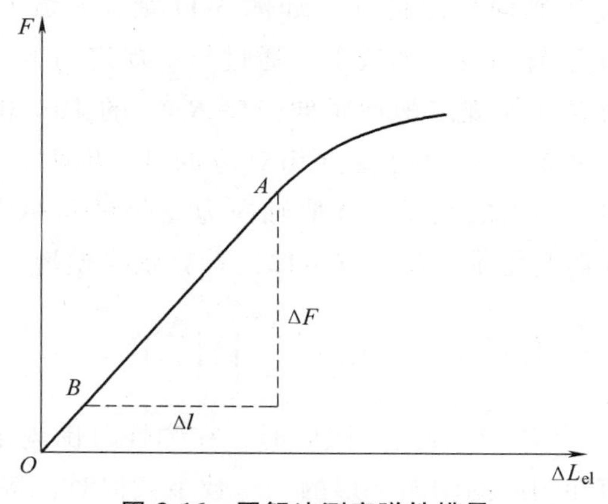

图 3-16　图解法测定弹性模量

F—轴向力　ΔL_{el}—试样轴向变形

图3-16中 A、B 两点的斜率就是该材料的弹性模量。需要注意的是，在绘制曲线时，坐标轴与曲线应该选择合适的比例，以使结果更

加准确。推荐曲线弹性段的高度达到力轴量程的3/5以上，弹性段与力轴夹角大于40°。

（2）拟合法　试验时，在弹性范围内记录轴向力和与其相应的轴向变形的一组数据对。一般来说，数据对的数目不能少于8对。用最小二乘法将数据对拟合出轴向应力-轴向应变直线，拟合直线的斜率即为弹性模量，按照式（3-10）计算：

$$E=\frac{\sum(e_1S)-k\bar{e}_1\bar{S}}{\sum e_1^2-k\bar{e}_1^2} \tag{3-10}$$

式中　S——轴向应力，$S=\frac{F}{S_o}$；

$\bar{S}$——轴向应力的平均值，$\bar{S}=\frac{\sum S}{K}$；

e_1——轴向应变，$e_1=\frac{\Delta L_{el}}{L_{el}}$；

$\bar{e}_1$——轴向应变的平均值，$\bar{e}_1=\frac{\sum e_1}{K}$；

k——数据对数目。

为了得到有效的弹性模量，按照式（3-11）计算拟合直线斜率变异系数，其值应小于2%。

$$\nu_1=\left[\left(\frac{1}{\gamma^2}-1\right)(k-2)\right]^{\frac{1}{2}}\times 100\% \tag{3-11}$$

式中　γ——相关系数，$\gamma^2=\left[\sum(e_1S)-\frac{\sum e_1\sum S}{k}\right]^2\Bigg/\left\{\left[\sum e_1^2-\frac{(\sum e_1)^2}{k}\right]\cdot\left[\sum S^2-\frac{(\sum S)^2}{k}\right]\right\}$。

2. 弦线模量的测定

（1）图解法　试验时，用自动记录方法绘制轴向力-轴向变形曲线，如图3-17所示。在记录的轴向力-轴向变形曲线上，通过与所规定的上、下两应力点（如规定塑性延伸强度$R_{p0.2}$的10%和50%两应力点）或两应变点相对应的A、B两点画弦线。在所画出的弦线上读取轴向力变化量和相应的轴向变形变化量，按式（3-12）计算弦线模量。

$$E_{ch}=\left(\frac{\Delta F}{S_o}\right)\Bigg/\left(\frac{\Delta l}{l_{el}}\right) \tag{3-12}$$

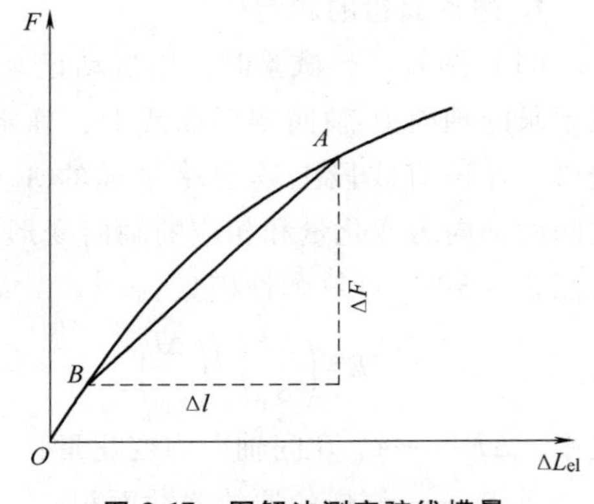

图3-17　图解法测定弦线模量

（2）拟合法　试验时，在弹性范围内记录轴向力和相应的轴向变形的一组数字数据对，将该组数据对拟合成数学表达式（如多项式），得到拟合的轴向应力-轴向应变曲线。在拟合的轴向应力-轴向应变曲线的弹性范围内计算两规定应力或应变值之间所对应弦线的斜率，即为弦线模量。对于非线弹性金属材料，有关标准或协议在规定弦线模量时，应说明确定弦线的上、下两点的应力或应变值。

3. 切线模量的测定

(1) 图解法　试验时，用自动记录方法绘制轴向力-轴向变形曲线，如图 3-18 所示。在记录的轴向力-轴向变形曲线上，通过规定应力或应变值对应的 R 点作曲线的切线。在所画出的切线上读取相距尽量远的 A、B 两点之间的轴向力变化量和相应的轴向变形变化量，按式 (3-13) 计算切线模量。

$$E_{\tan}=\left(\frac{\Delta F}{S_o}\right)\bigg/\left(\frac{\Delta l}{L_{el}}\right) \tag{3-13}$$

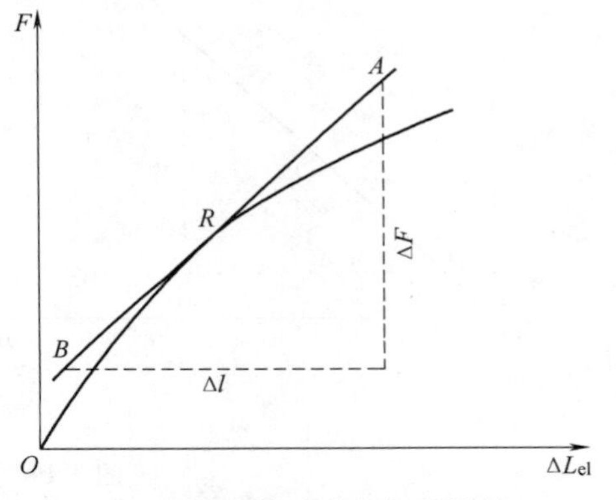

图 3-18　图解法测定切线模量

(2) 拟合法　试验时，在弹性范围内记录轴向力和相应的轴向变形的一组数字数据对，将该组数据对拟合成数学表达式（如多项式），得到拟合的轴向应力-轴向应变曲线。在拟合的轴向应力-轴向应变曲线的弹性范围内计算曲线在规定应力或应变值处的斜率，即为切线模量。对于非线弹性金属材料，有关标准或协议在规定切线模量时，应说明切点的应力或应变值。

4. 泊松比的测定

(1) 图解法 1　试验时，用自动记录方法绘制横向变形-轴向变形曲线，如图 3-19a 所示。在记录的横向变形-轴向变形曲线上，确定弹性直线段，在直线段上读取相距尽量远的 C、D 两点之间的横向变形变化量和相应的轴向变形变化量，按式 (3-14) 计算泊松比。

$$\mu=\left(\frac{\Delta t}{L_{et}}\right)\bigg/\left(\frac{\Delta l}{L_{el}}\right) \tag{3-14}$$

式中　Δt——横向变形变化量；

L_{et}——横向引伸计标距；

Δl——轴向变形变化量；

L_{el}——轴向引伸计标距。

当在同一试验中泊松比与杨氏模量一起进行测定时，推荐同时绘制轴向力-轴向变形曲线和横向变形-轴向变形曲线，如图 3-19b 所示。

(2) 图解法 2　试验时，用自动记录方法同时绘制横向变形-轴向力曲线和轴向变形-轴向力曲线，如图 3-20 所示。在横向变形-轴向力曲线和轴向变形-轴向力曲线的弹性直线段上，分别读取相距尽量远且相同轴向力变化量的 C、D 两点之间的横向变形变化量，和 A、B 两点之间的轴向变形变化量，按式 (3-14) 计算泊松比。

在测定弹性模量和泊松比时，建议每个试样至少测量三次，在测量的过程中施加的应力

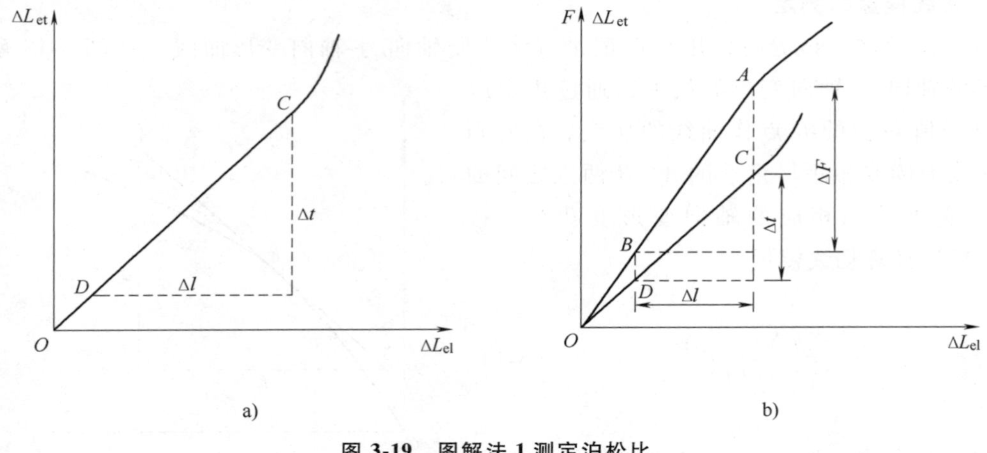

图 3-19　图解法 1 测定泊松比

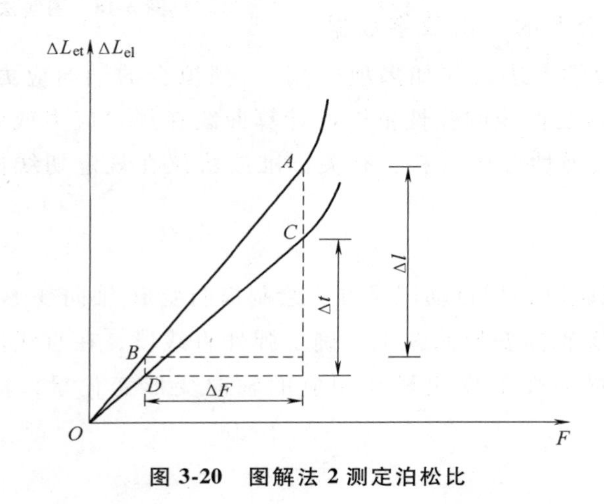

图 3-20　图解法 2 测定泊松比

不要超过试样的弹性极限。

杨氏模量、弦线模量和切线模量一般保留三位有效数字，泊松比一般保留两位有效数字，修约方法按 GB/T 8170 进行。

3.6　高、低温拉伸试验

3.6.1　高温拉伸试验

由于高温下原子扩散能力的增大，材料中空位数量的增多，以及晶界滑移系的改变或增加，使得材料的高温强度与室温强度有很大不同。在高温条件下，材料的变形机制增多，易发生塑性变形，表现为强度降低，形变强化现象减弱，塑性变形增加。强度随温度升高而降低，塑性则随温度升高而增加。

高温拉伸试验通常指温度大于 35℃ 条件下金属材料的拉伸试验，规定加载速率，受载方式为单向的拉伸试验。目前所采用的标准为 GB/T 228. 2—2015《金属材料拉伸试验　第 2 部分：高温试验方法》。高温拉伸试验与常温拉伸试验相比，有许多相同的试验规律，如试验方法及得到的拉伸图形状相似；也有许多不同的地方，由于高温拉伸试验增加了一个温度参数，因此相应地有了温度控制和温度测量的内容。同时，对试验过程和试样夹持装置也提出了特殊要求。在高温下，一些力学性能指标会出现出与室温不同的规律。各种合金元素对强度的影响也随着温度的不同而改变。

1. 试验设备的要求

试验机测力系统的准确度应为 1 级或优于 1 级。测定规定塑性延伸强度或规定总延伸强度时，应使用不劣于 1 级准确度的引伸计系统；测定其他具有较大延伸率的性能，应使用不劣于 2 级准确度的引伸计系统。引伸计标距应不小于 10mm，并置于试样平行长度的中心位置。引伸计伸出加热装置部分的设计应能防止气流的干扰，以使环境温度的变化对引伸计的影响减至最小。最好保持试验机周围的温度和空气流动速度适当稳定。

在使用加热装置对试样进行加热时，测量温度 T_i 和规定温度 T 的允许偏差及温度梯度见表 3-11。规定温度大于 1100℃时，温度允许偏差和温度梯度应由双方协商确定。

表 3-11　温度的允许偏差及温度梯度

规定温度 T/℃	T_i 与 T 的允许偏差/℃	温度梯度/℃
≤600	±3	3
>600~800	±4	4
>800~1000	±5	5
>1000~1100	±6	6

当试样标距小于 50mm 时，应在试样平行长度的两端分别固定一支热电偶；当标距大于或等于 50mm 时，应在试样平行长度的两端及中心位置各固定一支热电偶。如果根据经验得知加热装置与试样的相对位置可确保试样温度的变化符合表 3-11 的规定，热电偶的数目可以减少。但是，至少在试样上固定一支热电偶测量温度。热电偶测温端应与试样表面有良好的热接触，并应避免加热体对热电偶直接热辐射。

温度测量装置的最低分辨力为 1℃，允许误差应在±0. 004T 或±2℃内，取最大值。温度测量系统包括所有测量组件链（传感器、导线、显示装置、联结点）。温度测量系统应在试验温度范围内检验和校准，其检验方法应溯源到国际单位。

2. 试验方法

金属材料的高温拉伸试验与常温拉伸基本相同，需要注意的是引伸计的装夹方式。GB/T 228. 2—2015 给出了四种引伸计标距的设定方法：

1）方法一，在室温下将引伸计按标称标距长度装夹在试样上，在试验温度下测量延伸，再通过室温下的引伸计标距计算延伸率。不考虑试样的热延伸。

2）方法二，施加载荷前，在试验温度下将引伸计按标称标距长度装夹在试样上。

3）方法三，在室温下将引伸计按小于标称标距长度装夹在试样上，使试样平行长度表面温度达到试验温度时，引伸计为标称标距长度。

4）方法四，在室温下将引伸计按标称标距长度装夹在试样上，用试验温度下修正的标称标距（室温下的标距长度和热延伸）计算延伸率。

在上述四种方法中，方法一没有考虑金属材料在高温下的热延伸，所以误差最大，但该方法操作简单，效率高且误差在可接受范围内，因此适用于精度要求不高的试验。方法二考虑了材料的热延伸，计算时所用的 L_e 与真实的 L_e 相同，所以结果最准确，但该方法需要在试验温度下装夹引伸计，操作不变且有一定的安全风险，因此适合对结果精度要求极高的试验。方法三和方法四都是通过材料的热膨胀系数来计算试样的热延伸，其结果精度与操作便捷性介于方法一和方法二之间，是比较值得采用的方法。

在施加试验力前，将试样加热至规定温度 T，并至少保持 10min。应在引伸计输出稳定后施加载荷。加热过程中，试样的温度不应超过规定温度的偏差上限。

3.6.2 低温拉伸试验

当温度下降时，金属材料的脆性会随之变得明显，这就是低温下金属材料的冷脆性。金属材料冷脆断裂的方式、原理与常温脆断大体一样，在发生断裂前都不会出现明显的变形，所以不易被察觉，断裂发生在瞬间，裂口齐整。冷脆断裂的原因是金属材料组织中存在质量问题，一般都从应力集中部位发生断裂，并且会瞬间蔓延，直至彻底断裂。不过，并不是所有的金属在低温下都会有冷脆性，这主要是由物质的内部分子结构和晶格类型决定的。

根据低温情况下材料的性质不同，可以将金属材料分为冷脆性材料和非冷脆性材料两类。冷脆性材料的分子结构多呈六方晶格形态，温度下降时，强度会逐渐增大，但韧性及塑性同时降低，呈现冷脆性。结构钢件中的马氏体、珠光体、铁素体对温度较敏感，在低温下容易因此发生断裂，而面心立方晶格的金属，其结构不同性能也不同，不容易受到低温的影响，所以属于非冷脆材料。

1. 试验设备的要求

试验机测力系统的准确度应为 1 级或优于 1 级。测定规定塑性延伸强度或规定总延伸强度时，应使用不劣于 1 级准确度的引伸计系统；测定其他具有较大延伸率的性能，应使用不劣于 2 级准确度的引伸计系统。引伸计标距应不小于 10mm，并置于试样平行长度的中心位置。引伸计伸出冷却装置部分的设计应能防止气流的干扰，以使环境温度的变化对引伸计的影响减至最小。最好保持试验机周围的温度和空气流动速度适当稳定。

在使用冷却装置对试样进行降温时，测量温度 T_i 和规定温度 T 的允许偏差为±3℃，试样表面的温度梯度不超过 3℃。

当试样标距小于 50mm 时，应在试样平行长度的两端分别固定一支温度传感器；当标距大于或等于 50 mm 时，应在试样平行长度的两端及中心位置各固定一支温度传感器。如果根据经验得知冷却装置与试样的相对位置可确保试样温度的变化符合要求，温度传感器数目可以减少。但是，至少在试样上固定一支温度传感器测量温度。温度传感器测温端应与试样表面有良好的热接触。

温度测量装置的最低分辨力为 1℃，温度在 -40～10℃ 范围内，允许偏差为±2℃；温度在 -196～-40℃ 范围内，允许偏差为±3℃。温度测量系统的检验和校准应覆盖工作温度范围，周期不超过一年。

2. 试验方法

金属材料低温拉伸试验与常温拉伸试验基本相同，引伸计的装夹与设定标距长度的方法与高温拉伸试验基本一致，也分为四种。不同的是，在方法三中，高温拉伸试验是将引伸计按小于标称标距长度装夹在试样上，而低温拉伸试验是将引伸计按大于标称标距长度装夹在试样上。

在施加试验力前，将试样冷却至规定温度 T，并至少保持 10min。应在引伸计输出稳定后施加试验力。冷却过程中，试样的温度应不低于规定温度的偏差下限，除非双方达成特殊协议。

3.7 拉伸试验结果处理及数值修约

3.7.1 试验结果的处理

有下列情况之一者，可判定拉伸试验结果无效：

1）试样断在机械刻画的标距上或标距外，且造成力学性能指标不合格。

2）操作不当。

3）试验期间仪器设备发生故障，影响了性能测定的准确性。

遇有试验结果无效时，应补做同样数量的试验。但若试验表明材料性能不合格，则在同一炉号材料或同一批坯料中加倍取样复检。若再不合格，该炉号材料或该批坏料就判废或降级处理。

此外，试验时出现两个或两个以上的缩颈，以及断样显示出肉眼可见的冶金缺陷（分层、气泡、夹渣）时，应在试验记录和报告中注明。

3.7.2 数值的修约

1. 进舍规则

数值的进舍规则可概括为“四舍六入五考虑，五后非零应进一，五后皆零视奇偶，五前为偶应舍去，五前为奇则进一”。具体说明如下：

1）拟舍弃数字的最左一位数字小于5，则舍去，保留其余各位数字不变。

例：将12.1498修约到个数位，得12；将12.1498修约到一位小数，得12.1。

2）拟舍弃数字的最左一位数字大于5，则进一，即保留数字的末位数字加1。

例：将12.68修约到个数位，得13。

3）拟舍弃数字的最左一位数字是5，且其后有非0数字时进一，即保留数字的末位数字加1。

例：将5.501修约到个数位，得6。

4）拟舍弃数字的最左一位数字为5，且其后无数字或皆为0时，若所保留的末位数字为奇数则进一，即保留数字的末位数字加1；若所保留的末位数字为偶数（包括0），则舍去。

例：将 9.25 和 10.35 修约到保留一位小数，则结果分别为 9.2 和 10.4。

5）拟舍弃的数字若为两位数字以上时，不得连续进行多次修约，应根据拟舍弃数字中左边第一个数字的大小，按上述规则一次修约出结果。

例如，将 13.456 修约成整数。

正确的做法是：13.456→13

不正确的做法是：13.456→13.46→13.5→14

2.0.5 单位的修约

上述的修约间隔是 10^n，但有些时候，数值会要求以 0.5 单位进行修约，此时将拟修约数值乘以 2，按上述修约规则进行修约，然后将得到的数值除以 2 即可。

例：将下列数值修约至 0.5%。

拟修约数值 A	2A 数	2A 修约数	A 修约数
15.26%	30.52%	31.0%	15.5%
15.13%	30.26%	30.0%	15.0%
15.75%	31.50%	32.0%	16.0%

在实际操作过程中，还可以利用更简便的方法进行修约。将拟修约位看成“个位”，如果这一“个位”和后面的“小数位”构成的数值≤2.5，则把这一“个位”变成 0，其后面的数舍去；若≥7.5，则进一位（即其左一位加 1），同时把这一“个位”变成 0，其后面的数舍去；若大于 2.5 但小于 7.5，则这一“个位”变成 5，其后面的数舍去。

例：将 1526 修约到“百”数位的 0.5 单位修约。因为要求修约到“百”数位，所以将后面的拟修约数值看成 2.6，2.5<2.6<7.5，所以将 2 变为 5，后面的舍去，所以最后的修约值为 1550。

3.7.3 拉伸试验力学性能指标修约要求

试验测定的性能结果数值应按照相关产品标准的要求进行修约。若未规定具体要求，应按照如下要求进行修约：

1）强度性能值修约至 1MPa。

2）屈服点延伸率修约至 0.1%。

3）其他延伸率和断后伸长率修约至 0.5%。

4）断面收缩率修约至 1%。

3.8 影响拉伸试验结果的主要因素

影响拉伸试验结果的影响因素有很多，总的来说可以分为三类：一类是试验机、控制器、引伸计、量具等试验设备，这些可以通过校准检定的方式来控制，使其满足标准要求，试验设备引起的误差也可以通过不确定度来表示；第二类是试样的形状、尺寸、表面粗糙度等；第三类是试样的装夹、试验速率等。后两类对拉伸结果的影响很难定量表示，只能按照标准进行控制，尽量减小其对结果的影响。

1. 拉伸速率的影响

拉伸速率是拉伸试验过程中必须控制的参数，拉伸速率直接影响金属材料的应力-应变曲线。拉伸速率增大，所测的屈服强度或规定塑性延伸强度都有不同程度的提高，而延伸性能指标会有所降低。不同的材料对拉伸速率的敏感程度也不同，因此在试验时应严格按照相关标准规定的速率进行。

2. 试样形状、尺寸、表面粗糙度的影响

对不同截面形状的试样进行拉伸试验，对比结果发现，下屈服强度 R_{eL} 受试样形状的影响不大，而对上屈服强度 R_{eH} 的影响较大。试样肩部的过渡形状对上屈服强度也有较大影响，随着肩部过渡的缓和，上屈服点明显升高，即应力集中越大，上屈服强度越低。因此，材料试验中通常以下屈服强度值为准。

试样尺寸大小对试验结果也有影响。一般说来，试样直径减小，其抗拉强度和断面收缩率会有所增大。低碳钢板矩形截面试样的断后伸长率和断面收缩率要比同等横截面积的圆形试样小，而且矩形截面的试样，其 A 和 Z 也受到试样宽厚比的影响。

表面粗糙度对拉伸试验结果也有一定影响。一般材料塑性越好，表面粗糙度的影响越小；反之，塑性较差的材料，随着表面粗糙度的增加，其屈服强度、断后伸长率等均有所下降。

3. 试样的装夹

试验机的加载轴线应与试样的几何中心线一致，如果不一致，会造成偏心加载而产生弯曲。一般不允许对试样施加偏心力，因为力的偏心容易使试验力与试样轴线产生明显偏移；拉伸试验用夹具选用不当，会使试样产生附加弯曲应力，从而使试验结果产生误差，同时拉伸试验用夹具选用不当，也极易引起拉伸试样打滑或断在钳口内，导致试验数据不准确或试验数据偏低。

第 4 章

金属材料硬度试验

硬度是材料抵抗局部变形，特别是塑性变形、压入或刻画的能力，它是衡量材料软硬程度的力学性能指标。硬度试验可在零件上直接进行，试验痕迹小，不会影响零件的原有性能，因此被广泛应用于检验原材料和零部件热处理后的质量。

硬度试验主要可分为压入法和刻画法。在压入法中又可分为静态力试验法和动态力试验法两种。静态力试验法（如布氏硬度、维氏硬度和洛氏硬度等）的应用较动态力试验法（如肖氏硬度和里氏硬度等）更为普遍。用压入法测得的硬度值能够综合反映材料测试部位（压痕附近）局部体积内的弹性、微量塑性变形抗力、应变硬化能力等物理量的大小。刻画法测得的硬度值表示材料抵抗表面局部断裂的能力。试验时，用一套硬度等级不同的参比材料与被测材料相互进行划痕比较，从而判定被测材料的硬度等级。

硬度试验种类繁多，原理也各不相同，即使同一种试验方法中也存在不同的试验力、压头和标尺。因此，在进行硬度试验时，应根据试样的材质和特性来选择最合适的试验方法。

4.1 布氏硬度

4.1.1 试验原理

布氏硬度试验是将一定直径 D 的碳化钨合金球以试验力 F 压入试样表面，经规定保持时间 t 后，卸除试验力，测量试样表面压痕的直径 d，以此计算出硬度值。布氏硬度的试验原理如图 4-1 所示。布氏硬度压头和压痕如图 4-2 所示。

布氏硬度值 HBW 是试验力除以压痕球形表面积所得的商再乘以常数 0.102，即

$$\mathrm{HBW}=0.102\frac{F}{S}=0.102\frac{2F}{\pi D(D-\sqrt{D^2-d^2})} \tag{4-1}$$

式中 D——压头球直径（mm）；

d——检测面压痕平均直径（mm）；

F——试验力（N）；

S——压痕面积（mm^2）。

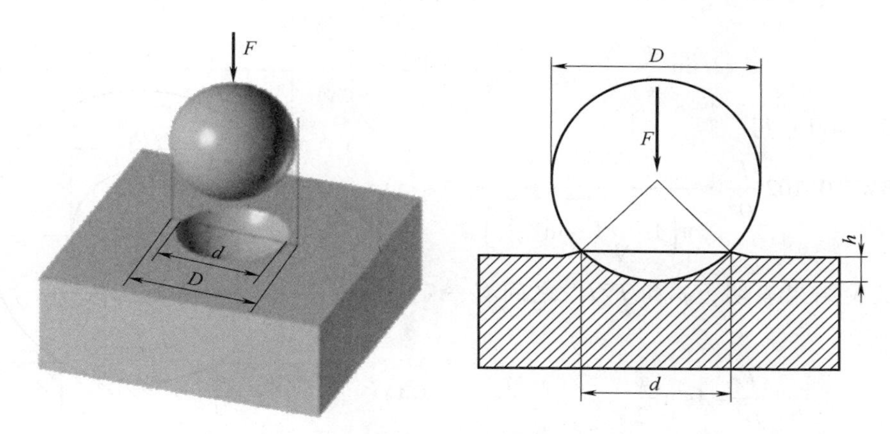

图 4-1　布氏硬度的试验原理

h—检测面压痕深度

图 4-2　布氏硬度压头和压痕

布氏硬度的表示方法根据试验力的保持时间有两种，当时间在规定的试验力保持时间内时表示为：布氏硬度值+HBW+钢球直径+试验力对应的 kgf 值；当时间不在规定的试验力保持时间内时表示为：布氏硬度值+HBW+钢球直径+试验力对应的 kgf 值+试验力保持时间。其中，“HBW”中“HB”代表布氏硬度，“W”代表碳化钨合金球形压头，在 GB/T 231—1984 中有规定，可使用钢球压头，目前已经不再使用，全部采用碳化钨合金球形压头。例如，208HBW10/3000 表示为使用 10mm 碳化钨合金球形压头在 3000kgf 下保持标准规定的时间 10~15s 测得的布氏硬度值为 208，此时的 $0.102F/D^2$ 为 30。

4.1.2　压痕相似原理

在实际检测工作中，硬度试样有硬有软、有大有小、有厚有薄，如果用同一型号的压头可能会导致对厚试样合适，而薄试样被压透；对硬试样合适，而软试样发生压头陷入金属的现象。因此，检测不同的试样需要选择不同规格的压头。为了使不同的金属压头测出的硬度具有可比性，则必须使用压痕相似原理。

图 4-3 所示为两个不同直径 D_1 和 D_2 球体，分别以试验力 F_1 和 F_2 压入试样表面。从图 4-3 中可以看出，d、D 和 φ 有如下关系：

$$d=D\sin\frac{\varphi}{2} \tag{4-2}$$

代入式（4-1）得

$$HBW=0.102\frac{F}{D^2}\cdot\frac{2}{\pi\left(1-\sqrt{1-\sin^2\frac{\varphi}{2}}\right)} \tag{4-3}$$

大量试验结果表明，φ 和 F/D^2 之间有一定的关系：

$$\frac{F}{D^2}=A\sin\frac{\varphi}{2} \tag{4-4}$$

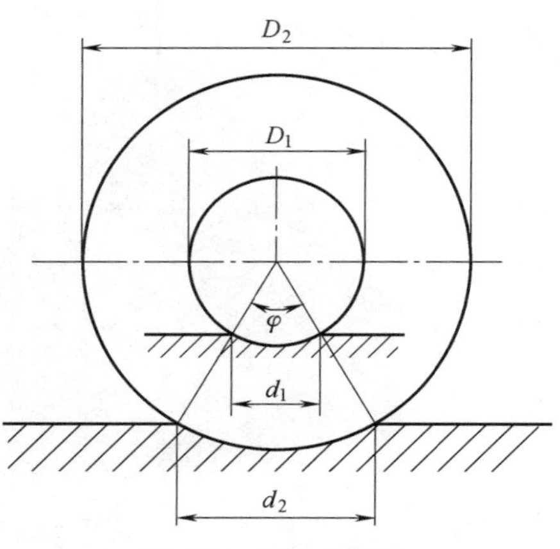

图 4-3　相似原理图

由上述推导可知，要保证同一材料测得的硬度值相同，F/D^2 必须相同。因此，在选择试验力 F 和压头球直径 D 对同种材料进行试验时，应保证 F/D^2 为常数，即

$$\frac{F_1}{D_1^2}=\frac{F_2}{D_2^2}=\cdots=\frac{F_n}{D_n^2}=\text{常数}$$

在实际试验时，为了获得准确的结果，F 与 D 的选择不仅应满足上述要求，还应通过 F 与 D 的选择使检测面压痕直径 d 在 0.24～0.6D 范围内。当检测面压痕直径在此范围时，试验力的变化对布氏硬度值不会产生太大的影响。

4.1.3　试验设备

布氏硬度计的检验与校准或检定必须符合 GB/T 231.2—2022《金属材料　布氏硬度试验 第 2 部分：硬度计的检验与校准》或 JJG 150—2005《金属布氏硬度计检定规程》的规定。在检验硬度计以前，宜特别检查并确保：①安装球座的主轴在其导向装置中能正常滑动；②校准时使用的球及球座稳固地安装到主轴孔中；③施加和卸除试验力时，无影响读数的冲击、振动或过冲。

布氏硬度计试验力的调节方式有电子自动调节和人工砝码式调节，试验力加载方式有自动加载和手动加载两种，压痕测量方式有人工测量和自动测量。随着科技的进步，试验力的调节、加载和压痕直径的测量都实现了自动化。

4.1.4　试样尺寸及加工要求

试样样坯可以使用冷加工和热加工的方式进行切取，使用热加工的方式切取时必须留有足够加工余量，以便在后期加工时消除热加工对试样表面和组织产生的影响。如果样坯后续加工余量小，则不宜采用热加工的方式切取试样。

平整的试样表面能获得最佳的试验结果。试样厚度应大于压痕深度的 8 倍，在压痕相对的一面，不应有影响加载的弧形面或凹陷存在。试样的上下两个表面应尽量平行，以减少由于试样的上下表面不平行给试验结果产生的影响。试样表面应能够保证测量压痕的准确度，一般情况下，试样的试验面表面粗糙度 Ra 不应超过 1.6μm。

对于有曲率半径的试样，读数时须按照标准对试验结果进行修正，而半径小于 25.4mm 的弧形试验表面不应做试验。

4.1.5　试验要点

试验一般在 10~35℃的室温下进行，对条件要求严格的试验，试验温度应控制在 18~28℃。试样应放置在刚性试验台上，试样背面和试验台之间应无污物（氧化皮、油、灰尘等）。将试样稳固地放置在试验台上，确保在试验过程中不发生位移。

正式试验前，应根据试样的尺寸选择正确的压头。布氏硬度有 10mm、5mm、2.5mm 和 1mm 四种直径的压头可供选择。在试样尺寸满足要求的情况下，应优先选用 10mm 压头。直径越大的压头越能减小试样表面局部缺陷对硬度值的影响。如果试样尺寸不满足要求，则选择小一号的压头。需要注意的是，在改变压头直径时，应同时改变试验力，使得 F/D^2 保持不变。只有这样，同一材料采用不同压头得到的硬度值才能进行比较。

选择试验力时，应保证压痕直径 d 与压头直径 D 之比为 0.24~0.6。由于测试零件厚度和材料硬度不同，如果只采用一个标准的试验力，则对钢材和厚工件虽然合适，但对软金属（如铝、锡等）或薄的工件（如厚度<2mm）就不适合，这时要根据不同材料和工件厚度，选择不同的试验力 F 和压头球直径 D 的搭配（见表 4-1）。一般来说，材料的硬度越大，选择的 $0.102F/D^2$ 越大。

表 4-1　不同材料选择的试验力-压头球直径平方的比率

材料	布氏硬度	试验力-压头球直径平方比率 $0.102F/D^2$/(N/mm^2)
钢、镍合金、钛合金	较大	30
铸铁①	<140	10
	≥140	30
铜及铜合金	<35	5
	35~200	10
	>200	30
轻金属及合金	<35	2.5
	35~80	5
		10
		15
	>80	10
		15
铅、锡		1
烧结金属	根据 GB/T 9097—2016	

① 对于铸铁，压头的名义直径应为 2.5mm、5mm 和 10mm。

正式加力时，压头先与试样表面接触，然后垂直于试样试验面施加试验力，直至达到规定的试验力值，并确保加载过程中无冲击、振动和过载。从加力开始至全部试验力施加完毕的时间应为 2~8s。试验力保持时间为 10~15s。对于要求试验力保持时间较长的材料，试验力保持时间公差为±2s。在整个试验过程中，硬度计不应受到影响试验结果的冲击和振动。

为了保证测量的准确度，压痕中心到试样任一边缘的距离应大于压痕平均直径的 2.5 倍，两相邻压痕的中心间距也应大于压痕平均直径的 3 倍。布氏硬度的测量精度与压痕的清晰度有关，试样表面应当经过切削、研磨或抛光。另外，为了保证测量精度，试样表面必须能代表材料本体，试样表面的脱碳或表层硬化层都必须在试验前去除掉。

测量压痕直径时，应测量垂直方向的两个直径，并取其平均值。根据直径计算或按照 GB/T 231.4—2009《金属材料　布氏硬度试验　第 4 部分：硬度值表》查得布氏硬度值。一般来说，硬度值应保留三位有效数字。

4.1.6 适用范围

布氏硬度的优点是其硬度值代表性全面，数据稳定，测量精度较高，重复性好。根据不同的材质可以更换不同直径的压头和不同的试验力，适用于硬度≤650HBW 的金属材料。

因为布氏硬度压痕面积较大，能反映金属表面较大范围内各组成相综合平均的性能数值，故特别适用于测定退火、正火状态的铸铁件、铸钢件、有色金属及其合金制品，尤其是质地较软的材料更为适宜。缺点是不同材料和尺寸的试样需要更换不同的压头，而且测量压痕直径也较为麻烦，同时由于压痕较大，也不适用于成品件。

4.2 洛氏硬度

4.2.1 试验原理

将特定尺寸、性状和材料的压头按照规定的两级试验力压入试样表面，初试验力加载后，测量初始压痕深度。随后施加主试验力，在卸除主试验力后测量最终压痕深度，洛氏硬度根据最终压痕深度和初始压痕深度的差值 h 及常数 N 和 S 计算得出。

$$洛氏硬度 = N - \frac{h}{S} \tag{4-5}$$

式中　N——给定标尺的全量程常数；

h——残余压痕深度；

S——给定标尺的标尺常数。

由于金属具有一定的弹性，故在压头压入后会产生弹性变形，在试验力卸除之后，压痕深度会有一定的减少。洛氏硬度压痕随压入时间变化原理如图 4-4 所示。洛氏硬度球形压头和金刚石压头如图 4-5 所示，洛氏硬度金刚石压头检测后的压痕如图 4-6 所示。

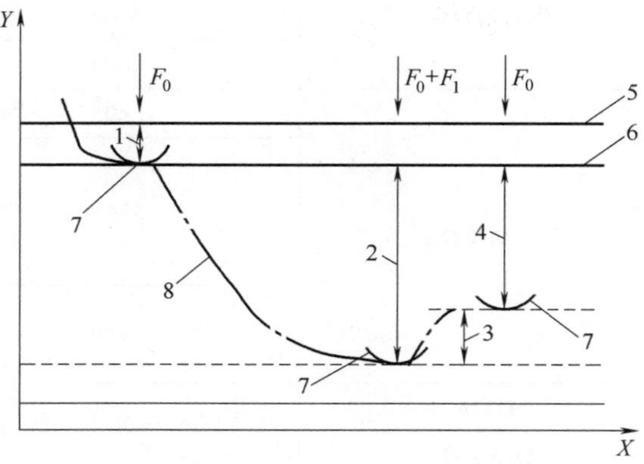

图 4-4　洛氏硬度压痕随压入时间变化原理

X—时间　Y—压头位置　1—在初试验力 F_0 下的压入深度　2—由主试验力 F_1 引起的压入深度　3—卸除主试验力 F_1 后的弹性回复深度　4—残余压痕深度 h　5—试样表面　6—测量基准面　7—压头位置　8—压头深度相对时间的曲线

图 4-5　洛氏硬度球形压头和金刚石压头

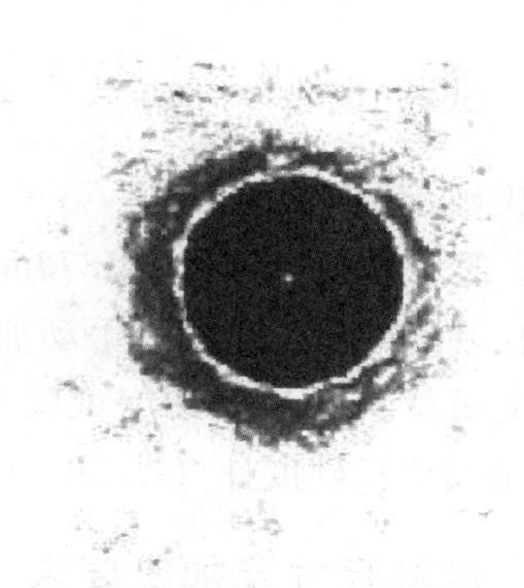

图 4-6　洛氏硬度金刚石压头检测后的压痕

根据不同的标尺，洛氏硬度有不同的表示方法（见表 4-2）：

A、C、D、N 标尺：硬度值+HR+标尺符号；B、E、F、G、H、K、T 标尺：硬度值+HR+标尺符号+使用的球形压头类型。例如使用，C 标尺检测出的硬度值为 30.0，表示为 30.0HRC；使用 E 标尺检测出的硬度值为 80，则表示为 80.0HREW，“W”表示为碳化钨合金压头。如果总试验力保持时间超过了规定时间，在试验结果后要注明，如 80.0HREW，10s。

当洛氏硬度计使用不同的标尺进行试验时，相应标尺的常数 N 也不同，A、C、D 标尺和表面洛氏硬度标尺的常数 $N=100$，B、E、F、G、H、K、T 标尺的常数 $N=130$。表面洛氏硬度试验力较低，因为表面洛氏硬度一般适于测量硬度低、厚度薄的金属。

表 4-2　洛氏硬度各标尺及适用范围

标尺	符号	压头类型	初试验力 F_0	总试验力 F	硬度值计算公式	适用范围
A	HRA	金刚石圆锥	98.07N	588.4N	洛氏硬度 $=100-\frac{h}{0.002}$	20~95HRA
C	HRC			1.471kN		20~70HRC
D	HRD			980.7N		40~77HRD
B	HRBW	直径 1.5875mm 球		980.7N	洛氏硬度 $=130-\frac{h}{0.002}$	10~100HRBW
E	HREW	直径 3.175mm 球		980.7N		70~100HREW
F	HRFW	直径 1.5875mm 球		588.4N		60~100HRFW
G	HRGW			1.471kN		30~94HRGW
H	HRHW	直径 3.175mm 球		588.4N		80~100HRHW
K	HRKW			1.471kN		40~100HRKW
15N	HR15 N	金刚石圆锥	29.42N	147.1N	洛氏硬度 $=100-\frac{h}{0.001}$	70~94HR15 N
30N	HR30 N			294.2N		42~86HR30 N
45N	HR45 N			441.3N		20~77HR45 N
15T	HR15 TW	直径 1.5875mm 球		147.1N		67~93HR15 TW
30T	HR30 TW			294.2N		29~82HR30 TW
45T	HR45 TW			441.3N		10~72HR45 TW

4.2.2 试验设备

洛氏硬度有三种压头，第一种是金刚石圆锥压头，锥角为120°，顶部曲率半径为0.2mm；第二种是直径为1.5875mm的球形压头；第三种是直径为3.175mm的球形压头。

洛氏硬度试验设备分为手动加载设备和自动加载设备，试验设备须满足GB/T 230.2—2012《金属材料 洛氏硬度试验 第2部分：硬度计及压头的检验与校准》或JJG 112—2013《金属洛氏硬度计（A、B、C、D、E、F、G、H、K、N、T标尺）》对硬度计的要求。

4.2.3 试样尺寸及加工要求

试样表面要求平坦光滑，不应有氧化皮和外来污物，尤其是不能有油脂。一般情况下，试样的试验面表面粗糙度不应超过1.6μm。为了消除试样厚度对试验结果的影响，在选取试样时，对于用金刚石圆锥压头进行的试验，试样的厚度应不小于残余压痕深度的10倍；对于用球形压头进行的试验，试样的厚度应不小于残余压痕深度的15倍。

试样样坯可以使用冷加工和热加工的方式进行切取，但加工时的表面硬化对洛氏硬度值测量结果影响较大，使用热加工的方式切取时必须留有足够加工余量，以便在后期加工时消除热加工对试样表面和组织产生的影响。如果样坯后续加工余量小，则禁止采用热加工的方式切取试样。

4.2.4 试验要点

试验一般在10~35℃的室温下进行。当试验温度不在10~35℃范围内时，应记录并在报告中注明。对精度要求较高的试验，室温一般控制在23℃±5℃。使用者应在当天使用硬度计之前，对所用标尺根据GB/T 230.1—2018附录C进行日常检查，金刚石压头应按照GB/T 230.1—2018附录D的要求进行检查。在变换或更换压头、压头球或载物台之后，应至少进行两次测试并将结果舍弃，然后按照GB/T 230.1—2018附录C进行日常检查，以确保硬度计的压头和载物台安装正确。

试验时，试样应放置在刚性支承物上，并使压头轴线和加载方向与试样表面垂直，同时应避免试样产生位移。应对圆柱形试样进行适当支承，如放置在洛氏硬度值不低于60 HRC的带有定心V型槽或双圆柱的试样台上。由于任何垂直方向的不同心都可能造成错误的试验结果，所以应特别注意使压头、试样、定心V型槽与硬度计支座中心对中。

加载时，使压头与试样表面接触，无冲击、振动、摆动和过载地施加初试验力F_0，初试验力的加载时间不超过2s，保持时间应为1~4s，3s是理想的保持时间。

无冲击、振动、摆动和过载地施加主试验力F_1，使试验力从初试验力F_0增加至总试验力F。洛氏硬度主试验力的加载时间为1~8s。所有HRN和HRTW表面洛氏硬度的主试验力加载时间不超过4s。建议采用与间接校准时相同的加载时间。资料表明，某些材料可能对应变速率较敏感，应变速率的改变可能引起屈服应力值轻微变化，影响到压痕形成，从而可能改变测试的硬度值。

总试验力F的保持时间为2~6s，卸除主试验力F_1，初试验力F_0保持1~5s后，进行最终读数。对于在总试验力施加期间有压痕蠕变的试验材料，由于压头可能会持续压入，所以应特别注意。若材料要求的总试验力保持时间超过标准所允许的6s时，实际的总试验力保持时间应在试验结果中注明（如65HRC/10s）。

两相邻压痕中心之间的距离至少应为压痕直径的3倍，任一压痕中心距试样边缘的距离至少应为压痕直径的2.5倍。

4.2.5　适用范围

因洛氏硬度有不同的标尺，可以测出从极软到极硬材料的硬度，不存在压头变形问题，适用于大多数较硬金属材料；由于洛氏硬度试验操作简单迅速，工作效率高，适用于批量检验。缺点是压痕小，代表性差，材料中的缺陷会导致所测硬度的重复性差，分散性大。不同标尺测得的硬度值不能直接进行比较。

不同的洛氏硬度标尺可以检测不同的材料，每种标尺的适用范围也不尽相同：

HRA主要用于检测硬质合金的洛氏硬度，薄钢材已经有表面硬化层的钢材。

HRB主要用于检测碳素钢、低合金钢、有色金属等中低硬度的材料。

HRC主要用于检测硬度较高材料，如轴承钢、合金钢、紧固件、带有表面淬硬层的材料。

HRD主要用于检测中等硬度值的薄钢板。

HRE主要用于检测一些较低硬度的有色金属材料。

HRF主要用于检测一些硬度低的金属材料。

HRG主要用于检测铸铁、合金中的一些中硬材料。

HRH主要用于检测硬度很低的金属材料。

HRK主要用于检测一些较软金属和薄材料。

4.3　维氏硬度

4.3.1　试验原理

维氏硬度的试验原理与布氏硬度的试验原理相同，也是根据压痕单位面积所承受的试验力来计算硬度值。所不同的是，维氏硬度试验采用的压头是两相对面间夹角为136°的金刚石正四棱锥体，其试验原理如图4-7所示。维氏硬度压头和压痕如图4-8所示。压头在选定的试验力 F 作用下，压入试样表面，保持规定时间后，卸除试验力，在试样表面压出一个正四棱锥形的压痕，测量压痕对角线长度 d，用压痕对角线平均值计算压痕的表面积 S。维氏硬度值是试验力 F 除以压痕表面积 S 所得的商，用符号HV表示。

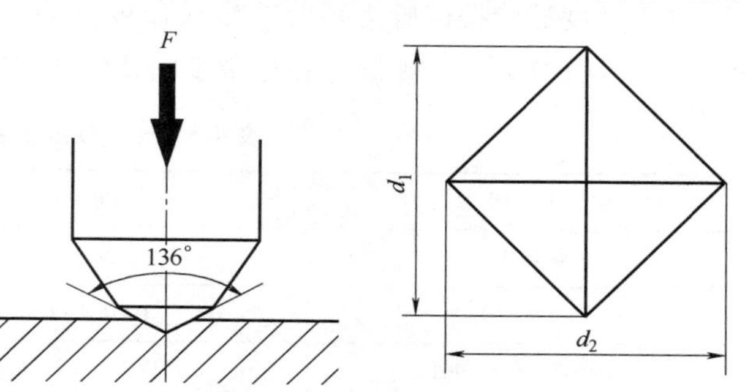

图4-7　维氏硬度试验原理

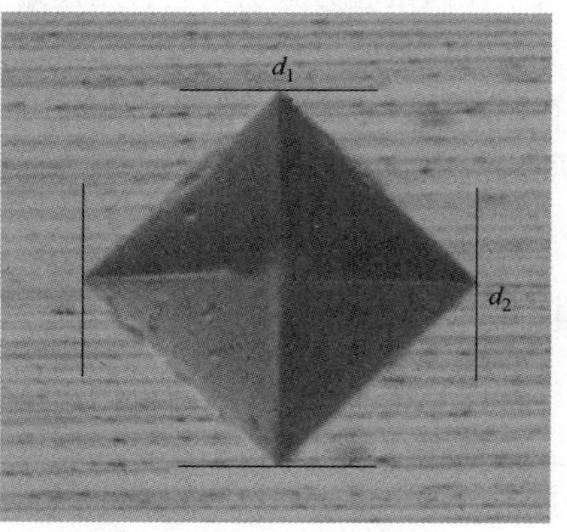

图 4-8　维氏硬度压头和压痕

$$S=\frac{d^2}{2\sin\frac{\alpha}{2}}=\frac{d^2}{2\sin\frac{136°}{2}} \tag{4-6}$$

$$\text{维氏硬度}=0.102\frac{F}{S}\approx 0.1891\frac{F}{d^2} \tag{4-7}$$

式中　F——试验力（N）；

S——正四棱锥形压痕面积（mm^2）；

d——压痕直径 d_1 和 d_2 的算术平均值（mm）。

维氏硬度表示方法和布氏硬度类似，根据试验力的保持时间不同有两种表示方法：当时间在规定的试验力保持时间内时表示为：硬度值+HV+试验力对应的 kgf 值；当时间不在规定的试验力保持时间内时表示为：硬度值+HV+试验力对应的 kgf 值+试验力保持时间，无须对压头进行特殊标注。例如，508HV10 表示在 10kgf 下保持标准规定时间 10~15s 测得的硬度值为 508；431HV30/20 表示在 30kgf 下保持 20s 测得的硬度值为 431。

4.3.2　试验设备

维氏硬度试验按试验力可分为维氏硬度试验、小力值维氏硬度试验、显微维氏硬度试验。试验设备分为维氏硬度计和显微维氏硬度计，维氏硬度试验力范围见表 4-3。

表 4-3　维氏硬度试验力范围

试验力范围/N	硬度符号	试验名称
$F\geqslant 49.03$	≥HV5	维氏硬度试验
$1.961\leqslant F<49.03$	HV0.2~HV5	小力值维氏硬度试验
$0.09807\leqslant F<1.961$	HV0.01~HV0.2	显微维氏硬度试验

对于同一类维氏硬度试验，硬度计不需要更换压头，只需更换试验力即可。各硬度符号对应的试验力见表 4-4。

表 4-4　各硬度符号对应的试验力

维氏硬度试验		小力值维氏硬度试验		显微维氏硬度试验	
硬度符号	试验力标称值/N	硬度符号	试验力标称值/N	硬度符号	试验力标称值/N
HV5	49.03	HV0.2	1.961	HV0.01	0.09807
HV10	98.07	HV0.3	2.942	HV0.015	0.1471
HV20	196.1	HV0.5	4.903	HV0.02	0.1961
HV30	294.2	HV1	9.807	HV0.025	0.2452
HV50	490.3	HV2	19.61	HV0.05	0.4903
HV100	980.7	HV3	29.42	HV0.1	0.9807

维氏硬度试验力不仅仅局限于表 4-4 中的数值，也可以使用其他力值。

维氏硬度计、小力值维氏硬度计试验力允许误差不大于±1.0%，显微维氏硬度计的示值误差不大于±1.5%。此外，试验设备须满足 GB/T 4340.2—2012《金属材料　维氏硬度试验　第 2 部分：硬度计的检验与校准》或 JJG 151—2006《金属维氏硬度计检定规程》的规定。硬度计须按照标准规定定期进行校准/检定，确保使用能够达到标准要求。

4.3.3　试样尺寸及加工要求

由于维氏硬度压痕小，测量的对角线短，为了能够清晰地显示压痕，故试样对表面质量要求较高，试样表面应平整光滑，无污物及氧化皮，并且露出金属表面。为防止压痕形状变形，非球形、圆柱形试样的上表面和下表面必须平行。一般要求维氏硬度试样表面粗糙度不大于 0.4μm，小力值维氏硬度试样不大于 0.2μm，显微维氏硬度试样表面须经过抛光处理。试样制备时，应使由于过热或冷加工等因素对试样表面硬度的影响减至最小。

为了得到准确的试验结果，试样或试验层的厚度至少为压痕对角线平均长度的 1.5 倍，避免背后出现可见的变形痕迹。图 4-9 和图 4-10 可用来确定试样最小厚度。

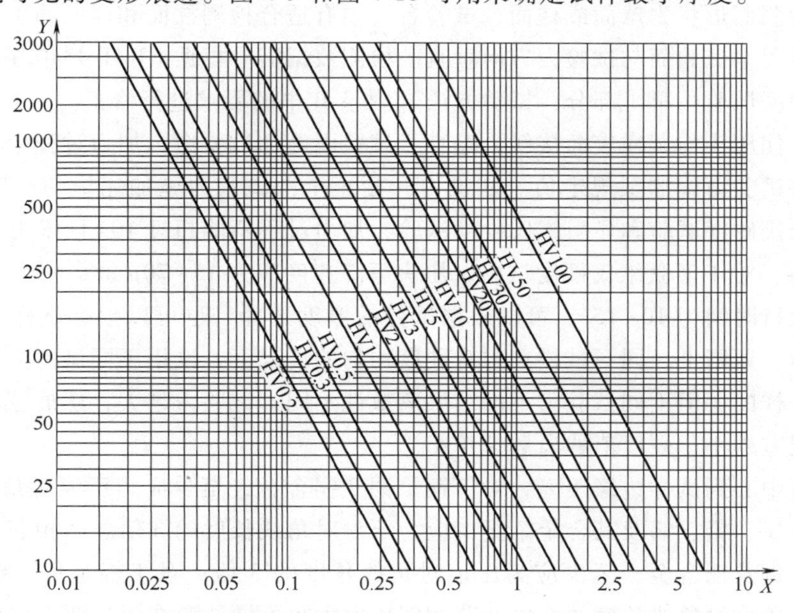

图 4-9　试样最小厚度-试验力-试样硬度关系（HV0.2～HV100）

X—试样厚度（mm）　Y—硬度值（HV）

在确定试样最小厚度时，通过试验力的斜线和硬度值水平线的交点作一条垂线，与 X 轴的交点就是试样的最小厚度。例如，试验力为 10kgf（1kgf = 9.807N），预计硬度值为 300HV，从图 4-9 中可知，试样的最小厚度为 0.35mm。

在用图 4-10 确定试样最小厚度时，根据试验力和预计的硬度值作一条直线，与最小厚度标尺的交点就是试样的最小厚度。例如，试验力为 1kgf，预计的硬度值为 180HV，从图 4-10 中可知，最小厚度为 0.15mm。

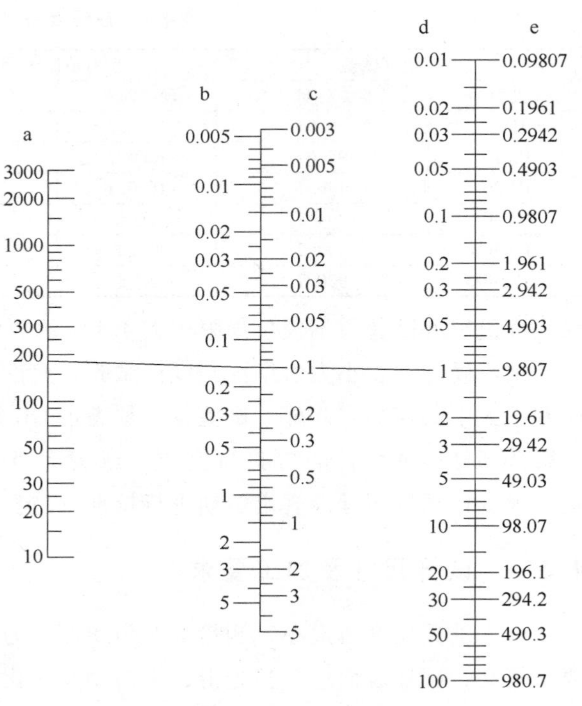

图 4-10　试样最小厚度（HV0.01~HV100）

a—硬度值　b—最小厚度（mm）　c—对角线长度（mm）　d—硬度符号 HV　e—试验力（N）

4.3.4　试验要点

实验一般在 10~35℃ 的室温下进行。对条件要求严格的试验，试验温度应控制在 23℃±5℃。

由于维氏硬度试验较其他硬度试验精确，为了能够得到清晰、规则的压痕，无论试样是何种样式，在检测过程中均不应与试验台产生相对滑动，试样必须稳固地放置在试验台上。

若试样检测面形状为球面或柱面，试验台上须有适合检测柱面和球面的工装，并且能够保证在检测过程中试验面与试验力方向垂直。检测数据需要根据 GB/T 4340.1—2009《金属材料　维氏硬度试验　第 1 部分：试验方法》附录 B 中的要求进行修正。

加载时，使压头与试样表面接触，垂直于试验面施加试验力，加力过程中不应有冲击和振动，直至将试验力施加至规定值。从加力开始至全部试验力施加完毕的时间应为 2~8s。对于小力值维氏硬度试验和显微维氏硬度试验，加力过程不能超过 10s 且压头下降速度应不大于 0.2mm/s。对于显微维氏硬度试验，压头下降速度应为 15~70μm/s。

试验力保持时间为 10~15s，可以根据试样的厚度选择，也可以根据试样规定的材料标准选取试验力。原则上，同一试样在本身硬度均匀的情况下，试用不同试验力进行试验得出的硬度值是一样的，但不同试验力下的结果离散性不同，试验力越大，压痕越清晰，测量的压痕对角线误差越小，硬度值的离散性越小。

任一压痕中心到试样边缘距离，对于钢、铜及铜合金，至少应为压痕对角线长度的 2.5 倍；对于轻金属、铅、锡及其合金，至少应为压痕对角线长度的 3 倍。两相邻压痕之间的距离，对于钢、铜及铜合金，至少应为压痕对角线长度的 3 倍；对于轻金属、铅、锡及其合金，至少应为压痕对角线长度的 6 倍。若相邻压痕大小不同，应在保证要求的前提下以较大压痕确定压痕间距。

4.3.5　适用范围

维氏硬度试验压头采用金刚石正四棱锥后，压痕是一个轮廓清晰的正方形，在测量压痕对角线长度 d 时，误差小，同时不存在压头变形问题，硬度范围较大，适用于任何硬度的金属材料。

但维氏硬度试验对试样加工要求较高，比较耗费时间，且硬度值的测定比较麻烦，工作效率不如洛氏硬度试验。

4.4　里氏硬度

4.4.1　试验原理

里氏硬度试验是一种动态硬度试验方法，用规定质量的冲击体在弹簧力作用下以一定速度垂直冲击试样表面，以冲击体在距试样表面 1mm 处的回弹速度（v_R）与冲击速度（v_A）的比值来表示材料的里氏硬度 HL。

$$\text{里氏硬度} = 1000\,\frac{v_R}{v_A} \tag{4-8}$$

式中　v_R——回弹速度（m/s）；

v_A——冲击速度（m/s）。

里氏硬度计的工作原理如图 4-11 所示，里氏硬度计不同类型的冲击体如图 4-12 所示。

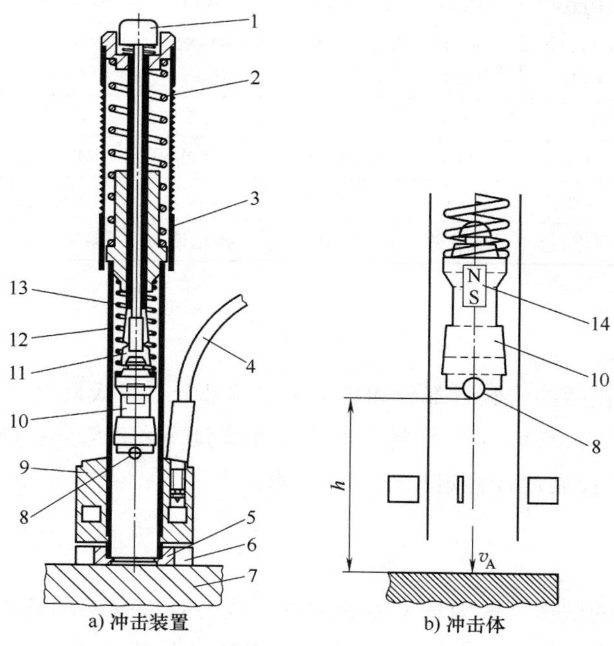

图 4-11　里氏硬度计的工作原理

1—释放按钮　2—加载弹簧　3—加载套　4—导线　5—小型支承环　6—大型支承环　7—试件
8—冲击体顶端球面冲头　9—线圈部件　10—冲击体　11—安全卡盘　12—导管　13—冲击弹簧　14—永磁体

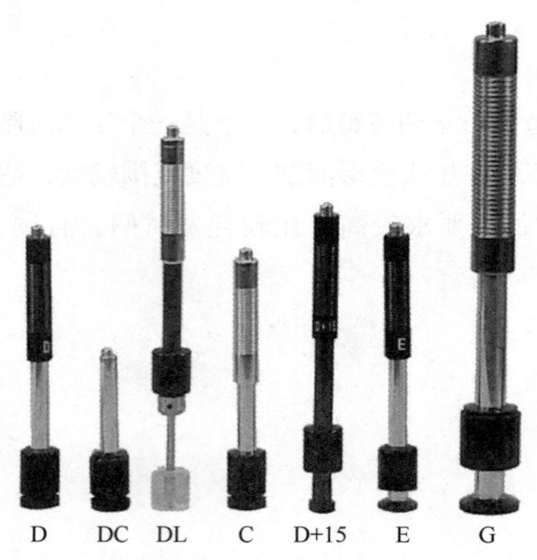

图 4-12 里氏硬度计不同类型的冲击体

里氏硬度计算比较简单，回弹速度 v_R、冲击速度 v_A 均由设备的线圈测出。里氏硬度值是一个无量纲的值，表示方法为硬度值+HL+硬度计型号，如 500HLC 表示按重力方向使用类型 C 的冲击体测量的里氏硬度值为 500。

不同类型的冲击体参数见表 4-5。

表 4-5 不同类型的冲击体参数

冲击体类型	D	DC	E	DL	D+15	C	G
里氏硬度	HLD	HLDC	HLE	HLDL	HLD+15	HLC	HLG
适用范围	300~890 HLD	300~890 HLDC	300~920 HLE	560~950 HLDL	330~890 HLD+15	350~960 HLC	300~750 HLG
冲击体质量/g	5.5	5.5	5.5	5.5	7.8	3.0	20.0
冲击能量/J	11.0	11.0	11.0	11.0	11.0	2.7	90.0
冲击体球头直径/mm	3.0	3.0	3.0	3.0	3.0	3.0	5.0
球头材质	碳化钨	碳化钨	金刚石	碳化钨	碳化钨	碳化钨	碳化钨

4.4.2 试验设备

里氏硬度计一般包括冲击装置部分和显示装置两部分，里氏硬度计的检验与校准或检定须符合 GB/T 17394.2—2022《金属材料 里氏硬度试验 第 2 部分：硬度计的检验与校准》或 JJG 747—1999《里氏硬度计检定规程》的要求。

4.4.3 试样要求

里氏硬度计检测的试样一般为较大型的工件，或者难以移动的部件。根据不同的试样，里氏硬度计可以更换合适的支承环。对于 G 型冲击体的里氏硬度计，检测位置的曲率半径不应小于 50mm；对于其他类型冲击体的硬度计，曲率半径应不小于 30mm。

试样表面须进行处理，必须去除试样表面的涂层等覆盖物、氧化皮、油污，以及其他影响试验结果的杂物。可以使用砂轮或砂纸打磨处理，但应避免出现类似于打磨过程中发热造成的硬化或加工过程中造成的加工硬化。

里氏硬度计是依据回弹原理工作的，所以试样的大小及厚度都会影响冲头回弹速率。为了保证在试验过程中冲头回弹速率准确有效，对于试样的最小质量及最小厚度需要做出要求，见表4-6。

表4-6　里氏硬度计对试样质量和厚度的要求

冲击体类型	最小质量/kg	最小厚度(未耦合)/mm	最小厚度(耦合)/mm	最大允许表面粗糙度 *Ra* /μm
D、DC、E、DL、D+15	5	25	3	2.0
G	15	70	10	7.0
C	1.5	10	1	0.4

4.4.4　试验要点

试验须在10~35℃的温度下进行，硬度计和被试材料的温差不宜过大。试验场地应远离电气设施，由于硬度计内部有线圈和磁体，电气设施中产生的磁场或电场会影响里氏硬度计的检测结果。

由于里氏硬度试验依据的是回弹原理，任何影响回弹速率的因素均应避免，其中最大的影响因素为硬度计放置不稳固，故试验过程中试样和冲击装置之间不能产生相对移动，必要时须使用合适的工装或固定夹具。对于G型冲击体的硬度计，冲头冲击点与试样边缘的距离都不应小于10mm；对于D、DC、DL、D+15、C、S和E型冲击体的硬度计，该距离不应小于5mm。

两相邻压痕中心之间的距离应至少为压痕直径的三倍。但由于里氏硬度计检测完成的每一点压痕很浅，难以确定压痕间距，所以对不同冲击装置在不同硬度下的压痕直径做出了相应的规定，见表4-7。

表4-7　不同硬度材料的典型压痕直径

冲击体类型	直径大约数					
	低硬度	压痕直径对应值/mm	中间硬度	压痕直径对应值/mm	高硬度	压痕直径对应值/mm
D	≈570HLD	0.54	≈760HLD	0.45	≈840HLD	0.35
DC	≈570HLDC	0.54	≈760HLDC	0.45	≈840HLDC	0.35
DL	≈760HLDL	0.54	≈880HLDL	0.45	≈925HLDL	0.35
D+15	≈585HLD+15	0.54	≈765HLD+15	0.45	≈845HLD+15	0.35
E	≈540HLE	0.54	≈725HLE	0.45	≈805HLE	0.35
G	≈535HLG	1.03	≈710HLG	0.9	—	—
C	≈635HLC	0.38	≈820HLC	0.32	≈900HLC	0.3

为了保证试验结果的准确性，试验应至少进行三次，计算其算术平均值。如果硬度值相互之差超过20HL，应增加试验次数，并计算算术平均值。

4.4.5 适用范围

里氏硬度计是一种便携式硬度测试仪器，受空间影响较小，尤其是适合现场大型工件、组装件、形状复杂零件的现场检测，并且操作简单，测试效率高。缺点是对试件的尺寸和质量有一定的要求，不适用于轻薄试件的检测。

4.5 硬度试验结果处理及数值修约

布氏硬度试验结果包括压痕直径 d_1 和 d_2，压痕直径的测量一般采用读数显微镜，d_1 和 d_2 应互相垂直，取 d_1 和 d_2 的平均值，d_1、d_2 和平均值的小数点后均须保留两位有效数字，根据结果计算或按照 GB/T 231.4—2009《金属材料　布氏硬度试验　第 4 部分：硬度值表》查得布氏硬度值。有条件的也可使用压痕自动测量装置进行测量读数，读数时直接显示出平均直径和布氏硬度值，一般情况下布氏硬度值保留三位有效数字。

洛氏硬度试验结果处理较为简单，试验方法规定洛氏硬度值至少精确到 0.5HR，一般的硬度计都能满足，这是给出的最低要求。但由于洛氏硬度应用范围广泛，常常会遇到检测面为圆柱面和球面的情况，当压头压入试样时，与压入方向垂直的一部分材料由于试样较薄，抗力不足，会产生明显减少，导致压头压入深度偏深，结果值比真实值偏低。这种现象随着曲率半径变小而愈发明显。遇到试样的曲率半径较小并达到一定的条件时，则需要按照 GB/T 230.1—2018《金属材料　洛氏硬度试验　第 1 部分：试验方法》的附录 E 和附录 F 进行修正处理。

维氏硬度试验的试样表面一般以平面为主，但实际生产和工作中不可能全部是平面，而不同的曲面类型会对压痕产生不同的影响。维氏硬度是通过压痕的对角线长度计算的，所以凹曲面和凸曲面会对试验结果产生不同的影响。当采用相同的试验力检测凸曲面时，压头顶部的受力较平面大，而压头顶部外的部位受力较小，压到的材料偏少，压痕的对角线长度变短，测得的硬度值偏高；反之，检测凹形曲面时则会产生相反的结果。如果遇到上述情况，需要按照 GB/T 4340.1—2009《金属材料　维氏硬度试验　第 1 部分：试验方法》中的附录 B《在曲面上进行试验时使用的修正系数表》进行修正。硬度值一般取整数。

里氏硬度试验结果由于存在较大的离散性，故试验点应增加，一般选择三点计算其平均值。但如果存在数值相差超过 20HL，应增加试验次数，并且记录数值，计算平均值，试验结果一般取三位有效数字。

第5章

金属材料夏比摆锤冲击试验

金属材料在实际应用过程中，除要求有足够的强度和塑性，还要求有足够的韧性，以保证金属构件及零件的安全性。所谓韧性，即在一定条件下受到冲击载荷时，在断裂过程中吸收足够能量的能力。韧性可分为静力韧性、冲击韧性和断裂韧性，其中评价冲击韧性（即在冲击载荷下材料塑性变形和断裂过程中吸收能量的能力）的试验方法，按其服役工况有简支梁下的冲击试验（夏比摆锤冲击试验，简称夏比冲击试验）、悬臂梁下的冲击试验（艾氏冲击试验）和冲击拉伸试验等。其中，夏比冲击试验是评价金属材料冲击韧性应用最广泛的一种传统力学性能试验，也是评定金属材料的韧脆程度，并检查材料的冶金质量和热加工质量的重要途径之一。

5.1 夏比摆锤冲击试验原理

夏比冲击试验是由法国工程师夏比（Charpy）建立起来的冲击试验方法，它是一种简支梁式冲击弯曲试验，试验时试样处于三点弯曲受力状态。夏比冲击试验原理：用扬起一定高度的摆锤一次性打击处于简支梁状态的缺口试样，测定试样折断时所吸收的能量。打击试样的锤头安装在摆杆上，可旋转的摆杆固定在试验机架上，当摆锤扬起一定高度时，具有一定的势能；摆锤释放时，在重力作用下，以一定速度打击试样，试样吸收一部分能量后使摆锤反扬起一定高度，根据落角和升角的大小，试验机指示装置可显示出试样在打断过程中吸收的能量。如图5-1所示，夏比冲击试验实质是通过能量转换过程，测定试样在冲击载荷作用下折断时所吸收的能量。

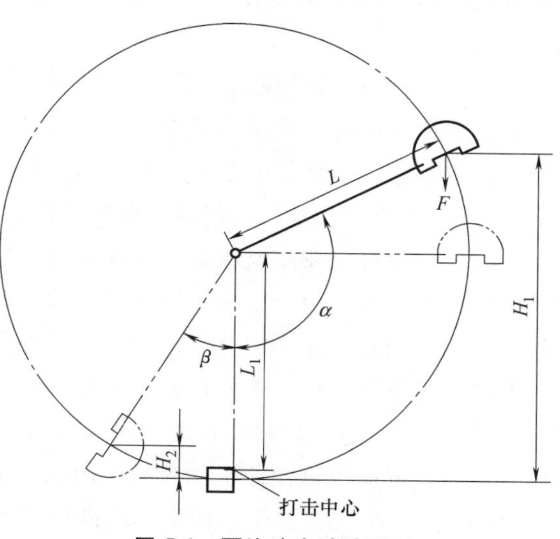

图5-1 夏比冲击试验原理

冲击吸收能量 K 用摆锤冲击前后的能量差测定：

$$K=A-A_1 \tag{5-1}$$

$$A=FH_1=FL(1-\cos\alpha) \tag{5-2}$$

$$A_1=FH_2=FL(1-\cos\beta) \tag{5-3}$$

式中 A——摆锤起始势能（J）；

A_1——摆锤打击试样后的势能（J）。

如果不考虑空气阻力及摩擦力等能量损失，则冲断试样的吸收能量为

$$K=FL(\cos\beta-\cos\alpha) \tag{5-4}$$

式中 F——摆锤的重力（N）；

L——摆长（摆轴至锤重心之间的距离）（mm）；

α——冲击前摆锤扬起的最大角度（rad）；

β——冲击后摆锤扬起的最大角度（rad）。

这里应注意，K 值表示的只是试样被打断时所吸收的能量，不反映冲击过程中试样的弹性、塑性及断裂特征。缺口特性仅反映选定的试样尺寸、缺口几何形状和试验条件的材料韧性。标准尺寸试样的夏比冲击试验不能直接预示实际大型构件的韧脆特性，当把实际构件加工成厚度较小的冲击试样时，测定的韧脆转变温度会向低温方向移动。只有确定了与实际构件工作条件的相应关系后，才可作为验收或选材的一种试验。

夏比冲击试验的主要用途：

1）零部件的选材与新材料的研发。许多重要零部件（如桥梁、机械、船舶等的零部件）在服役过程中经常受冲击力的作用，由于其形状差异较大，存在着大量的槽、角等缺口，当受到冲击时，这些缺口令导致零部件截面上应力分布不均匀，在缺口附近造成应力应变集中，导致零部件发生破坏。由于不同材料对缺口的敏感程度不同，用拉伸试验测定的强度和塑性指标一般不能评定材料对缺口的敏感性，因此冲击试验是不可缺少的力学性能试验。

2）产品冶金质量的检测与控制。可通过冲击试样对于材料的化学成分、组织结构、冶炼方式、取样方向等因素的敏感性，来检测材料的夹渣、偏析、白点、裂纹，以及各种非金属夹杂和内部组织不良等冶金和轧制缺陷，从而对产品的冶金质量进行控制。

3）评定材料的韧脆转变特性，保证零部件的使用安全。许多零部件的服役条件比较严苛，服役过程中可能在高温或低温条件下受到冲击载荷。对于这些零部件，当低于一定温度时会产生冷脆现象，而当温度高于一定温度时会发生蓝脆、重结晶等现象，这些都会导致零部件的破坏。因此，在一定温度范围进行系列冲击试验，可以测定出材料的韧脆转变温度，通过限制服役条件或选材来保证其安全性。

4）评估构件的寿命和可靠性。许多零部件在使用过程中会受到冲击载荷的作用而发生破坏的现象，可通过夏比冲击试验来评估承受大能量冲击的零部件发生断裂的倾向。例如，国外20世纪40年代曾对船用钢板焊接件破坏事故做过分析，对于用V型缺口夏比冲击试样进行的试验推测表明，冲击吸收能量低于10ft · lbf（1ft · lbf=1.35582J）的温度，是焊接钢板易发生脆断的温度。根据此数据，将确定钢板韧脆转变温度的冲击吸收能量提高到15ft · lbf，可防止脆断事故的发生。

5.2　试验设备

摆锤式冲击试验机是冲击试验机的一种，用于检测材料在动负荷下抵抗冲击的性能，从而判断材料质量状况。冲击试验机是影响冲击试验结果的直接因素，主要由机架、摆锤、砧座与支座及温控装置组成。

5.2.1　机架

机架是试验机的主体，摆轴与摆臂、支座及制动机构均安装在机架上，试验机支座水平支承面以下的部分称为底座。冲击试验机机架上应制备一个基准面作为测量参考点，在安装试验机时，应使基准面的水平度误差在2/1000以内。为避免其刚度下降而影响试验结果，冲击试验机应稳定牢固地安装在厚度大于150mm的混凝土地基或质量大于摆锤40倍的基础上。对于新出厂的摆锤式冲击试验机，应按照GB/T 3808—2018《摆锤式冲击试验机的检验》进行验收检查；对于日常使用的试验机，可定期按JJG 145—2007《摆锤式冲击试验机检定规程》进行检定。所有测量仪器均应溯源至国家标准或国际标准，并在合适的周期内进行校准。

5.2.2　摆锤

冲击试验机的摆锤自由悬挂于机架的摆轴上，主要由摆杆和锤头组成。锤头上装有冲击刃，冲击刃半径可分2mm和8mm两种（见图5-2）。摆锤应具有足够的冲击能量，使用范围一般不超过最大打击能量的10%～80%。超过使用上限或低于使用下限，试验结果误差较大，将影响试验结果的稳定性。

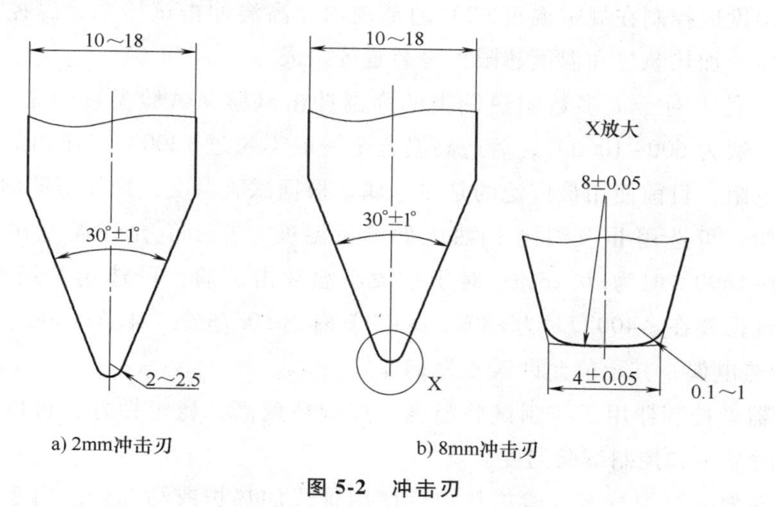

图5-2　冲击刃

摆锤自由悬挂时，应使冲击刃与试样的间隙不大于0.5mm。摆锤摆动平面与摆轴轴线的角度应为90°±0.1°。为保证试验机的对中性，摆锤冲击刃的中心与两砧座跨距中心应重合，允许误差≤0.5mm。

摆锤打击中心应位于冲击试样宽度方向上的打击中心上方，冲击刃与试样水平轴线夹角应为90°±2°。

5.2.3 砧座与支座

试验机的砧座如图5-3所示。

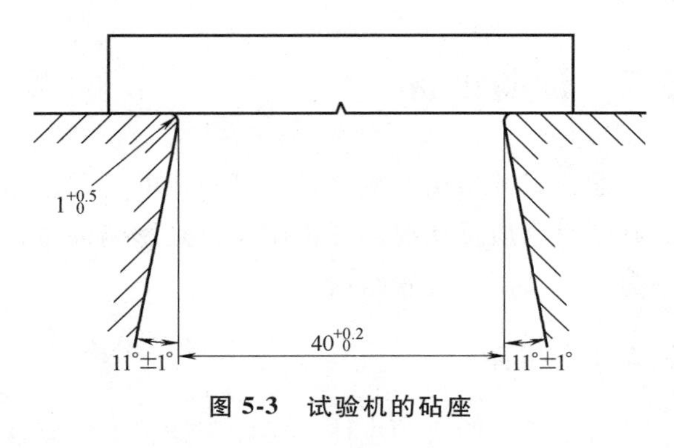

图5-3 试验机的砧座

砧座跨距的改变对试样结果会有不同程度的影响，相关资料表明，冲击吸收能量随砧座跨度的增加而下降，尤其对脆性材料影响更大，因此砧座跨距应确保在$40^{+0.2}_{0}$mm的范围内。砧座圆角半径和冲击刃半径是冲击试验机的两个重要参数。在使用过程中，砧座圆角半径由于与试样表面反复磨损而逐渐变大。当砧座圆角半径越大时，冲击吸收能量下降越明显，尤其是对高韧性材料而言。因此，为保证试验结果的准确率，应定期检查砧座圆角半径。

为保证冲击试验机受到正确的冲击力，对支座和砧座外观尺寸还有如下要求：支座的两个支承面应平行，相差不应超过0.1mm，支座的制备应使试样的轴线与摆轴轴线的平行度在3/1000之内；支座的两个支承面所在的平面和砧座两个支承面所在的平面之间夹角应为90°±0.1°。

5.2.4 温控装置

1. 高温冲击温控装置

在高温冲击试验中温度应保持恒定。根据GB/T 229—2020，对于试验温度有规定的冲击试验，试样温度应控制在规定温度±2℃的范围内。高温冲击试验中，温控装置一般由热敏元件、控制器、加热装置和温度超限报警装置等组成。

（1）热敏元件　对于大多数耐热钢类的高温冲击试验，试验温度通常为500～700℃，镍基高温合金一般为600～1000℃，铸造高温合金一般不超过1200℃。使用的热敏元件可以是热电偶或铂电阻，目前使用最广泛的是热电偶。根据试验温度，选择不同的热电偶。对于很高温度的试验，可选用Ⅱ级铂铑-铂热电偶测量温度，其示值允许误差在0～600℃时为±1.5℃，>600～1600℃时为±0.25%；对于一般高温冲击试验，可选用Ⅱ级镍铬-镍硅热电偶，其示值允许误差在≤400℃时为±3℃，>400℃时为±0.75%；对于≤300℃的温度，可选用Ⅱ级铜-康铜热电偶，其示值允许误差为±1%。

（2）控制器　控制器用于控制试验温度，控制精度高，稳定性好，可以对试验温度进行设定，并时时显示和控制试验温度。

（3）加热装置　高温冲击试验加热炉可使用管式加热炉或马弗炉。由于要求高温试样从试样加热装置转移至支座上的时间很短，管式加热炉较为方便实用。

（4）温度超限报警装置　当温度超出规定范围时，温度控制器给出信号驱动报警装置，通过声音报警。

2. 低温冲击温控装置

低温夏比冲击试验用冷却装置应保证将试样冷却至规定温度，常用的低温冲击试验用冷却介质见表5-1。由于一些金属材料的脆性对低温温度的变化十分敏感，冷却装置中的冷却介质温度不均匀时，对试验结果会有不同程度的影响，因此低温装置应保证容积足够大。对于低温冲击试验，常用的有三种制冷和温控装置：①使用液体冷却试样，通过低温液体使试样达到规定的低温；②使用喷射冷源的气体冷却，通过调节冷却气体的喷量来控制试样的低温温度；③采用压缩机制冷的低温槽来控温。以上所采用的温控装置应能保证将试样温度稳定在规定温度的±1℃范围内。一般选用最小分度值≤1℃玻璃温度计测温。当使用热电偶测温时，其参考端温度应保持恒定，偏差应不超过±0.5℃，同时测温仪器（数字指示装置或电位差计）的误差应不超过±0.1%。对于低温冲击试验温控装置的选择，应考虑低温的均匀性、一批试样的数量、操作简易性、安全性及冷却介质特性等。

表5-1　低温冲击试验用冷却介质

试验温度/℃	冷却介质	试验温度/℃	冷却介质
0～<10	水+冰	-140～<-105	无水乙醇+异戊烷
-70～<0	乙醇+干冰	-192～<-140	液氮
-105～<-70	无水乙醇+液氮		

5.3　试样尺寸及加工要求

冲击试样的制备和尺寸对试验结果的影响十分明显，因此在试样制备的过程中，应严格执行相关标准，以保证试验结果的准确性。

5.3.1　试样尺寸

根据缺口形状及尺寸，标准夏比冲击试样分为：深度2mm的V型缺口冲击试样、深度2mm的U型缺口冲击试样、深度5mm的U型缺口冲击试样及无缺口冲击试样。

根据GB/T 229—2020《金属材料　夏比摆锤冲击试验方法》和GB/T 2975—2018《钢及钢产品　力学性能试验取样位置及试样制备》的要求，夏比缺口冲击试样的外观尺寸主要包括试样长度（L）、试样宽度（W）和试样厚度（B），无论缺口形状，其名义尺寸是统一的。

1）试样长度：与缺口方向垂直的最大尺寸，名义长度为55mm，极限偏差为±0.60mm。

2）试样宽度：开缺口面和其相对面之间的距离，名义宽度为10mm，极限偏差为±0.05mm。

3）试样厚度：与缺口轴线平行且垂直于宽度方向的尺寸，名义厚度为10mm，极限偏差为±0.10mm。

如果试验材料不够制备标准尺寸试样时，可使用厚度为7.5mm、5mm或2.5mm的小尺寸试样（见图5-4和表5-2）。通过协议也可规定其他厚度的试样，但使用时应规定相应的公差，缺口应开在试样的窄面上。

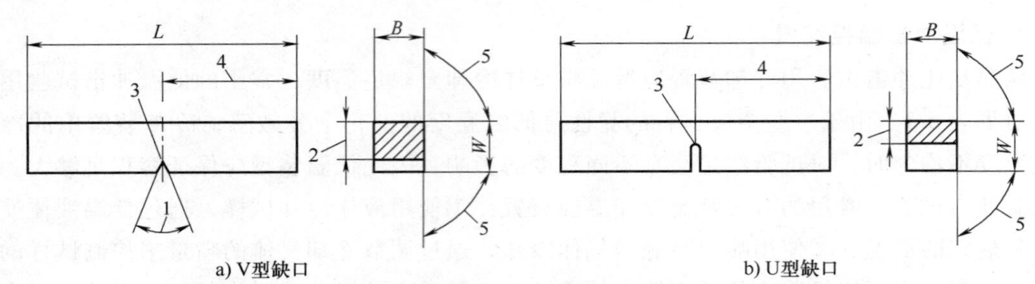

图 5-4 夏比摆锤冲击小尺寸试样

注：数字 1~5 和 *L*、*B*、*W* 的含义及取值见表 5-2。

表 5-2 试样的尺寸与偏差

名称		符号或序号	V 型缺口试样①		U 型缺口试样	
			名义尺寸	机械加工偏差	名义尺寸	机械加工偏差
试样长度/mm		*L*	55	±0.6	55	±0.6
试样宽度/mm		*W*	10	±0.075	10	±0.11
试样厚度/mm	标准尺寸试样	*B*	10	±0.11	10	±0.11
	小尺寸试样②		7.5	±0.11	7.5	±0.11
			5	±0.06	5	±0.06
			2.5	±0.05	—	—
缺口角度/(°)		1	45	±2	—	—
韧带宽度/mm		2	8	±0.075	8	±0.09
			—	—	5	±0.09
缺口根部半径/mm		3	0.25	±0.025	1	±0.07
缺口对称面-端部距离/mm		4	27.5	±0.42	27.5	±0.42③
缺口对称面-试样纵轴角度/(°)			90	±2	90	±2
试样相邻纵向面间夹角/(°)		5	90	±1	90	±1
表面粗糙度④/μm		*Ra*	<5	—	<5	—

① 对于无缺口试样，要求与 V 型缺口试样相同（缺口要求除外）。
② 若指定其他厚度（如 2mm 或 3mm），应规定相应的偏差。
③ 对端部对中自动定位试样的试验机，建议偏差采用±0.165mm 代替±0.42mm。
④ 试样的表面粗糙度 *Ra* 应优于 5μm，端部除外。

5.3.2 试样缺口

在冲击试样上制造缺口的目的是为了明显地表征材料内部微小变化。在冲击过程中，缺口附近会产生应力集中，促进了材料的脆化。即使材料相同，但不同缺口引起的应力状态不同，得到的冲击吸收能量也不同。影响冲击试验结果的因素包括冲击试样缺口根部半径、缺口深度和缺口角度。

1. V 型缺口冲击试样

夏比 V 型缺口冲击试样主要用于韧性较好的材料，如低碳钢、低合金钢等试验，通常低温试验和用系列冲击试验评定转变温度时采用 V 型缺口冲击试样。

V 型缺口根部半径为 0.25mm，极限偏差为±0.025mm；缺口深度为 2mm，极限偏差为±0.075mm；缺口角度为 45°，极限偏差为±2°。为了保证缺口与缺口对称面对称，规定相对缺口对称面两侧的缺口角度为 22.5°±1°。

2. U 型缺口冲击试样

夏比 U 型缺口冲击试样主要用于韧性较低的材料。由于缺口曲率半径较大，在受到冲击力时，对材料的塑性变形约束力较 V 型缺口小，因此目前使用的较少。U 型缺口冲击试样的深度为 2mm 或 5mm，极限偏差为±0.09mm；缺口根部半径为 1mm，极限偏差为±0.07mm；缺口两边平行，宽度为 2mm。

3. 无缺口冲击试样

根据 GB/T 229—2020，对无缺口冲击试样，除缺口要求，其他尺寸要求均与标准夏比 V 型缺口冲击试样相同。

5.3.3 试样缺口的加工及检查

试样样坯的切取应按相关产品标准或 GB/T 2975—2018《钢及钢产品　力学性能试验取样位置及试样制备》的规定执行，试样制备过程应使任何可能令材料发生改变（如加热或冷作硬化）的影响减至最小。

1. 冲击试样缺口的加工

在冲击试验中，缺口的形状和尺寸对冲击试验结果的影响十分明显。由于冲击试样的缺口深度、缺口根部半径及缺口角度决定着缺口附近的应力集中程度，而应力状态不同会导致最终的试验结果不同，因此对缺口的制备应特别仔细，以保证缺口根部处没有影响吸收能量的加工痕迹。缺口对称面应垂直于试样纵向轴线。

加工时，应保证试样缺口根部半径在公差范围内，试样表面粗糙度 *Ra* 应小于 5μm。对于有严格要求的试验，缺口底部的表面粗糙度 *Ra* 应小于 1.6μm。对于需热处理的试验材料，应在最后精加工前进行热处理，除非已知两者顺序改变不导致性能的差别；对自动定位试样的试验机，试样缺口对称面与端部距离的极限偏差建议为±0.165mm。

为避免混淆，试验前应对试样进行标记。标记的位置应尽量远离缺口，并且不应标在与支座、砧座或摆锤冲击刃接触的试样表面上；试样标记应避免塑性变形和表面不连续性对冲击吸收能量产生影响。

2. 冲击试样缺口的检查

试验前，应对冲击试样的缺口形状和尺寸，包括缺口根部半径、缺口深度和缺口角度进行检查。根据 GB/T 229—2020 的相关规定，检查冲击试样的各个尺寸是否在公差范围之内，以保证试验结果的准确性。

5.4 冲击试验方法

5.4.1 常温冲击试验方法

室温冲击试验一般在（23±5）℃下进行，对于试验温度有规定的冲击试验，试验温度应控制在规定温度±2℃的范围内。

1. 试验前准备

进行冲击试验前，应对试验材料的韧性有所了解，以便选择适当冲击能量的冲击试验机。一般试验机的使用范围为最大冲击能量的10%~80%。当使用能量低于下限时，由于摆轴及指针等摩擦力会使示值误差增大；当使用能量高于上限时，由于框架和部件刚度不足，会使试验结果产生较大误差。

试验前应检查砧座跨距，保证砧座跨距在$40^{+0.2}_{0}$mm以内，并检查砧座圆角和摆锤冲击刃部位是否有损伤或外来金属粘连。如发现存在问题，应对问题部件及时调整、修磨或更换，以保证试验结果准确可靠。

用最小分度值≤0.02mm的量具测量试样的宽度、厚度、缺口处厚度；用光学投影仪检查缺口尺寸，看其是否符合标准的要求；试样的数量应执行相应产品标准的规定，由于冲击试验结果比较离散，所以对每一种材料试验的试样数量一般都不少于三个。

试验前应检查摆锤空打时的回零差或空载能耗，其方法如下：

将摆锤扬起至预扬角位置，把从动指针拨到最大冲击能量位置（如果使用的是数字显示装置，则应清零），释放摆锤，读取零点附近的被动指针的示值ΔE_1（即回零差），摆锤回摆时，将被动指针拨至最大冲击能量处，摆锤继续空击，被动指针被带到某一位置，其读数值为ΔE_2，差值之半为该摆锤的能量损失值，则

$$\text{相对回零差：}\delta E_1=\frac{\Delta E_1}{E_0}\times100\%$$

$$\text{相对能量损失：}\delta E_2=\frac{\Delta E_2-\Delta E_1}{2E_0}\times100\%$$

式中　E_0——摆锤最大冲击能量。

相对回零差不应大于0.1%（以最大量程300J为例，其回零差应不超过0.3J），相对能量损失不应大于0.5%。

2. 试样的放置与对中

为保证试验结果的准确性和稳定性，试验机支座、砧座及试样尺寸应满足其公差要求，试验时试样应紧贴支座和砧座放置。若试样在放置时与砧座和支座之间存在间隙，试样在摆锤高速冲击下与砧座支承面相互作用会导致试验结果不准确和不稳定。试验时，试样缺口对称面偏离两砧座中心点不大于0.5mm。

为了消除试样与砧座间的明显间隙，防止断样与支座相互作用，可用类似于图5-5所示的V型缺口自动对中夹钳，将试样从控温介质中移至紧贴试验机砧座放置，并使冲击刃沿缺口对称面打击试样缺口的背面。试样缺口对称面偏离两砧座间的中点应≤0.5mm（见图5-6）。对于无缺口试样，应使锤刃打击中心位于试样长度方向和厚度方向的中间位置（其夹钳X端加工与Y端相同的两个凸台）。将摆锤扬起至预扬角位置并锁住。将从动指针拨到最大冲击能量位置（如果使用的是数字显示装置，则清零），放好试样，确认摆锤摆动危险区无人后，释放摆锤使其下落打断试样。读取被动指针在示值度盘上所指的数值（数字显示装置的显示值），此值即为吸收能量。

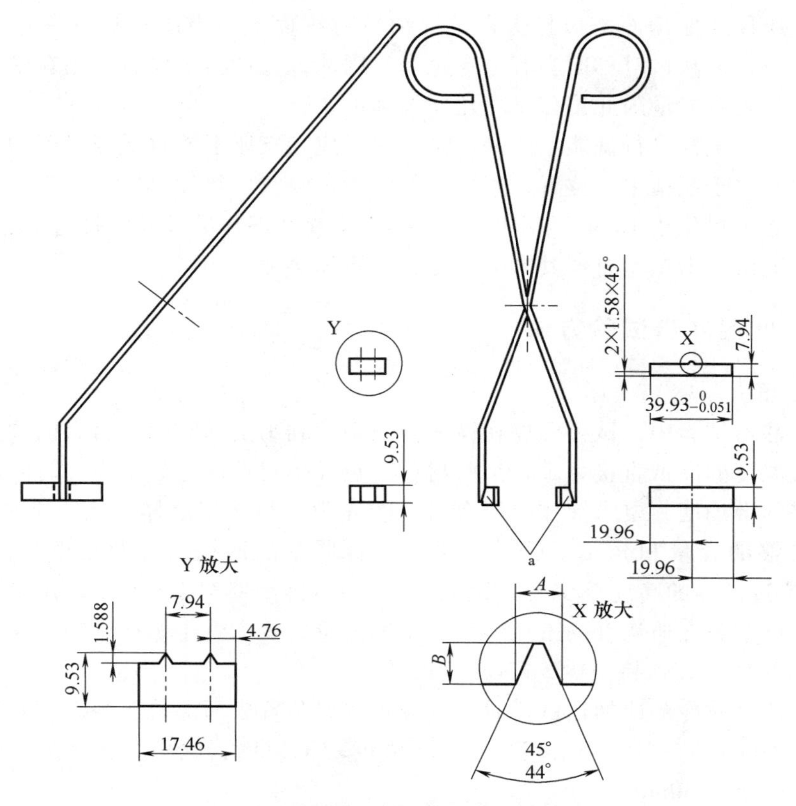

图 5-5　V 型缺口夏比冲击试样对中夹钳

A—凸台底部宽度。对于 V 型缺口试样，*A* = 1. 60 ~ 1. 70mm；对于 U 型缺口试样，*A* = 1. 56 ~ 1. 74mm。

B—凸台高度。对于 V 型缺口试样，*B* = 1. 52 ~ 1. 65mm；对于 U 型缺口试样，*B* = 1. 52 ~ 1. 65mm。

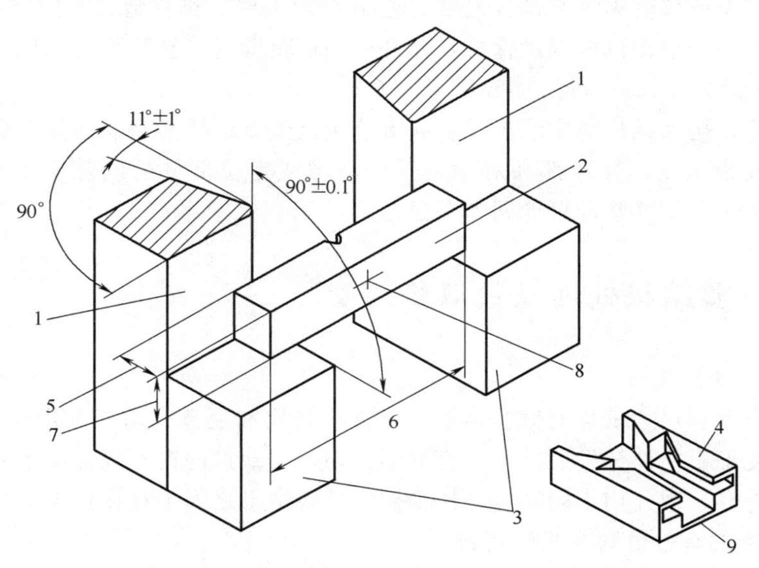

图 5-6　试样与摆锤冲击试验机支座及砧座相对位置

1—砧座　2—标准尺寸试样　3—试样支座　4—保护罩　5—试样宽度（*W*）

6—试样长度（*L*）　7—试样厚度（*B*）　8—打击点　9—摆锤冲击方向

试验时，应保证摆锤冲击刃打击在试样缺口对称面上。当试样缺口中心偏离支座中心时，冲击力的位置与缺口对称面会有一定距离，因此最大冲击力没有作用在缺口底部截面最小处，缺口冲击吸收能量随此偏移量变化而增加。

当使用小尺寸试样进行低能量的冲击试验时，应在支座上放置适当厚度的垫片，以使冲击试样打击中心位于摆锤中心位置，避免额外的能量吸收。垫片可置于支座上方或下方，使试样厚度的中心位置位于10mm支座以上5mm的位置（即标准试样的打击中心位置）。小尺寸试样进行高能量冲击试验时，其影响很小，可不加垫片。

5.4.2 高、低温冲击试验方法

1. 试验温度

高、低温冲击试验中，试样温度在液体介质中达到平衡的时间与材料的导热性、介质的热容量、试验温度的高低直接相关，试验材料的热导率对温度达到平衡的时间影响很大。为保证试验结果的准确度，要求液体介质有适当的体积。当使用液体介质冷却或加热试样时，恒温槽应有足够的容量和介质。试样应置于一容器中的网栅上，网栅至少高于容器底部25mm，液体浸过试样的高度至少为25mm，试样距容器侧壁至少10mm，并应对介质进行连续均匀搅拌，以避免介质温度的不均匀性。温度测量装置应置于试样中间。液体介质温度应在规定温度±1℃以内，保持至少5min。

当使用气体介质冷却或加热试样时，试样距保温装置表面保持至少50mm距离，试样之间应至少间隔10mm，气体介质温度应在规定温度±1℃以内，试样应在移出介质进行试验前在该介质中保持至少30min。

2. 试样的转移

当试验不在室温进行时，试样从高温或低温介质中移出至打断的时间应不大于5s。例外情况是，当室温或仪器温度与试样温度之差小于25℃时，试样转移时间应小于10s。转移装置的设计和使用应能使试样温度保持在允许的温度范围内。转移装置与试样接触部分应与试样一起加热或冷却。

应采取措施，确保试样对中装置不引起低能量高强度试样断裂后回弹到摆锤上而引起不正确的能量偏高指示。试样端部和对中装置的间隙或定位部件的间隙应不小于13mm，否则，在断裂过程中，试样端部可能回弹至摆锤上。

5.5 冲击试验结果处理及数值修约

1. 试验结果的比较

不同缺口类型和尺寸试样的试验结果不能直接对比和换算。由于冲击试验时速度很快，缺口根部塑性变形不能充分发展，所以变形不均匀。当缺口的锐度或深度不同时，试样变形的体积有很大差异，因此用不同缺口试样得到的试验结果之间不存在比例关系。

2. 试验结果的有效位数及试验点数

读取每个冲击试样的冲击吸收能量，应至少估读到0.5J或0.5个分度单位，取两者之间较小值。试验结果应至少保留两位有效数字，修约方法按GB/T 8170进行。

GB/T 229—2020对冲击试验点数没有明确要求，只在韧脆转变温度测定中规定每个温

度一般用三个试样，对于试验点数的规定，应根据产品的性能及用途，遵从相应冶金产品标准而定。

3. 吸收能量的表示方法

KV：V型缺口试样的冲击吸收能量。

KU：U型缺口试样的冲击吸收能量。

KW：无缺口试样的冲击吸收能量。

KV_2：V型缺口试样在2mm摆锤冲击刃下测得的冲击吸收能量。

KV_8：V型缺口试样在8mm摆锤冲击刃下测得的冲击吸收能量。

KU_2：U型缺口试样在2mm摆锤冲击刃下测得的冲击吸收能量。

KU_8：U型缺口试样在8mm摆锤冲击刃下测得的冲击吸收能量。

KW_2：无缺口试样在2mm摆锤冲击刃下测得的冲击吸收能量。

KW_8：无缺口试样在8mm摆锤冲击刃下测得的冲击吸收能量。

4. 试验中几种情况的处理

1）如果试样吸收能量K上限超过初始势能K_p的80%，在试验报告中应报告为近似值，并注明超过试验机能力的80%。

2）由于冲击试验机能量不足，摆锤未将试验打断且测定的吸收能量超过试验机能量范围时，不能报告吸收能量且应注明“吸收能量超过×××J冲击试验机摆锤能量上限”，并根据试验类型，决定是否在报告中注明试样未完全断裂的相关信息。

3）如果试样卡在试验机上，则试验结果无效，应彻底检查试验机有无影响其校准状态的损伤，否则试验机的损伤会影响测量的准确性。

4）如断裂后检查发现试样标记处存在明显变形，试验结果可能不代表材料的性能，应在试验报告中注明。

5. 试验报告

试验报告应提供与试验相关必要的资料和数据，一方面详细了解试验背景，以便对试验结果进行分析；另一方面供长期备忘。冲击试验报告应包括如下必要的内容：

1）采用的试验方法标准编号。

2）试样相关资料（如钢种、炉批号等）。

3）缺口类型及韧带宽度（缺口深度）。

4）与标准试样不同的试样尺寸（厚度×宽度×长度，单位为mm）。

5）试验温度。

6）吸收能量（KV_2、KV_8、KU_2、KU_8、KW_2、KW_8）。

7）试样或一组试样的大多数试样是否破断（对于材料验收试验不要求）。

8）可能影响试验的异常情况等。

5.6　韧脆转变温度的测定

5.6.1　能量法

吸收能量-温度曲线（KV-T曲线）表明了对于给定类型的试样和给定材料，吸收能量与试验温度的函数关系，如图 5-7 所示。通常曲线是通过拟合单独的试验点得到的。曲线的形状和试验结果的分布取决于材料、试样形状和冲击速度。当曲线包含韧脆转变区时，曲线分为上平台区、转变区和下平台区。由相关方协议确定吸收能量-温度曲线和转变温度的相关条件。

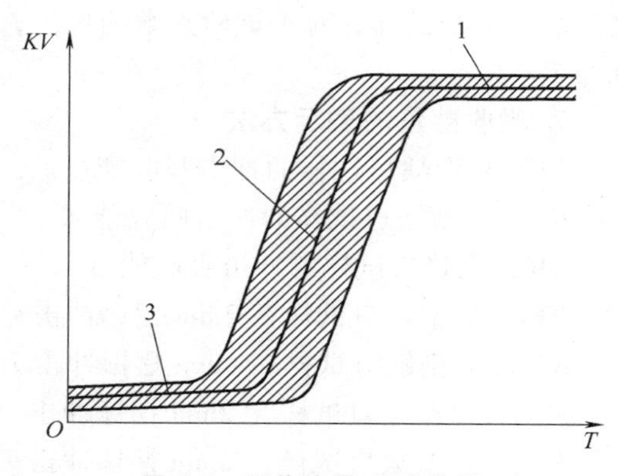

图 5-7　吸收能量-温度曲线

1—上平台区　2—转变区　3—下平台区

转变温度 T_t 表征吸收能量-温度曲线的急剧上升的位置。因为急剧上升区通常覆盖较宽的温度范围，因此没有广泛适用的转变温度的定义。与其他条件相比，下列条件可用于测定转变温度：

1）T_{t27}，相当于吸收能量达到某一特定值时，如 $KV_8=27J$。

2）$T_{t50\%US}$，相当于吸收能量达到上平台某一百分数时，如 50%。

3）$T_{t50\%SFA}$，相当于剪切断面率达到某一百分数时，如 50%。

4）$T_{t0.9}$，相当于侧膨胀值达到某一个量时，如 0.9mm。

用于确定转变温度的方法应在相关产品标准、技术条件中规定，或通过相关方协议规定。

5.6.2　断面法

夏比冲击试样的断口表面常用剪切断面率来评定。剪切断面率越高，材料缺口处的韧性越好。大多数夏比冲击试样的断口形貌为剪切断口区和平断口区的混合状态。剪切断口区为纯韧性断裂，平断口区可以是韧性、脆性或混合断裂。由于对断口评定带有很强的主观性，因此建议剪切断面率不作为技术规范使用，由相关方协议确定是否需要测量剪切断面率。

通常使用以下方法中的一种测定剪切断面率：

1）测量断口解理断裂部分（即“闪亮”部分）的长度和宽度，如图 5-8 所示，按表 5-3 计算剪切断面率。

2）使用图 5-9 所示的标准断口形貌与试样断口的形貌进行比较。

3）将断口放大，并与预先校准的对比图层进行比较，或者用求积仪测量解理断面率，然后计算剪切断面率（用 100%减去解理断面率）。

4）用合适的放大倍率将断口拍成照片，用求积仪测量解理断面率，然后计算剪切断面率（用 100%减去解理断面率）。

5）用图像分析技术测量剪切断面率。

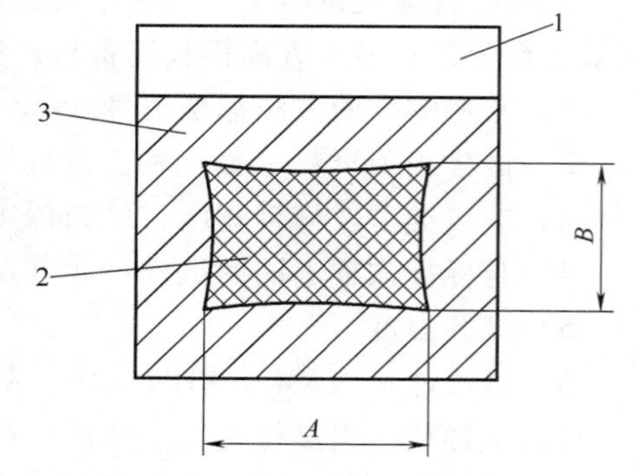

图 5-8　剪切断面率的测定

1—缺口　2—解理区域（脆性）

3—剪切区域（韧性）

A—用于评估解理区域的测量尺寸

B—用于评估解理区域的测量尺寸

注：1. 测量尺寸 A 和 B 精确到 0.5mm。

2. 采用表 5-3 测定剪切断面率。

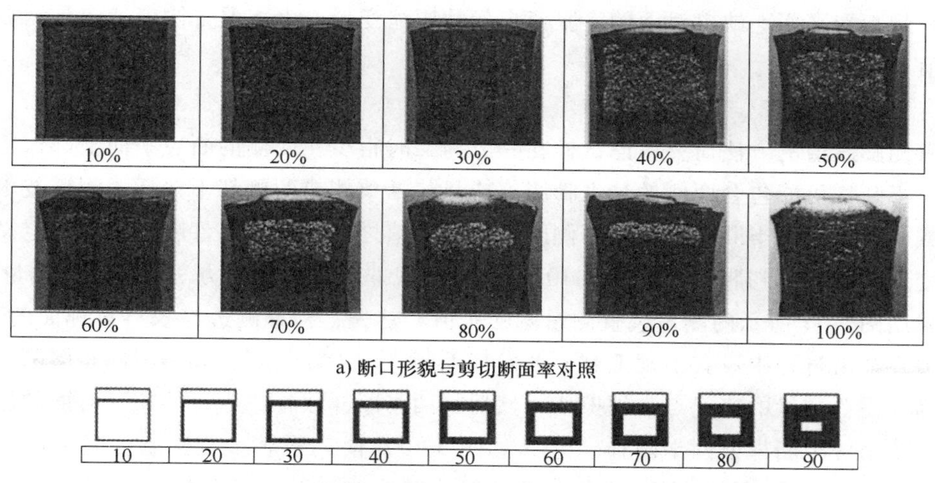

a) 断口形貌与剪切断面率对照

10	20	30	40	50	60	70	80	90

b) 断口形貌评估指南(以%表示)

图 5-9　标准断口形貌

表 5-3　剪切断面率的测量

B/mm	A/mm																		
	1.0	1.5	2.0	2.5	3.0	3.5	4.0	4.5	5.0	5.5	6.0	6.5	7.0	7.5	8.0	8.5	9.0	9.5	10
	剪切断面率(%)																		
1.0	99	98	98	97	96	96	95	94	94	93	92	92	91	91	90	89	89	88	88
1.5	98	97	96	95	94	93	92	92	91	90	89	88	87	86	85	84	83	82	81
2.0	98	96	95	94	92	91	90	89	88	86	85	84	82	81	80	79	77	76	75
2.5	97	95	94	92	91	89	88	86	84	83	81	80	78	77	75	73	72	70	69
3.0	96	94	92	91	89	87	85	83	81	79	77	76	74	72	70	68	66	64	62
3.5	96	93	91	89	87	85	82	80	78	76	74	72	69	67	65	63	61	58	56
4.0	95	92	90	88	85	82	80	77	75	72	70	67	65	62	60	57	55	52	50
4.5	94	92	89	86	83	80	77	75	72	69	66	63	61	58	55	52	49	46	44
5.0	94	91	88	85	81	78	75	72	69	66	62	59	56	53	50	47	44	41	37
5.5	93	90	86	83	79	76	72	69	66	62	59	55	52	48	45	42	38	35	31
6.0	92	89	85	81	77	74	70	66	62	59	55	51	47	44	40	36	33	29	25
6.5	92	88	84	80	76	72	67	63	59	55	51	47	43	39	35	31	27	23	19
7.0	91	87	82	78	74	69	65	61	56	52	47	43	39	34	30	26	21	17	12
7.5	91	86	81	77	72	67	62	58	53	48	44	39	34	30	25	20	16	11	6
8.0	90	85	80	75	70	65	60	55	50	45	40	35	30	25	20	15	10	5	0

注：当 A 或 B 为零时，剪切断面率应报告为 100%。

5.6.3　侧膨胀值法

测量材料在夏比冲击试样缺口根部区域承受三轴应力条件下抵抗断裂的能力，需要测量在这一区域的变形量。此处的变形是压缩变形，即使是断裂后测量这一变形也很困难，因此通常用测量断裂平面上缺口对面的膨胀值来代替压缩变形。由相关方协议确定是否需要测量侧膨胀值 LE。

测定方法如下：

测量侧膨胀值的方法需要考虑试样在一分为二时很少在两侧的断裂平面上都保留最大膨胀值，一半断样可能包含两侧的最大膨胀值或只包括单侧或两侧都不包括。测试技术通过分别测量或一起测量两半断样，得到两侧膨胀值最大值之和。测量每件断样每侧与定义的试样单侧未变形区域的侧膨胀值（见图 5-10）。接触式或非接触式测量方法均可用于测量。

可采用图 5-11 所示的测量装置测量侧膨胀值。首先，检查侧边与缺口对称面的垂直度，确保侧边在冲击过程中没有出现毛刺，若发现毛刺，应清除毛刺，如采用砂布磨除，磨除时应注意确保需要测量的突起点不被擦伤；然后将两半断样放在一起，使缺口对面的原始面相互靠拢。拿出一半断样或两半断样一起（见图 5-10）使其紧靠参考支点，突出点靠在测量探针上，读数并记录；然后重复以上步骤（仅针对单独测量一半断样）测量另外一半断样（见图 5-10），确保两次测量位置是试样的同一侧，两次测量中的较大值为这一侧的侧膨胀值，重复以上步骤测量另一侧的突起点；最后将得到的两侧较大值相加。例如，如果 $A_1>A_2$ 且 $A_3=A$、则 $LE=A_1+(A_3$ 或 $A_4)$；如果 $A_1>A_2$ 且 $A_3>A$，则 $LE=A_1+A_3$；如果两半断样一起测量，将两侧的测量结果相加即可。

如果试样上一个或多个突起点由于接触试验机砧座或支座表面等情况而损坏，则试样不能测量侧膨胀值，并应在报告中注明。

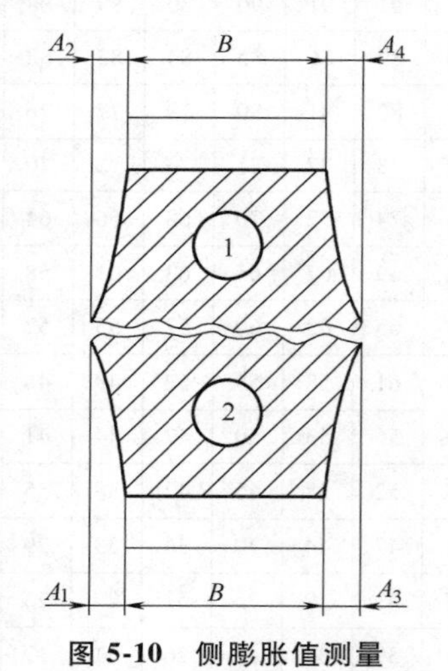

图 5-10　侧膨胀值测量

1—断裂试样 1　2—断裂试样 2　B—试样厚度

A_1、A_2、A_3、A_4—测量距离（mm）

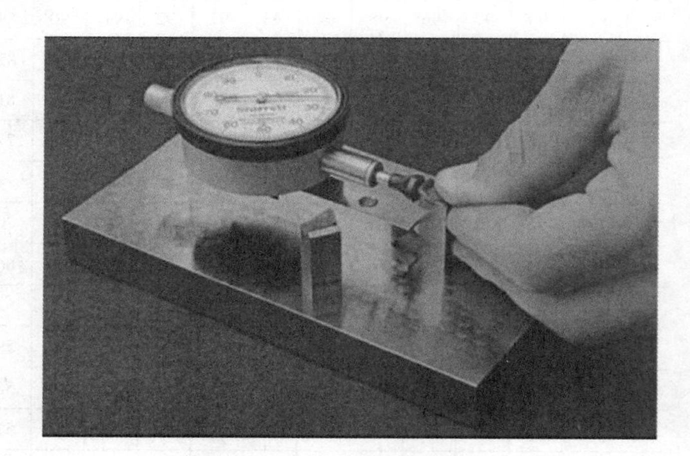

图 5-11　侧膨胀值测量装置

5.7　冲击试验结果影响因素

金属材料的冲击性能对材料内部组织结构、宏观缺陷及试验条件都很敏感，因此影响冲击试验结果的因素很多，其中主要的影响因素有以下几种。

1. 冲击试样

（1）试样的材质　试样的化学成分、组织结构、裂纹、夹渣及非金属夹杂物超标等冶金缺陷都会对试样的冲击试验结果产生影响，不同材质的冲击试验结果的差别较大。因此，可通过对材料性能的了解、分析和解释试验数据来判断试验结果的准确性。

（2）取样方向　从同一零部件不同方向上制取冲击试样，试验结果也会不同，工程上使用的金属材料，其晶粒主要沿轧制变形方向流动。在轧制过程中，晶粒及各种非金属夹杂被变形拉长并排列成行，形成金属纤维组织，对冲击试验结果影响较大。因此，冲击试样的取样应严格按照 GB/T 2975—2018 和相关标准及协议的要求进行。

（3）试样的加工及试样尺寸　冲击试样的缺口有 V 型和 U 型两种，试样的加工尺寸应符合 GB/T 229—2020 的规定。冲击试验的结果受缺口深度、缺口根部半径及缺口角度的影响，因其偏差大小和材料韧性的不同而不同。随着缺口根部尖锐度的增大，应力集中加重，冲击吸收能量下降；反之，当缺口根部半径增大时，冲击吸收能量增加。冲击吸收能量随缺口深度的增加而降低。缺口深度和缺口根部半径对冲击性能的影响见表 5-4 和表 5-5。此外，缺口根部的表面质量对冲击试验结果也有一定的影响，缺口根部表面的加工硬化、尖锐的加工痕迹，特别是与缺口轴线平行的加工痕迹和划痕会明显使试样的冲击性能下降。增加试样的宽度或厚度会使金属在冲击中的塑性变形体积增加，从而导致冲击吸收能量的增加。但是，尺寸的任何增大，特别是宽度的增加，会使约束程度增加，导致脆性断裂，降低冲击吸收能量。

表 5-4　缺口深度对冲击性能的影响

缺口深度/mm	冲击吸收能量/J		
	高能量试样	中能量试样	低能量试样
2.0±0.025	103±5.2	60.3±3.0	16.9±1.4
2.13	97.9	56.0	15.5
2.04	101.8	57.2	16.5
1.97	104.1	61.4	17.2
1.88	107.9	62.4	17.4

表 5-5　缺口根部半径对冲击性能的影响

缺口根部半径/mm	冲击吸收能量/J		
	高能量试样	中能量试样	低能量试样
2.0±0.025	103±5.2	60.3±3.0	16.9±1.4
0.13	98.0	56.5	14.6
0.38	108.5	64.3	21.4

2. 试验装置

（1）试验机结构　摆锤与机架相对位置的正确性及稳定性，尤其是冲击刃与支座跨距中心的重合性及冲击刃与试样纵向轴线的垂直度，对试验结果影响较大。一般而言，冲击吸收能量随砧座跨距的增加而降低，因此应定期检查砧座跨距，并保持在 $40^{+0.2}_{0}$mm 内；对于圆角半径为1~1.5mm的砧座，由于试样表面与砧座圆角处在试验中的反复磨损而逐渐变大，当砧座圆角半径增大时，冲击吸收能量下降明显，因此应定期检查。冲击试验机要定期进行检验或校准，并保证试验机在有效期内使用。

（2）温度控制仪器　对于大多数材料而言，冲击吸收能量随温度的变化而变化，因此温度控制的精度、保温时间，以及高温、低温冲击试验时试样从保温介质中移出至打断的时间，都可能影响试验结果。对于室温冲击试验，试验温度一般为10~35℃，当对室温要求比较严格时，应控制在20℃±2℃；对于高低温冲击试验，应将试样温度控制在规定温度的±2℃内，试样在离开介质装置至打断的时间应在标准范围内，否则应采用过冷或过热试样的方法补偿温度损失。

3. 试验过程

（1）试验前的准备　冲击试样和冲击试验机是影响冲击试验结果的关键因素，因此试验前应检查试样尺寸、缺口形状及缺口角度，对试验机应进行空冲试验，检查空冲时的回零差或空载能耗。

（2）试样的定位　试样放置时应紧贴试验机砧座，使试样缺口轴线与支座跨距中心重合。如果使试样缺口轴线偏离支座跨距中心，则最大冲击力没有作用在缺口根部截面最小处，将会造成冲击吸收能量偏高。一般来说，只有当试样缺口轴线与支座跨距中心偏离超过0.5mm时，会对试验结果产生明显影响。

第 6 章

金属材料弯曲、压缩与剪切试验

6.1 弯曲力学性能试验

弯曲力学性能试验是测定材料承受弯曲载荷时力学特性的试验，是材料力学性能试验的基本方法之一。弯曲力学性能试验主要用于测定脆性和低塑性材料（如铸铁、高碳钢、工具钢等）的抗弯强度、规定塑性弯曲强度、挠度等，弯曲力学性能试验还可用来检查材料的表面质量。弯曲力学性能试验在万能材料机上进行，有三点弯曲和四点弯曲两种加载方式。

6.1.1 弯曲试样受力分析

1. 弯曲试验中的弯矩

弯曲试验分为三点弯曲和四点弯曲两种形式。试样在受力的过程中，横截面会产生弯矩。根据材料力学分析，可以绘制出弯曲试验弯矩图，如图 6-1 所示。

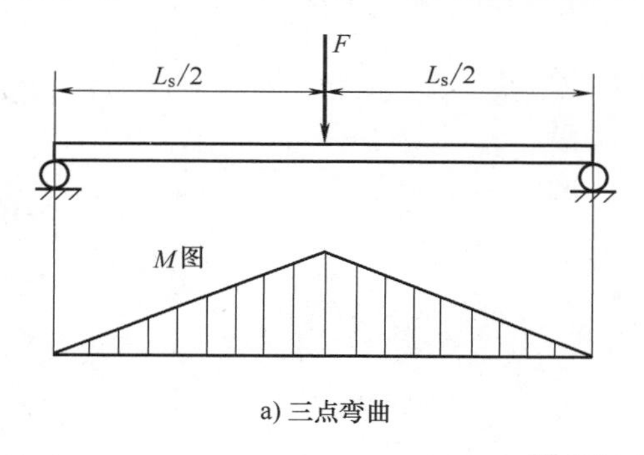

a) 三点弯曲

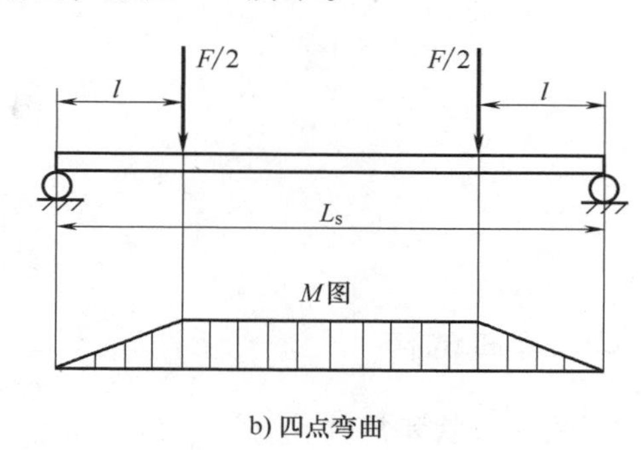

b) 四点弯曲

图 6-1 弯曲试验弯矩图

L_s—跨距　l—力臂　F—弯曲力

对于三点弯曲，弯矩的最大值在试样中点加载处，按式（6-1）计算：

$$M_{\max}=\frac{FL_s}{4} \tag{6-1}$$

对于四点弯曲，两加载点之间的弯曲最大且相同，按式（6-2）计算：

$$M_{\max}=\frac{Fl}{4} \tag{6-2}$$

2. 弯曲试验中的正应力

试样在下压受弯的过程中，中性层往上受压应力，中性层往下受拉应力。根据材料力学分析，试样横截面任一点的正应力按式（6-3）计算：

$$\sigma=\frac{MY}{I} \tag{6-3}$$

式中 M——弯矩（N·mm）；

Y——横截面任一点到中性轴的距离（mm）；

I——横截面对中性轴的惯性矩（mm^4）。

由上述公式可知，试样弯矩最大处对应的表面正应力最大，按式（6-4）计算：

$$\sigma_{max}=\frac{M_{max}Y_{max}}{I}=\frac{M_{max}}{W} \tag{6-4}$$

式中 W——弯曲截面系数，与横截面的形状、尺寸有关。

对于直径为 d 的圆形截面试样：

$$I=\frac{\pi d^4}{64} \tag{6-5}$$

$$Y_{max}=\frac{d}{2} \tag{6-6}$$

$$W=\frac{\pi d^3}{32} \tag{6-7}$$

对于宽度为 b、高度为 h 的矩形截面试样：

$$I=\frac{bh^3}{12} \tag{6-8}$$

$$Y_{max}=\frac{h}{2} \tag{6-9}$$

$$W=\frac{bh^2}{6} \tag{6-10}$$

6.1.2 弯曲试样

1. 试样形状和尺寸

弯曲试验采用圆形横截面试样和矩形横截面试样。试样的形状、尺寸公差及表面要求应符合有关标准或协议的规定。如无规定，可根据材料和产品尺寸从 YB/T 5349—2014 的表 2 或表 3 中选用合适的试样尺寸。进行比对试验时，试样横截面形状、尺寸和跨距应相同。

2. 试样制备

切取样坯和机械加工试样的方法不应改变材料的弯曲力学性能。试样样坯切取、机械加工以及尺寸公差和表面质量应符合有关标准或协议的规定。若相关标准或协议未规定时，机械加工试样的尺寸公差和形状应符合 YB/T 5349—2014 中表 4 的规定。形状公差为跨距范围内同一横截面尺寸的最大值和最小值之差。

铸造试样是否需要机械加工应由相关产品标准或协议规定。对于机械加工的试样，其表面粗糙度参数 Ra 的最大值为 3.2μm。硬金属试样的四个相邻侧面的表面粗糙度参数 Ra 的最大值为 0.4μm，四条长棱应进行 45°角倒棱，倒棱宽度不应超过 0.5mm，倒棱磨削机械加工方向与试样长度方向相同。薄板试样的两个宽面应保留原表面，两窄面的机械加工表面粗糙度参数 Ra 的最大值一般为 3.2μm。应去除试样棱边的毛刺。除非相关标准或协议另作规定，其他类型试样在其长度范围内的机械加工表面粗糙度参数 Ra 的最大值为 0.8μm。

试样应平直，从盘卷切取的薄板试样允许稍有弯曲，但曲率半径与厚度之比应大于 500。不允许对试样进行矫直或矫平。

3. 试样尺寸测量

圆形横截面试样应在跨距中间区域不少于两个横截面上两个相互垂直的方向测量其直径，取直径测量值的算术平均值计算性能值。

矩形横截面试样应在跨距的中间区域不少于两个横截面上分别测量其高度和宽度，取测量的高度和宽度平均值。对于薄板试样，高度测量值超过其平均值 2% 的试样应不用于试验。

4. 试样数量

对于圆形、矩形横截面试样，一般每个试验点须试验三个试样；对于薄板试样，每个试验点至少试验六个试样，试验时，拱面向上和向下各试验三个试样。

6.1.3　试验设备

1. 试验机

各种类型的压力试验机或万能试验机均可使用，试验机测力系统的准确度为一级或优于一级。试验机应定期进行校准，试验机应能在规定的速度范围内控制试验速率，加力、卸力应平稳、无振动、无冲击。试验机应有三点弯曲和四点弯曲试验装置，施力时弯曲试验装置不应发生相对移动和转动。试验机应配备记录弯曲力-挠度曲线数据的装置。

2. 弯曲试验装置

弯曲试验装置分为三点弯曲试验装置、四点弯曲试验装置和薄板试样弯曲试验装置。两支辊或支承刀的尺寸应相同，并且间距可调，跨距应准确到±0.5%。具体的尺寸可参照 YB/T 5349—2014。

3. 挠度计

应根据所测弯曲力学性能指标按表 6-1 选用相应精确度的挠度计。挠度计应定期参照 GB/T 12160—2019 的规定进行检定，检定时挠度计的工作状态应尽可能与试验时的工作状态相同。

表 6-1　挠度计位移示值相对误差

弯曲力学性能	挠度计位移示值相对误差
m_E、R_{pb}、R_{rb}	≤±1.0%
R_{bb}、f_{bb}	≤±2.0%

注：m_E—弹性直线斜率；R_{pb}—规定塑性弯曲强度；R_{rb}—规定残余弯曲强度；R_{bb}—抗弯强度；f_{bb}—断裂挠度。

挠度计标距与其名义值之差不大于±0.5%。采用挠度计测量试样挠度时，挠度计对试样产生的附加弯曲力应尽可能小。

4. 安全防护装置

试验时，应在弯曲试验装置周围装设安全防护装置，以防试样断裂碎片飞出伤害试验人员或损坏设备。

6.1.4 弯曲力学性能测定

一般弯曲试验应在10~35℃下进行。试验时，弯曲应力速率应控制在3~30MPa/s范围内某个速率尽量恒定。

1. 弹性直线斜率 m_E 的测定

测定弹性直线斜率可以采用全挠度测量方式和部分挠度测量方式。

(1) 全挠度测量方式 试验时对试样连续施加弯曲力，同时自动记录弯曲力-挠度曲线，直至超过弹性变形范围。在曲线上读取弹性直线段的弯曲力增量和相应的挠度增量，如图6-2所示。按式(6-11)或式(6-12)计算弯曲应力-应变曲线的弹性直线斜率 m_E。

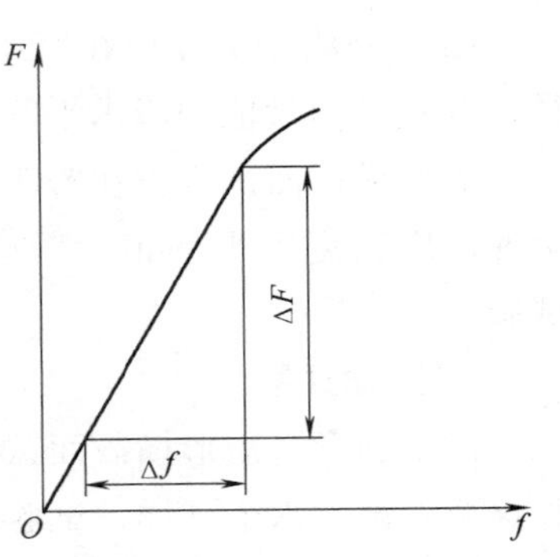

图6-2 图解法测定弹性直线段的弯曲力增量和挠度增量

三点弯曲试验计算公式：

$$m_E = \frac{L_S^3}{48I}\left(\frac{\Delta F}{\Delta f}\right) \tag{6-11}$$

四点弯曲试验计算公式：

$$m_E = \frac{l(3L_S^3 - 4l^2)}{48I}\left(\frac{\Delta F}{\Delta f}\right) \tag{6-12}$$

(2) 部分挠度测量方式 试样对称地安放于弯曲试验装置上，将挠度计装在试样上，挠度计标距的端点与最邻近支承点或施力点的距离应不小于试样的高度或直径。对试样连续施加弯曲力，同时记录弯曲力-挠度曲线，直至超过弹性变形范围。在记录的曲线图上读取直线段的弯曲力增量和相应的挠度增量，如图6-3所示。按式(6-13)或式(6-14)计算弯曲应力-应变曲线的弹性直线斜率 m_E。

三点弯曲试验：

$$m_E = \frac{L_e^2(3L_S - L_e)}{96I}\left(\frac{\Delta F}{\Delta f}\right) \tag{6-13}$$

四点弯曲试验：

$$m_E = \frac{lL_e^2}{16I}\left(\frac{\Delta F}{\Delta f}\right) \tag{6-14}$$

2. 规定塑性弯曲强度 R_{pb} 的测定

规定塑性弯曲强度 R_{pb} 通常采用图解法测定。试验时，把试样对称地安放于弯曲试验装置上，对试样连续施加弯曲力，采用自动方法记录弯曲力-挠度曲线。在曲线图的挠度轴上

取 C 点，C 点到原点 O 的距离相应于规定塑性弯曲应变（e_{pb}）时的挠度 f_{pb}。根据所采用的测量方式，f_{pb} 按式（6-15）和式（6-17）计算。过 C 点作弹性直线段的平行线 CA 交曲线于 A 点，A 点所对应的力为所测定塑性弯曲力 F_{pb}，如图 6-3 所示。规定塑性弯曲强度 R_{pb} 按式（6-16）或式（6-18）计算。

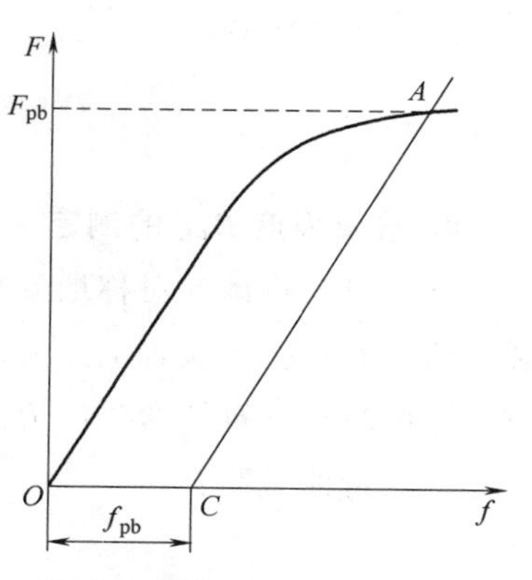

图 6-3　图解法测定规定塑性弯曲应力

三点弯曲试验：

$$f_{pb}=\frac{L_S^2}{12Y}e_{pb} \tag{6-15}$$

$$R_{pb}=\frac{F_{pb}L_S}{4W} \tag{6-16}$$

四点弯曲试验：

$$f_{pb}=\frac{3L_S^2-4l^2}{24Y}e_{pb} \tag{6-17}$$

$$R_{pb}=\frac{F_{pb}l}{2W} \tag{6-18}$$

3. 规定残余弯曲强度 R_{rb} 的测定

试验时，将试样对称地安放于弯曲试验装置上，并对其施加相应于预期 $R_{pb0.2}$ 的 3%的预弯曲力 F_o，测量跨距中点的挠度，记取此时挠度计的读数作为零点。对试样连续或分级施加弯曲力，并将其卸除至预弯曲力 F_o，测量残余挠度。反复递增施力和卸力，直至测量的残余挠度达到或稍超过规定残余弯曲应变相应的挠度。用线性内插法按式（6-19）求出相应于规定残余弯曲应变的弯曲力 F_{rb}：

$$F_{rb}=\frac{(f_n-f_{rb})F_{n-1}+(f_{rb}-f_{n-1})F_n}{f_n-f_{n-1}} \tag{6-19}$$

残余挠度 f_{rb} 按式（6-20）或式（6-21）计算。

三点弯曲试验：

$$f_{rb}=\frac{L_S^2}{12Y}e_{rb} \tag{6-20}$$

四点弯曲试验：

$$f_{rb}=\frac{3L_S^2-4l^2}{24Y}e_{rb} \tag{6-21}$$

规定残余弯曲强度 R_{rb} 按式（6-22）或式（6-23）计算

三点弯曲试验：

$$R_{rb}=\frac{F_{rb}L_S}{4W} \tag{6-22}$$

四点弯曲试验：

$$R_{rb}=\frac{F_{rb}l}{2W} \tag{6-23}$$

4. 抗弯强度 R_{bb} 的测定

试验时，将试样对称地安放于弯曲试验装置上，对试样连续施加弯曲力，直至试样断裂。从试验机指示装置上或从记录的弯曲力-挠度曲线上读取最大弯曲力 F_{bb}，按式（6-24）或式（6-25）计算抗弯强度 R_{bb}。

三点弯曲试验：

$$R_{bb}=\frac{F_{bb}L_S}{4W} \tag{6-24}$$

四点弯曲试验：

$$R_{bb}=\frac{F_{bb}l}{2W} \tag{6-25}$$

5. 断裂挠度 f_{bb} 的测定

试验时，将试样对称地安放于弯曲试验装置上，挠度计装在试样中间的测量位置上，对试样连续施加弯曲力，直至试验断裂，测量试样断裂瞬间跨距中点的挠度，此挠度即为断裂挠度 f_{bb}。

测定断裂挠度一般可与测定抗弯强度在同一试验中进行。可以利用试验机横梁位移来测定断裂挠度，但应修正试验机柔度等因素的影响。

做对比试验时应采用同一试验方式。

6. 真实规定塑性弯曲强度 R_{tpb} 和真实抗弯强度 R_{tbb}

上面计算的规定塑性弯曲强度和抗弯强度对于试样处于弹性弯曲变形状态是准确的。但是，试样横截面在塑性弯曲变形状态下，上述公式不能再保证严格准确，弯曲应力会被高估，但符合工程应用的要求。当相关产品标准或协议有要求时，可以参照 YB/T 5349—2014 附录 A 中给出的方法进行真实规定塑性弯曲强度和真实抗弯强度的测定。

7. 倒棱修正系数的计算

矩形横截面试样的四条长棱经 45°角倒棱后，用试样倒棱前横截面尺寸计算弹性直线斜率和弯曲应力（包括抗弯强度）等性能时，其值偏小，应进行修正。修正方法是将倒棱修正系数 α 乘以用名义横截面尺寸计算的性能值。倒棱修正系数 α 的计算公式为

$$\alpha=\frac{1}{1-\left\{\frac{3}{4}\left(\frac{h}{b}\right)-\left[\left(\frac{h}{b}\right)-\sqrt{2}\left(\frac{t}{b}\right)\right]+\frac{1}{4}\left(\frac{h}{b}\right)\left[1-\sqrt{2}\left(\frac{t}{b}\right)\right]^{4}\right\}} \tag{6-26}$$

式中　t——矩形横截面试样 45°角倒棱宽度。

8. 测试结果数值的修约

测试结果的数值应按照相关产品标准的要求进行修约，如未规定具体要求，应按表 6-2 进行修约，也可使用 GB/T 8170—2008 规定的方法进行修约。

表 6-2 测试结果数值的修约

试验材料的弯曲力学性能	修约间隔
m_E	100MPa
R_{pb}、R_{rb}、R_{bb}	1MPa
f_{bb}	0.1mm

6.2 弯曲工艺性能试验

金属工艺性能试验是测试金属承受一定变形能力或承受相似于金属工艺加工过程或以后服役时所承受作用力的能力的试验。金属工艺性能试验的目的是为了确定金属材料是否适合某种工艺加工方法的性能。金属工艺性能试验一般并不测试所加载荷或所产生变形的精确量值，而是尽快地测试出所试金属材料在质量上是否符合所规定技术条件的要求。金属工艺性能试验一般包括弯曲试验、顶锻试验、金属管扩口试验、压扁试验、杯突试验等，在此主要讲解弯曲试验。

6.2.1 弯曲试验原理

弯曲试验是以圆形、方形、矩形或多边形横截面试样在弯曲装置上经受弯曲塑性变形，不改变加力方向，直至达到规定的弯曲角度。弯曲试验时，试样两臂的轴线保持在垂直于弯曲轴的平面内。如为弯曲 180°角的弯曲试验，按照相关产品标准的要求，可以将试样弯曲至两臂直接接触或两臂相互平行且相距规定距离，可使用垫块控制规定距离。

6.2.2 试验装置

弯曲试验通常需要在试验机上配备以下三种装置。

1. 支辊式弯曲装置

该装置配有两个支辊和一个弯曲压头（见图 6-4）。支辊长度和弯曲压头的宽度应大于试样宽度或直径。弯曲压头的直径由产品标准规定。支辊和弯曲压头应具有足够的硬度。除非另有规定，支辊间距离 l 应按式（6-27）计算：

$$l=(D+3a)\pm\frac{a}{2} \tag{6-27}$$

式中 l——支辊间距离；

D——弯曲压头直径；

a——试样厚度或直径（或多边形横截面内切圆直径）。

此距离在试验前期保持不变。对于 180°弯曲试样，此距离会发生变化。

2. V 形弯曲装置

该装置配有一个 V 形模具和一个弯曲压头。模具的 V 形槽角度应为（180°−α）（见图 6-5），弯曲角度 α 应在相关产品标准中规定。

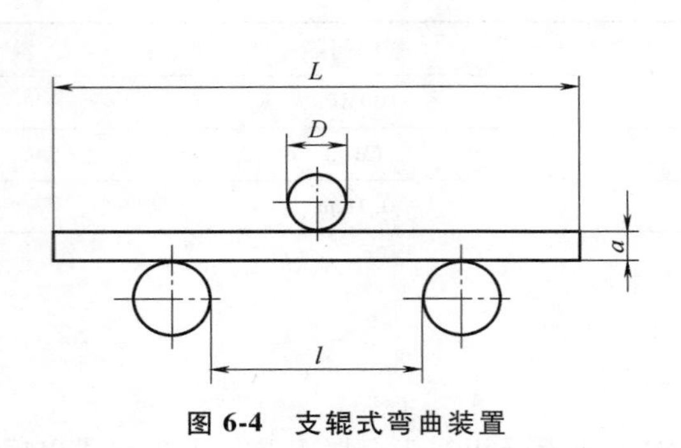

图 6-4 支辊式弯曲装置

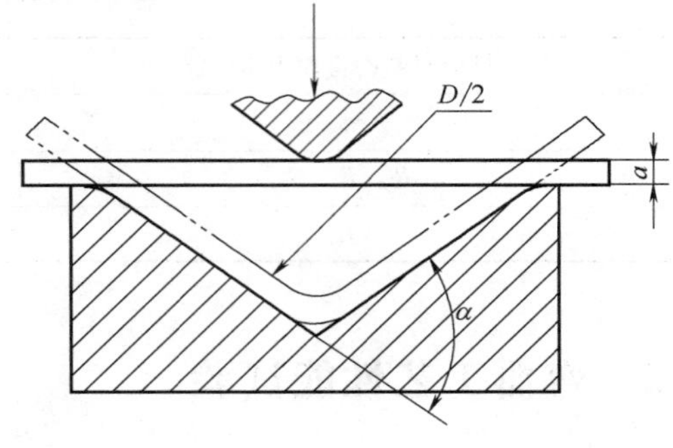

图 6-5 V 形弯曲装置

模具的支承棱边应倒圆，其倒圆半径应为（1～10）倍试样厚度。模具和弯曲压头宽度应大于试样宽度或直径并应具有足够的硬度。

3. 虎钳式弯曲装置

该装置由虎钳及有足够硬度的弯曲压头组成（见图 6-6），可以配置加力杠杆。弯曲压头直径应按照相关产品标准要求，弯曲压头宽度应大于试样宽度或直径。

由于虎钳左端面的位置会影响测试结果，因此虎钳的左端面不能达到或超过弯曲压头中心垂线。

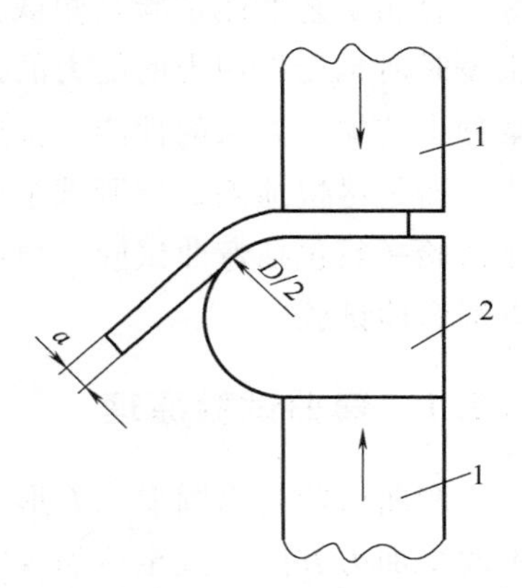

图 6-6 虎钳式弯曲装置

1—虎钳 2—弯曲压头

6.2.3 弯曲试样

试验使用圆形、方形、矩形或多边形横截面的试样。样坯的切取位置和方向应按照相关产品标准的要求。如未具体规定，对于钢产品，应按照 GB/T 2975—2018 的要求。试样应去除由于剪切或火焰切割或类似的操作而影响了材料性能的部分。如果试验结果不受影响，允许不去除试样受影响的部分。

1. 矩形试样的棱边

试样表面不得有划痕和损伤。方形、矩形和多边形横截面试样的棱边应倒圆，倒圆半径不能超过表 6-3 中的规定。

表 6-3 矩形试样棱边的倒圆半径 （单位：mm）

试样厚度 a	倒圆半径
$a<10$	≤1
$10 \leqslant a<50$	≤1.5
$a \geqslant 50$	≤3

棱边倒圆时不应形成影响试验结果的横向毛刺、伤痕或刻痕。如果试验结果不受影响，允许试样的棱边不倒圆。

2. 试样宽度

试样宽度按照相关产品标准的要求，如未具体规定，应按照表 6-4 中的要求。

表 6-4　试样的宽度　　（单位：mm）

产品宽度 b_0	产品厚度 a	试样宽度 b
$b_0 \leqslant 20$	—	b_0
$b_0 > 20$	$a<3$	20±5
	$a \geqslant 3$	20~50

3. 试样厚度

试样厚度或直径应按照相关产品标准的要求，如未具体规定，应按照以下要求：

对于板材、带材和型材，试样厚度应为原产品厚度。如果产品厚度大于 25mm，试样厚度可通过机械加工减薄至不小于 25mm，并保留一侧原表面。弯曲试验时，试样保留的原表面应位于受拉变形一侧。

对于直径（圆形横截面）或内切圆直径（多边形横截面）不大于 30mm 的产品，其试样横截面应为原产品的横截面；对于直径或多边形横截面内切圆直径超过 30mm 但不大于 50mm 的产品，可以将其加工成横截面内切圆直径不小于 25mm 的试样；对于直径或多边形横截面内切圆直径大于 50mm 的产品，应将其加工成横截面内切圆直径不小于 25mm 的试样（见图 6-7）。试验时，试样未经机械加工的原表面应置于受拉变形的一侧。

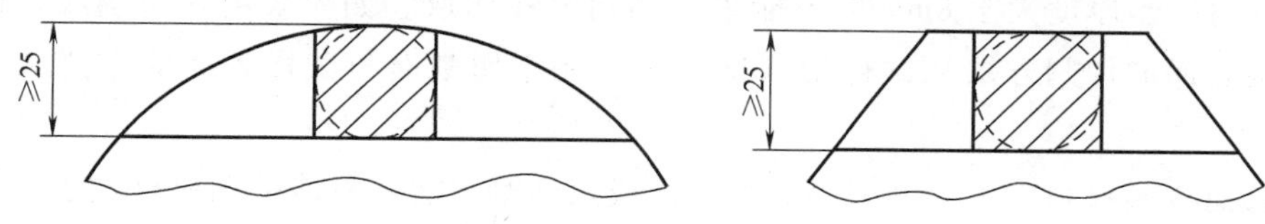

图 6-7　试样加工尺寸

4. 焊接接头弯曲试样

焊接接头弯曲试样根据焊缝轴线和试样纵轴的位置关系可分为横向弯曲试样（焊缝轴线与试样纵轴垂直）和纵向弯曲试样（焊缝轴线与试样纵轴平行）；根据试样受拉面的位置可分为正弯试样（焊缝表面为受拉面，双面焊时焊缝表面为焊缝较宽或焊接开始的一面）、背弯试样（焊缝根部为受拉面）和侧弯试样（焊缝横截面为受拉面），如图 6-8 所示。

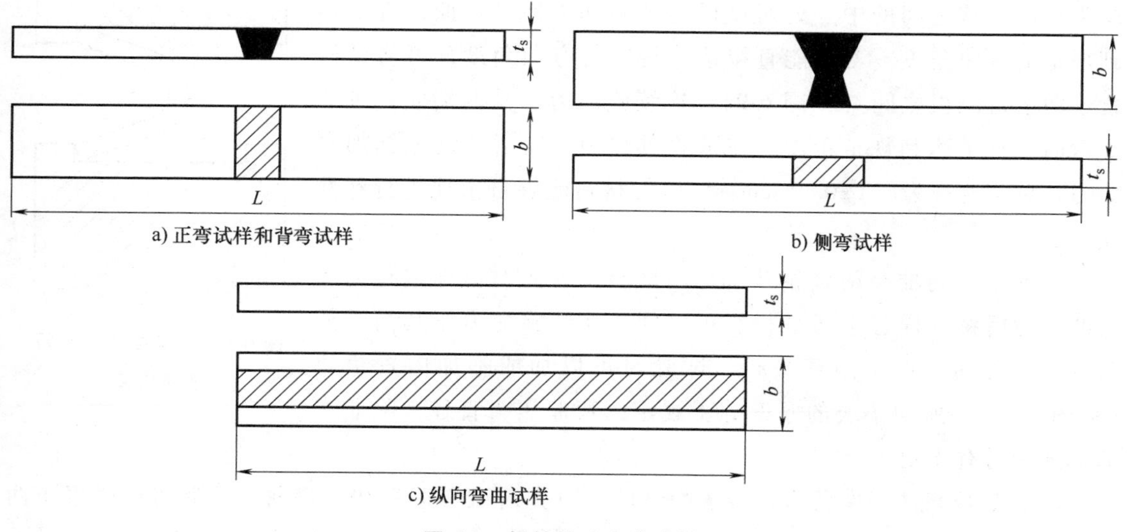

图 6-8　焊接接头弯曲试样

（1）正弯试样（FBB）和背弯试样（RBB）尺寸　试样厚度 t_s 应等于焊接接头处母材的厚度。当相关标准要求对整个厚度（30mm 以上）进行试验时，可以截取若干个试样覆盖整个厚度。在这种情况下，对试样在焊接接头厚度方向的位置应做标识。试样位置见第 2.6.4 节。

（2）侧弯试样（SBB）尺寸　试样宽度 b 应等于焊接接头处母材的厚度。试样厚度 t_s 至少应为（10±0.5）mm，而且试样宽度应大于或等于试样厚度的 1.5 倍。

当接头厚度超过 40mm 时，允许从焊接接头截取几个试样代替一个全厚度试样，试样宽度 b 的范围为 20～40mm。在这种情况下，对试样在焊接接头厚度方向的位置应做标识。试样位置见第 2.6.4 节。

（3）纵向弯曲试样　试样厚度 t_S 应等于焊接接头处母材的厚度。如果试件厚度 t 大于 12mm，试样厚度 t_S 应为（12±0.5）mm，而且试样应取自焊缝的正面或背面。试样位置见第 2.6.4 节。

当采用机械加工方法或热加工方法切取试样时不应改变试样的性能。

对于钢材，当厚度大于 8mm 时不能采用切切方法切取。如果采用热切割或其他可能产生影响切割表面的切割方法从试件切取试样时，任意切割面与试样表面的距离应大于或等于 8mm。

对于其他金属材料，不允许采用剪切方法或热切割方法，只能采用机械加工方法。

6.2.4　试验程序

弯曲试验一般在 10～35℃ 的室温范围内进行。对温度要求严格的试验，试验温度应为（23±5）℃。

（1）试样弯曲至规定弯曲角度的试验　试验时，应将试样放于两支辊或 V 形模具上，试样轴线应与弯曲压头轴线垂直，弯曲压头在两支座之间的中点处对试样连续施加力使其弯曲，直至达到规定的弯曲角度。若不能直接达到规定的弯曲角度，可将试样置于两平行压板之间（见图 6-9），连续施加力压其两端使其进一步弯曲，直至达到规定角度。在试验过程中，应当缓慢地施加弯曲力，试验速率为（1±0.2）mm/s，以使材料能够自由地进行塑性变形。

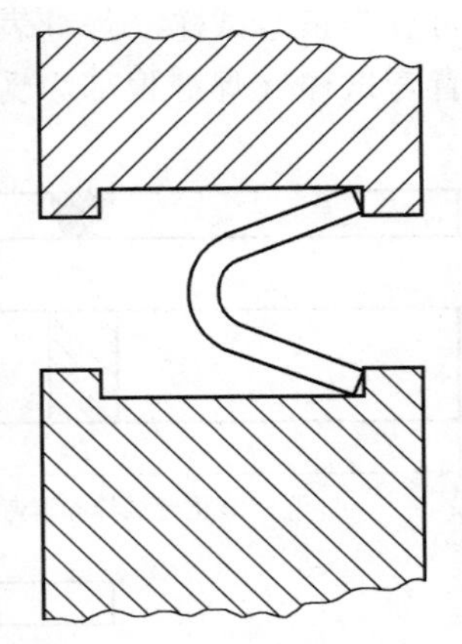

图 6-9　试样位于两平行压板之间

（2）试样弯曲至两臂相互平行的试验　首先对试样进行初步弯曲，然后将试样置于两平行压板之间，连续施加力压其两端使其进一步弯曲，直至两臂平行。试验时可以加或不加内置垫块（见图 6-10）。所加垫块的厚度等于规定的弯曲压头直径，除非产品标准中另有规定。

（3）试样弯曲至两臂直接接触的试验　首先对试样进行初步弯曲，然后将试样置于两平行压板之间，连续施加力压其两端使其进一步弯曲，直至两臂直接接触（见图 6-11）。

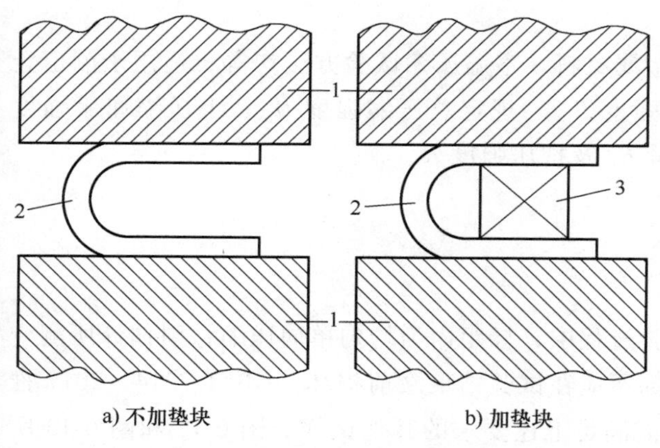

图 6-10　不加垫块和加垫块

1—压板　2—试样　3—垫块

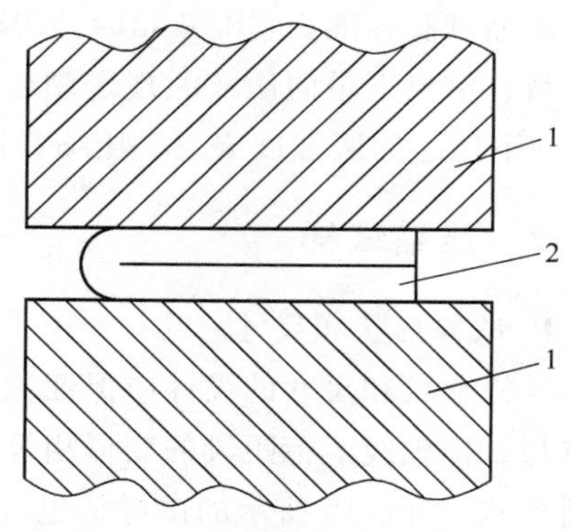

图 6-11　试样弯曲至两臂接触

1—压板　2—试样

试验完成后，应按照相关产品标准的要求评定弯曲试验结果。如未规定具体要求，弯曲试验后不使用放大仪器观察，试样弯曲外表面无可见裂纹应评定为合格。

6.2.5　试验报告

试验报告至少应包括标准编号、试样标识（材料牌号、炉号、取样方向等）、试样的形状和尺寸、试验条件（弯曲压头直径、弯曲角度）、与标准的偏差和试验结果。

6.3　金属压缩试验

在工程实际中，很多零件或构件是在压缩载荷下工作的，如大型厂房的立柱、起重机的支架、机器的机座等，这就需要对其原材料进行压缩试验评定。压缩试验同拉伸试验一样，也是测定材料在常温、静载、单向压缩力作用下的力学性能的最常用、最基本的试验之一，通过对试样轴向施加递增的单向压缩力，测定相关压缩性能。

6.3.1　压缩试验的特点

按实际构件承受压缩载荷的方式，压缩可简化为单向压缩、双向压缩和三向压缩。工程中最常见也是最简单的是单向压缩，如桁架的压杆、起重机的支架等。本节主要研究材料的单向压缩试验，简称压缩试验。压缩试验有下述特点：

1）受力特点：作用在构件上的外力可合成为同一方向的作用力。

2）变形特点：构件产生沿外力合力方向的缩短。

3）单向压缩应力状态的软性系数 $\alpha=2$，特别适于脆性材料，如铸铁、铸铝合金、轴承合金、建筑材料等的力学性能试验。

4）对于塑性材料，只能被压扁，一般不会破坏。

5）压缩试验时，试样端面存在很大的摩擦力，这将阻碍试样端面的横向变形，影响试验结果的准确性。试样高度与直径之比（L/d）越小，端面摩擦力对试验结果的影响越大。

为减小其影响，可适当增大 L/d。

压缩试验标准为GB/T 7314—2017《金属材料　室温压缩试验方法》等，适用于测定金属材料在室温下单向压缩的规定塑性压缩强度 R_{pc}、规定总压缩强度 R_{tc}、上压缩屈服强度 R_{eHc}、下压缩屈服强度 R_{eLc}、压缩弹性模量 E_c 及抗压强度 R_{mc}。

6.3.2　压缩试样

1. 试样形状和尺寸

试样形状和尺寸的设计应保证：在试验过程中，标距内为均匀单向压缩；引伸计所测变形应与试样轴线上标距段的变形相等；端部不应在试验结束之前损坏。GB/T 7314—2017推荐图6-12～图6-15所示的试样，也可采用能满足上述要求的其他试样。图6-12和图6-13所示为侧向无约束试样，$L=(2.5\sim3.5)d$ 和 $L=(2.5\sim3.5)b$ 的试样适用于测定 R_{pc}、R_{tc}、R_{eHc}、R_{eLc}、R_{mc}；$L=(5\sim8)d$ 和 $L=(5\sim8)b$ 的试样适用于测定 $R_{pc0.01}$、E_c；$L=(1\sim2)d$ 和 $L=(1\sim2)b$ 的试样仅适用于测定 R_{mc}。图6-14和图6-15所示为板状压缩试样，须夹持在约束装置内进行试验。试样原始标距两端分别距试样端面的距离不应小于试样直径（或宽度）的二分之一。

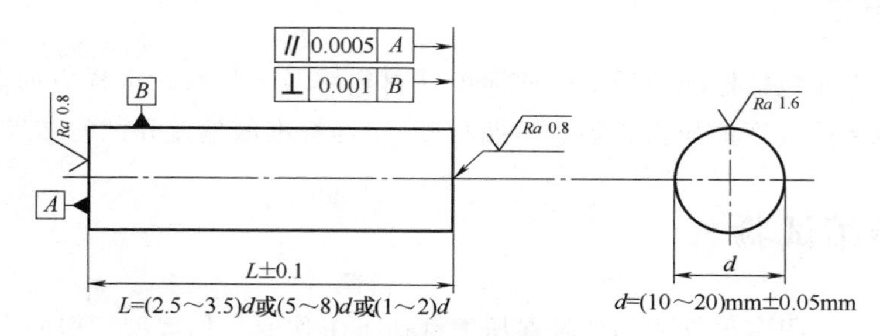

图6-12　圆柱体压缩试样

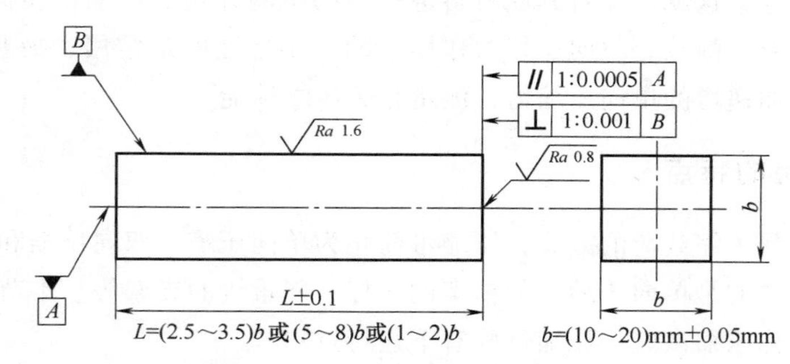

图6-13　正方形柱体压缩试样

烧结金属材料压缩试样选用 $d=13\text{mm}\pm0.2\text{mm}$，$L/d=(1\sim2)\text{mm}\pm0.05\text{mm}$ 的圆柱体试样。

2. 试样制备

样坯切取的数量、部位、取向应按相关标准或双方协议规定。在切取样坯和机械加工试样时，应防止因冷加工或热影响而改变材料的性能。试样应平直，棱边无毛刺、无倒角。从板卷或带卷上切取的试样，允许带有不影响性能测定的轻微弯曲。

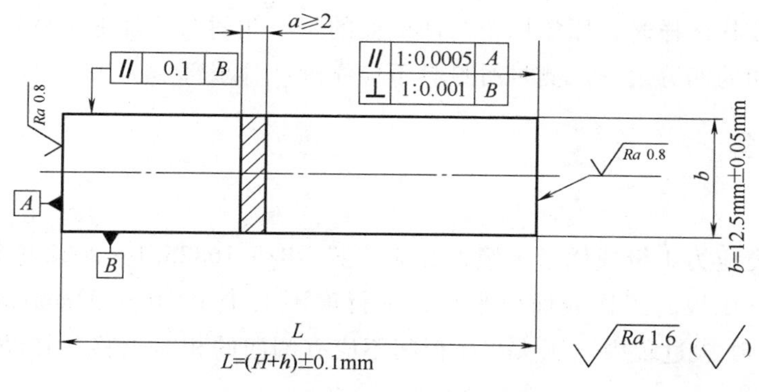

图 6-14 矩形板状压缩试样

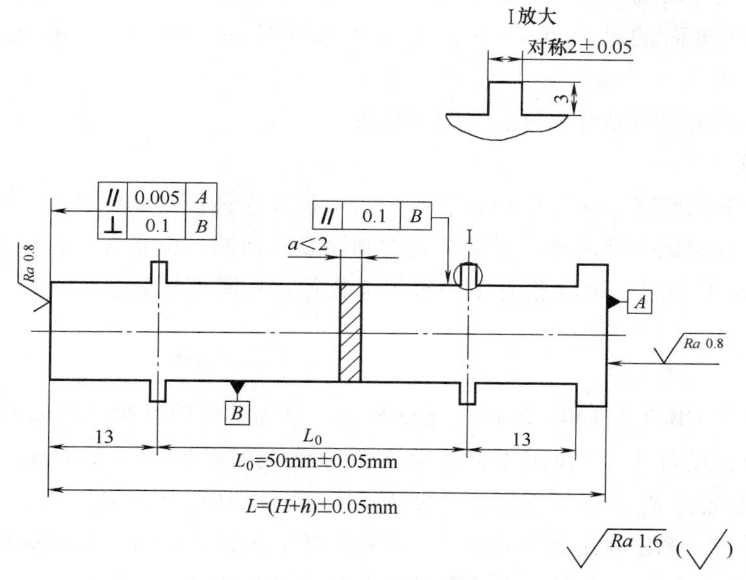

图 6-15 带凸耳板状压缩试样

对于板状试样，当其厚度为原材料厚度时，应保留原表面，表面不应有划痕等损伤；当试样厚度为机械加工厚度时，表面粗糙度值应不劣于原表面的表面粗糙度值。厚度（直径）在标距内的允许偏差为 1% 或 0.05mm，取其小值。

3. 试样尺寸测量

板材及正四棱柱体试样的厚度和宽度应在试样原始标距中点处测量；圆柱体试样应在原始标距中点处两个相互垂直的方向上测量直径，取其算术平均值。

量具或测量装置按表 6-5 选用。根据测量的试样原始尺寸计算原始横截面积，至少保留四位有效数字。

表 6-5 量具或测量装置的分辨力 （单位：mm）

试样横截面尺寸	分辨力≤	试样横截面尺寸	分辨力≤
0.1~0.5	0.001	>2.0~10	0.01
>0.5~2.0	0.002	>10	0.05

测量带凸耳板状试样时，原始标距为两侧面的每一侧面两凸耳沿试样轴线方向的内侧距离和外侧距离总和的四分之一。测量时量具不应靠近凸耳根部。

6.3.3 试验设备

1. 试验机

试验机准确度应为1级或优于1级，并应按照GB/T 16825.1—2022进行检验。

试验机上、下压板的工作表面应平行，平行度不低于1∶0.0002mm/mm（安装试样区100mm范围内）。试验过程中，压头与压板间不应有侧向的相对位移和转动。压板的硬度应不低于55 HRC。

硬度较高的试样两端应垫以合适的硬质材料做成的垫板，试验后，板面不应有永久变形。垫板上下两端面的平行度应不低于1∶0.0002mm/mm，表面粗糙度 Ra 应不大于0.8μm。

偏心压缩的影响较明显时，可配用调平垫块。

2. 约束装置

板状试样压缩试验时，应使用约束装置。约束装置应具备：试样在低于规定的力作用下不发生屈曲；不影响试样轴向自由收缩及宽度和厚度方向的自由胀大；保证试验过程摩擦力为一个定值。GB/T 7314—2017推荐了一种约束装置。凡能满足上述要求的其他约束装置也可采用。

3. 引伸计

引伸计应符合GB/T 12160—2019《金属材料　单轴试验用引伸计的标定》的要求。

测定压缩弹性模量 E_c 应使用不低于0.5级准确度的引伸计；测定规定塑性压缩强度 R_{pc}、规定总压缩强度 R_{tc}、上压缩屈服强度 R_{eHc}、下压缩屈服强度 R_{eLc} 时，应使用不低于1级准确度的引伸计；测定压缩弹性模量 E_c 和规定塑性压缩应变小于0.05%的规定塑性压缩强度 R_{pc} 时，应使用平均引伸计，并将引伸计装夹在试样相对的两侧。

4. 安全防护装置

脆性材料试验时应在压缩试验装置周围装设安全防护装置，以防试验时试样断裂碎片飞出伤害试验人员或损坏设备。

6.3.4 压缩力学性能测定

1. 试验条件

压缩试验一般在室温10~35℃下进行。对温度要求严格的试验，试验温度应为23℃±5℃。

对于有应变控制的试验机，设置应变速率为 0.005min^{-1}；对于用载荷控制或者用横梁位移控制的试验机，允许设置一个相当于应变速率 0.005min^{-1} 的速度；如果材料应变速率敏感，可以采用 0.003min^{-1} 的速度；对于无应变控制的系统，应保持恒定的横梁位移速率，以便达到试验过程中需要平均应变速率的要求。

板状试样装进约束装置前应用无腐蚀的溶剂清洗。两侧面与夹板间应铺设一层厚度不大于0.05mm聚四氟乙烯薄膜，或者均匀涂抹一层润滑剂（如小于70μm石墨粉调以适量精密仪表油、二硫化钼等）以减少摩擦。装夹后，应把两端面用细纱布擦干净。

安装试样时，试样纵轴中心线应与压头轴线重合。

2. 板状试样夹紧力的选择

根据材料的规定塑性压缩强度 $R_{pc0.2}$（或下压缩屈服强度 R_{eLc}）及板材厚度来选择夹紧力。一般使摩擦力 F_f 不大于 $F_{pc0.2}$ 估计值的2%；对极薄试样，允许摩擦力 F_f 达到 $F_{pc0.2}$ 估计值的5%。在保证试验顺利进行的前提下，夹紧力应尽可能小。

3. 板状试样实际压缩力 *F* 的测定

1）试验时自动绘制力-变形（或力-应变）曲线，一般初始部分因摩擦力影响而呈非线性关系。当力足够大时，摩擦力达到一个定值，此后摩擦力不再进一步影响力-变形曲线。设摩擦力 F_1 平均分布在试样表面上，则实际压缩力 F 用式（6-28）计算：

$$F=F_0-\frac{1}{2}F_1 \tag{6-28}$$

式中　F_0——试样上端所受的力。

2）图解法确定实际压缩力 F。在自动绘制的力-变形曲线上，沿弹性直线段反延直线交原横坐标轴于 O''，在原坐标原点 O' 与 O'' 的连线中点上作垂线交反延的直线于 O 点，O 点即为力-变形曲线的真实原点。过 O 点作平行于原坐标的直线，即为修正后的坐标轴，实际压缩力可在新坐标系上直接判读（见图6-16）。

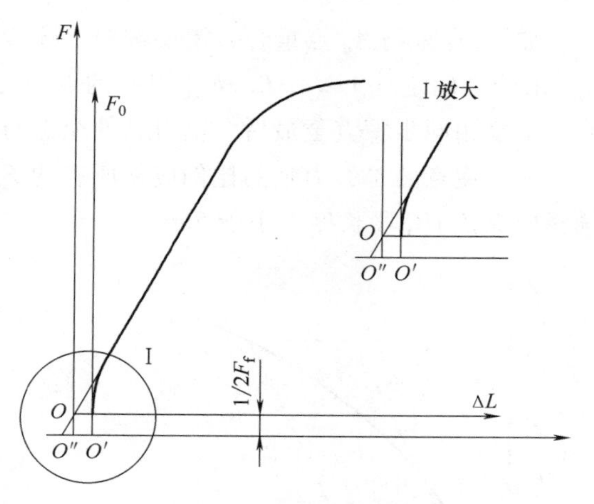

图 6-16　图解法确定实际压缩力

ΔL—原始标距段受力后的变形

4. 规定塑性压缩强度 R_{pc} 的测定

规定塑性压缩强度 R_{pc} 采用图解法测定。在自动绘制的力-变形曲线（见图6-17）上，自 O 点起，截取一段相当于规定塑性变形的距离 OC（$e_{pc}\cdot L_0\cdot n$），过 C 点作平行于弹性直线段的直线 CA 交曲线于 A 点，其对应的力 F_{pc} 为所测规定塑性压缩力。规定塑性压缩强度 R_{pc} 按式（6-29）计算：

$$R_{pc}=\frac{F_{pc}}{S_0} \tag{6-29}$$

式中　F_{pc}——规定塑性压缩变形的实际压缩力（N）。

S_0——试样原始横截面积（mm^2）。

如果力-变形曲线无明显的弹性直线段，采用逐步逼近法。先在曲线上直观估读一点 A_0，约为规定塑性压缩应变0.2%的力 F_{A0}，而后在微弯曲线上取 G_0、Q_0 两点，其分别对应力 $0.1F_{A0}$、$0.5F_{A0}$，作直线 G_0Q_0，过C点作平行于 G_0Q_0 的直线 CA_1 交曲线于 A_1 点，如 A_1 点与 A_0 点重合，则 F_{A0} 即为 $F_{pc0.2}$（见图6-18）。G_0Q_0 直线的斜率一般可以用于图解确定其他规定塑性压缩强度的基准。

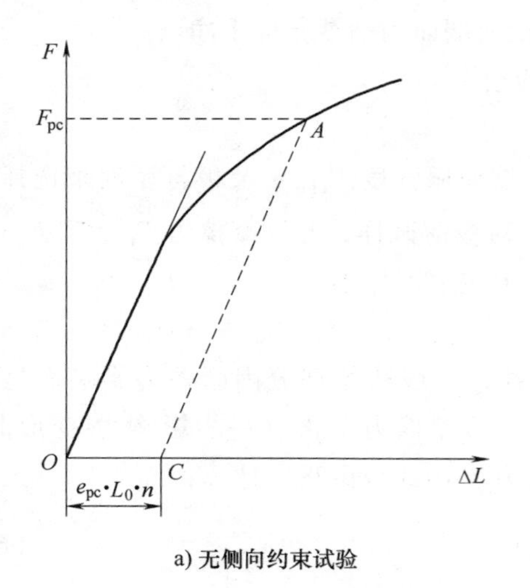

a) 无侧向约束试验

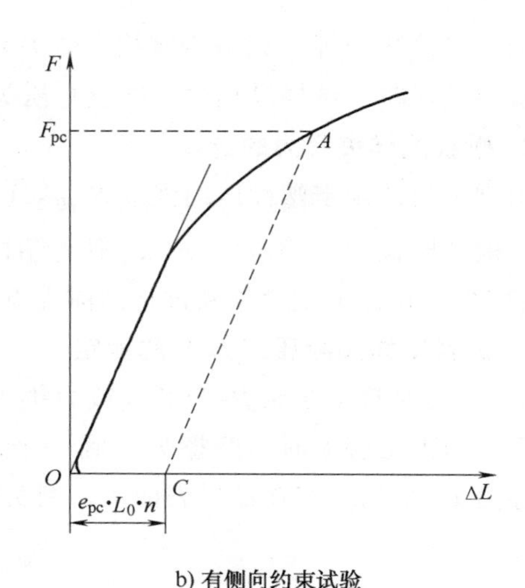

b) 有侧向约束试验

图 6-17 图解法求 F_{pc}

如 A_1 点未与 A_0 点重合，需要按照上述步骤进行进一步逼近。此时，取 A_1 点对应的力 F_{A1} 来分别确定 $0.1F_{A1}$、$0.5F_{A1}$ 对应的点 G_1、Q_1，然后如前述过 C 点作平行线来确定交点 A_2。重复相同步骤直至最后一次得到的交点与前一次的重合。

需要注意的是，力轴的比例应使所有的 F_{pc} 点位于力轴的二分之一以上，变形放大倍数选择应保证 OC 段长度不小于 5mm。

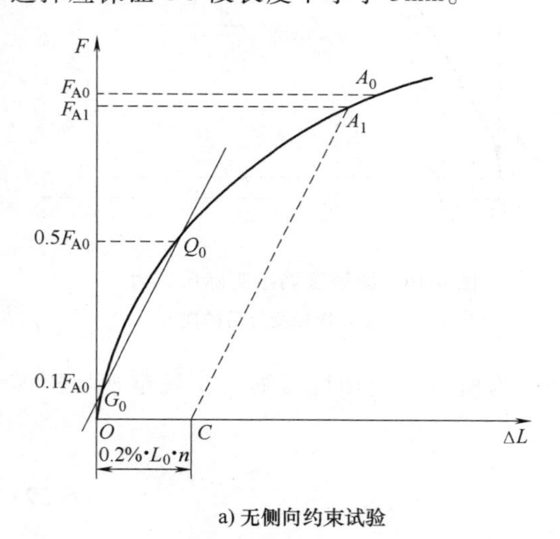

a) 无侧向约束试验

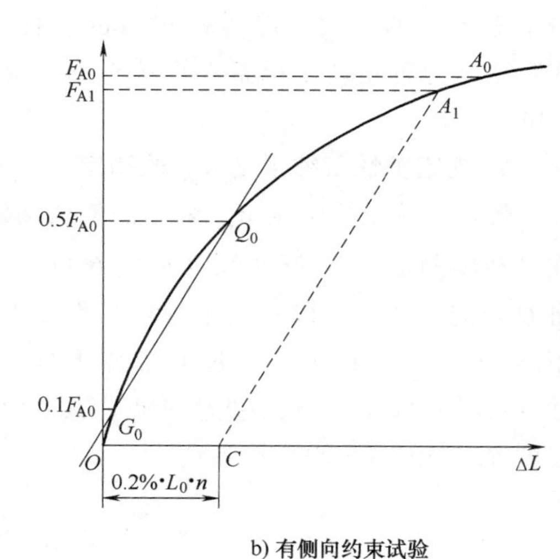

b) 有侧向约束试验

图 6-18 逐步逼近法求 F_{pc}

5. 规定总压缩强度 R_{tc} 的测定

规定总压缩强度 R_{tc} 也采用力-变形图解法测定。力轴每毫米所代表的力应使所测得 F_{tc} 点处于力轴量程的二分之一以上。在自动绘制的力-变形曲线上，自 O 点起在变形轴上取 OD 段（e_{tc} · L_0 · n），过 D 点作与力轴平行的 DM 直线交曲线于 M 点，其对应的力 F_{tc} 为所测规定总压缩力（见图 6-19）。规定总压缩强度 R_{tc} 按式（6-30）计算：

$$R_{tc}=\frac{F_{tc}}{S_0} \tag{6-30}$$

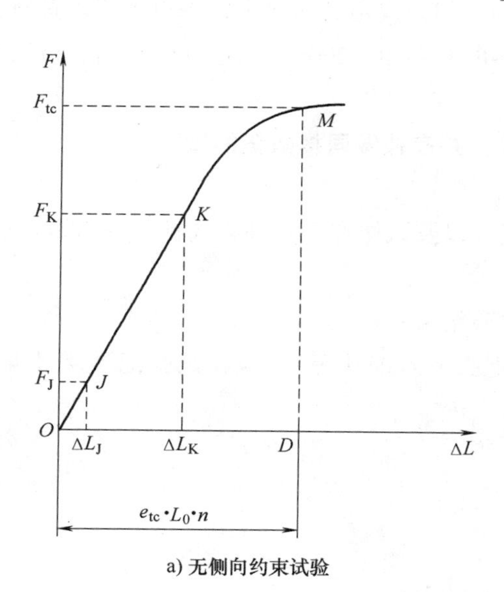

a) 无侧向约束试验

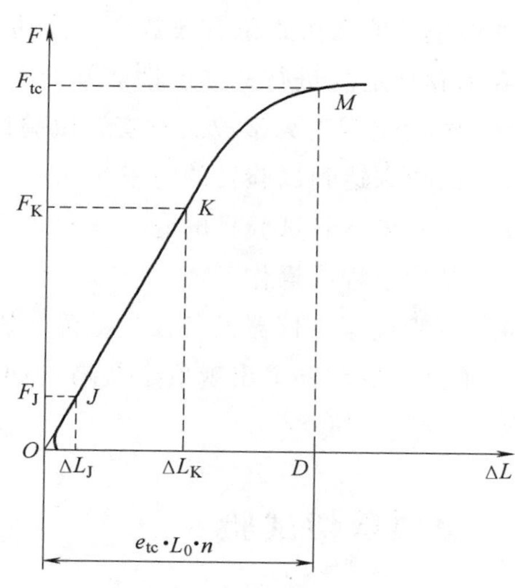

b) 有侧向约束试验

图 6-19　图解法求 F_{tc}

6. 上压缩屈服强度 R_{eHc} 和下压缩屈服强度 R_{eLc} 的测定

呈现明显屈服（不连续屈服）现象的金属材料，相关产品标准应规定测定上压缩屈服强度或下压缩屈服强度或两者。如未具体规定，仅测定下压缩屈服强度。

在自动绘制的力-变形曲线上，判读力首次下降前的最高实际压缩力（F_{eHc}）和不计初始瞬时效应时屈服阶段中的最低实际压缩力或屈服平台的恒定实际压缩力（F_{elc}）。上压缩屈服强度和下压缩屈服强度分别按式（6-31）和式（6-32）计算：

$$R_{eHc}=\frac{F_{eHc}}{S_0} \tag{6-31}$$

$$R_{eLc}=\frac{F_{eLc}}{S_0} \tag{6-32}$$

7. 抗压强度 R_{mc} 的测定

试样压至破坏，从力-变形曲线上确定最大实际压缩力 F_{mc}。抗压强度 R_{mc} 按式（6-33）计算：

$$R_{mc}=\frac{F_{mc}}{S_0} \tag{6-33}$$

8. 压缩弹性模量 E_c 的测定

在力-变形曲线上取弹性直线段上的 J、K 两点（点距应尽可能长），读取对应的力 F_J、F_K，变形 ΔL_J、ΔL_K（见图 6-19）。压缩弹性模量 E_c 按式（6-34）计算：

$$E_c=\frac{(F_K-F_J)L_0}{(\Delta L_K-\Delta L_J)S_0} \tag{6-34}$$

9. 性能测定结果数值的修约

试验结果值应按照相关产品标准要求进行修约。如未规定具体要求，按以下要求进行修约：弹性模量值保留三位有效数字，修约方法按 GB/T 8170—2008《数值修约规则与极限数值的表示和判定》进行；强度性能修约至 1MPa。

10. 试验出现下列情况之一者，试验结果无效，并应补做同样数量的试验

1）试样未达到试验目的时发生屈曲。

2）试样未达到试验目的时，端部就局部压坏，以及试样在凸耳部分或标距外断裂。

3）试验过程中操作不当。

4）试验过程中仪器设备发生故障，影响了试验结果。

如果试验后试样上出现冶金缺陷（如分层气泡夹渣及缩孔等），应在试验记录及报告中注明。

6.4 金属剪切试验

6.4.1 剪切试验基本概念

剪切力是实际工程中常见的一种受力形式，如常用的销、螺栓、铆钉、车辆的制动器衬块等在工作中都会承受剪切载荷。此外，梁在承受弯曲力的同时，也会承受一定的剪切力。因此，这些材料都需要进行剪切试验来保证其抗剪强度符合相关要求。

真实的剪切应力状态往往十分复杂，难以计算，因此在工程中会对其进行简化。如图 6-20 所示，F 为外载荷，a-a 是剪切面。由材料力学知识可知，在 a-a 剪切面上，必定有一个力 Q 来平衡外载荷 F，Q 即为剪切力。

对于单剪，$Q=F$；对于双剪，$Q=F/2$。剪应力 $\tau=Q/S$，S 是受剪面面积。

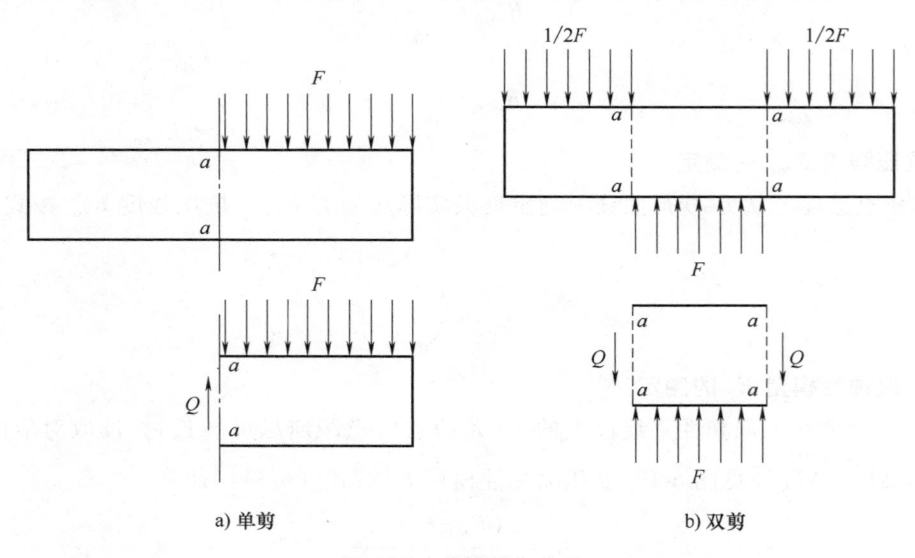

图 6-20 剪切受力分析

与拉伸、弯曲等试验不同的是，剪切试验没有统一的标准。不同的产品可以选择不同的试验方法和装置，但应该尽量贴近实际工况以得到准确的抗剪强度。比较常用的剪切试验方法有单剪、双剪、冲孔剪切等。

6.4.2 试验设备

1. 试验机

可以使用各种类型的万能试验机进行剪切试验，试验机应保证使夹具的中心线与试验机的加力轴线一致，加力应连续、平稳、无振动。试验机的精度应满足相关标准或技术协议的要求。

2. 剪切试验装置

剪切试验装置材料建议采用高强度合金，其屈服强度应高于被剪切材料的抗拉强度。试验装置表面应光滑无毛刺，支承试样剪切面处的边缘应锋利，不可有圆角。

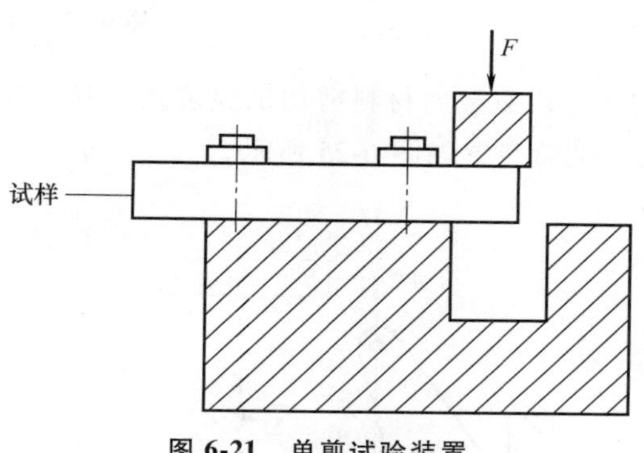

图 6-21 单剪试验装置

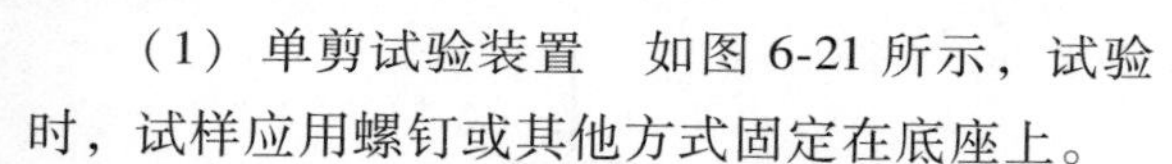

（1）单剪试验装置 如图 6-21 所示，试验时，试样应用螺钉或其他方式固定在底座上。

（2）双剪试验装置 双剪试验装置分为压式双剪和拉式双剪，如图 6-22 所示。试验时可根据相关标准和技术协议进行选择。

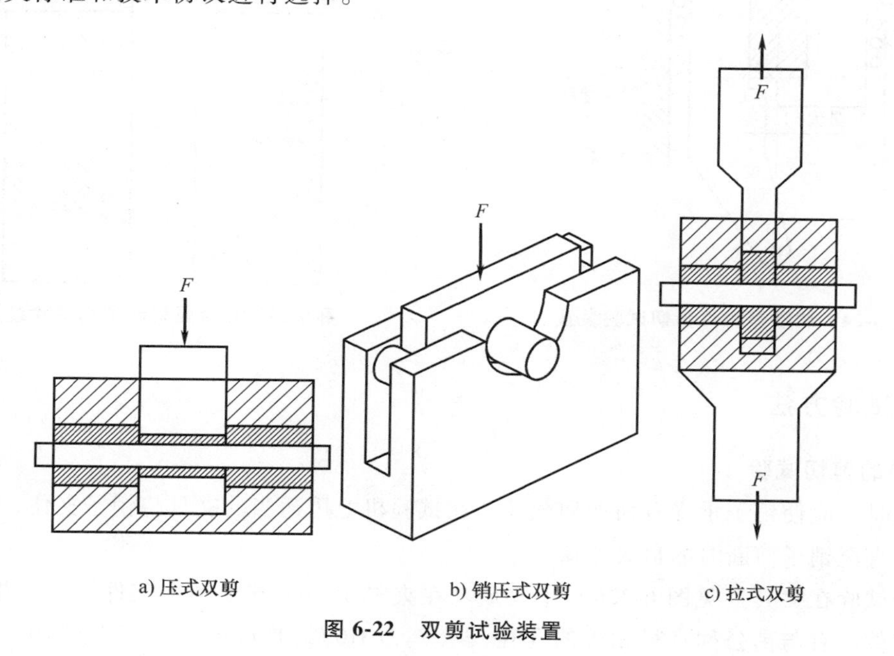

a) 压式双剪 b) 销压式双剪 c) 拉式双剪

图 6-22 双剪试验装置

（3）冲孔剪切试验装置 冲孔剪切试验装置如图 6-23 所示。

（4）制动器衬片剪切试验装置 车辆的制动器衬片剪切试验通常采用专用的剪切试验装置进行，如图 6-24 所示。

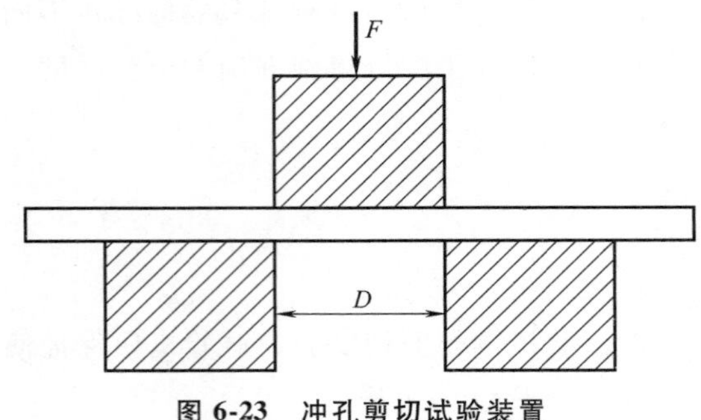

图 6-23　冲孔剪切试验装置

（5）双金属材料剪切试验装置　双金属材料的剪切试验主要是为了测试金属间的结合力，试验装置如图 6-25 所示。

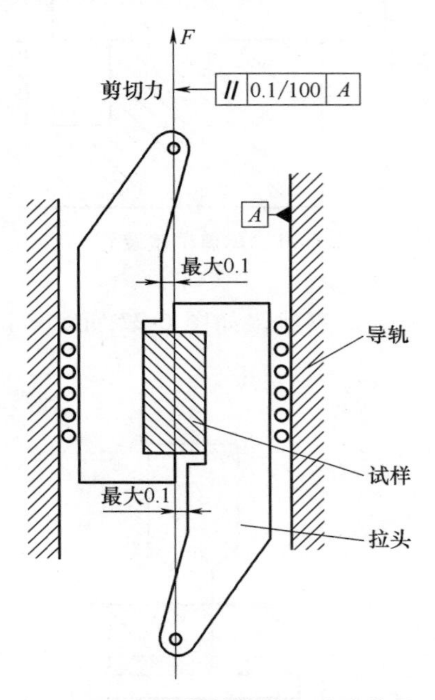

图 6-24　制动器衬片剪切试验装置

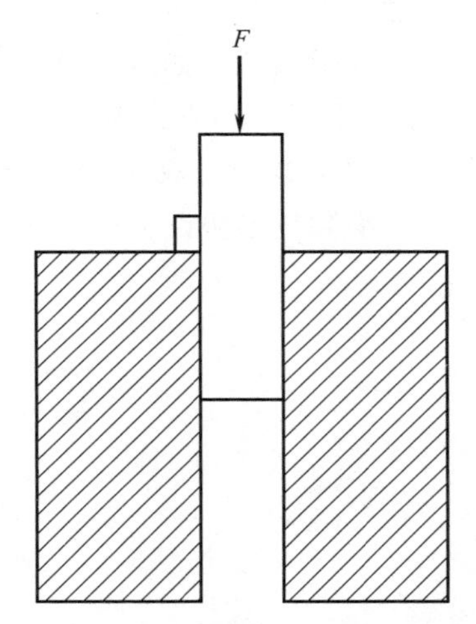

图 6-25　双金属材料剪切试验装置

6.4.3　试验方法

1. 销的剪切试验

试验时，应使销子承受双面剪切载荷。在试验机上用适当的夹具将销子夹住，并施加载荷，记录直至销子剪断时的最大载荷。

剪切试验在夹具（见图 6-22b）中完成。在夹具中销子支承各个零件。为了施加载荷，各配合零件应有与销公称直径相等的孔径（公差为 H6），且硬度不低于 HV700。支承零件与加载零件间的间隙不应超过 0.15mm。剪切面与销的每一末端面应最少留有一倍销径的距离，同时两剪切面间的间隔最少应为二倍销径。当销子太短而不能做双面剪切试验时，应改用两个销子同时做单面剪切试验。弹性销在试验夹具中的安装应使槽口向上。

销子应试验到剪断为止。当试验载荷达到最大载荷的同时销子断裂，或者未达到最大载荷之前销子断裂，都认为是销子的双面剪切载荷。销子经剪切强度试验后断裂口应为没有纵向裂纹的韧性切口。试验速率应不超过 13mm/min。

2. 烧结金属多孔材料剪切试验

在烧结金属多孔板材上取直径为 60mm 的片样，样品应平整，无油污、刮痕、裂纹及毛刺。

采用图 6-23 所示试验装置（夹具），夹具硬度为 56~60HRC，冲头硬度为 60~64HRC。对片样从上往下施加轴向外力直至试样剪切断裂，加载速度为 0.5~2mm/min。在施力的过程中，施力方向应在同一中心线上。

3. 烧结双金属材料剪切试验

将双金属试样的钢基体部分装入剪切试验夹具内，粉末冶金烧结层（复层）位于试验夹具端面上。给钢基体施加载荷，复层受到一个相反的力，从而使双金属结合面受到剪切力的作用，使复层产生位移，直至与钢基体脱离。根据载荷大小和受力面积，计算出抗剪强度。

试样用粉末冶金方法，在基体上做出烧结复合层，制成双金属材料，按图 6-26 中的尺寸加工试样。加工复层时不要伤及钢基体。

试验时，剪切面的两端宽度与长度在靠近结合面处测量。两次测量取算数平均值，面积计算精确到 $1mm^2$。将双金属剪切试样安放在试验装置上，再将试验装置放在试验机的固定位置，保持受力点作用在试样基体的中心线上，在不大于 50kN/s 的速度下平稳地加载，使烧结层复层从基体上沿结合面平行剪下。

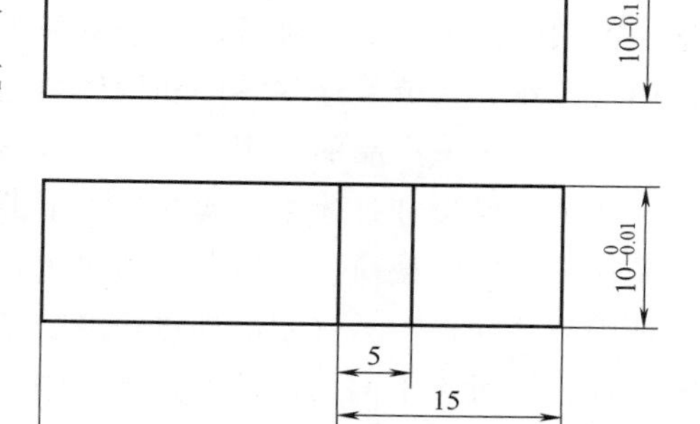

图 6-26 双金属材料试样

4. 制动衬片剪切试验

所选择的试样，受剪时的平面应与正常制动时的受力方向平行。试样尺寸如下：长度为 20mm±0.1mm；宽度为 20mm±0.1mm；厚度为 5mm±0.1mm 或 10mm±0.1mm。

试验装置（见图 6-24 所示）包括上、下拉头，两拉头之间相对滑动时的摩擦力应尽可能小，且间隙不得大于 0.1mm。拉头与导轨之间的摩擦应极小，或能予以记录，以便计算净加载力。两拉头均开槽，以容纳试样。试样与嵌槽应配合良好，以免受力时倾斜。剪切力通过夹具和试样两者的中线，并与导轨平行。导轨在 100mm 长度内的误差不得超过 0.1mm。

试验时，将试样置于试验装置（夹具）中，逐渐增加载荷，加载方向应平行于正常工作时的剪切方向。试验机加载时不应有冲击，加载速率为 4500N/s±500N/s。当剪切力高于 5000N 时，建议加载装置瞬时加载速率在 4500N/s±2250N/s 范围内。

抗剪强度的计算精确到三位有效数字。数值修约方法按 GB/T 8170—2008《数值修约规则与极限数值的表示和判定》进行。

试样剪断后如发生弯曲，或断口出现楔形、椭圆形等剪切截面，则试验结果无效，应重新取样进行试验。

第7章

金属材料疲劳试验

金属材料疲劳是材料、零部件在循环应力或循环应变作用下，在一处或几处逐渐产生局部永久性累积损伤，经一定循环次数后产生裂纹或突然发生完全断裂的过程。

据统计，在机械产品的断裂事故中，80%以上是由金属材料疲劳引起的。可以说，机械零件和工程构件，凡是承受的应力水平较高并循环变化，都有可能发生疲劳破坏。飞机、火车、船舶、汽车、矿山机械、工程机械等，其主要零件和结构件大多在循环载荷或随机载荷作用下工作，疲劳是这些零件和构件的主要失效形式。因此，研究机械零部件的疲劳强度设计，对提高机械产品的使用可靠性和寿命具有重要意义。

疲劳强度设计是建立在实验基础上的一门学科。想要得到真实的疲劳特性，最理想的方法是模拟真实的载荷及环境，对整机进行试验。但此方法成本太高，所以在实际的疲劳强度设计中，往往选取关键零部件进行疲劳试验。在关键零部件的疲劳试验中，需要消耗大量的零部件，且对于不同的设计方案需要制作不同的零部件，不仅成本较高，也不方便。因此，一般多用结构简单、造价低廉的标准试样进行疲劳试验，将标准试样的疲劳性能数据用于零部件的设计。可见，标准试样的疲劳试验是疲劳强度设计的重要环节。

7.1 疲劳试验基本概念

7.1.1 疲劳试验的分类

疲劳试验是用一组试样、模型或全尺寸零部件在循环载荷下进行试验以提供材料或零部件的某种疲劳数据的试验。根据破坏时的循环数的高低，可分为高周疲劳试验和低周疲劳试验。一般来说，失效循环周次$>5\times10^4$ 的称为高周疲劳，反之为低周疲劳。一般高周疲劳试验受应力幅控制，故又称应力疲劳试验，低周疲劳试验受应变幅控制，故又称应变疲劳试验。此外，疲劳试验还有以下多种分类方法。

按试验环境的不同，可分为室温疲劳试验、低温疲劳试验、高温疲劳试验、热疲劳试验、腐蚀疲劳试验、接触疲劳试验、微动磨损疲劳试验等。

按应力比可分为对称疲劳试验、非对称疲劳试验。非对称疲劳试验又可以分为单向加载疲劳试验和双向加载疲劳试验。单向加载疲劳试验又可以分为波动疲劳试验、脉动疲劳试验。

按试样的加载方式可分为拉-压疲劳试验、弯曲疲劳试验、扭转疲劳试验、复合应力疲劳试验。弯曲疲劳试验按照试样是否旋转又可分为旋转弯曲疲劳试验和平面弯曲疲劳试验；按照加载点和试样的支承方式的不同又可分为三点弯曲、四点弯曲、悬臂弯曲疲劳试验。

按应力循环的类型可分为等幅疲劳试验、变频疲劳试验、程序疲劳试验、随机疲劳试验等。等幅疲劳试验的平均应力及应力幅在试验中一直保持不变，是最常用的疲劳试验法。变频疲劳在试验过程中应力水平不变，但频率不断变化。程序疲劳试验中每个程序块的应力水平分为若干个等级，每个等级循环若干次，所有的程序块参数均相同。随机疲劳试验中的应力大小和应力方向都是随机发生，没有规律。

按试验目的可分为材料疲劳性能试验、疲劳设计系数试验和零部件疲劳试验。材料疲劳性能试验的目的是得到材料的应力-寿命曲线或 *S-N* 曲线或 *P-S-N* 曲线、疲劳极限等参数。疲劳设计系数试验的目的是得到表面加工系数、腐蚀系数、表面强化系数、疲劳缺口系数等对产品疲劳设计的影响。零部件疲劳试验的目的是得到零部件在疲劳载荷下的疲劳强度。

7.1.2 疲劳破坏机理及特征

金属的疲劳行为是材料在应力或应变的反复作用下，在局部逐渐产生永久性的累积损伤，经过一定的循环次数后产生裂纹或突然发生断裂的过程。它与静力破坏不同，金属材料经历循环载荷过程中，在局部应力或应变集中区产生循环塑性应变，随着载荷的反复作用，裂纹在这些区域薄弱点上开始形核，产生微裂纹，然后裂纹在塑性区进行扩展，逐步成长为可检测的宏观裂纹或工程裂纹，最后裂纹穿过塑性区继续扩展，直至断裂。该过程具体可以分为五个阶段：亚结构和显微结构发生变化伴随循环硬化或软化，微观裂纹萌生，微裂纹成长和合并形成主裂纹，主裂纹稳定扩展，主裂纹失稳扩展结构完全断裂。一般前两个阶段统称为疲劳裂纹的萌生阶段，后三个阶段称为疲劳裂纹的扩展阶段。

疲劳断口的宏观形貌分为三个区域，即疲劳源（源区）、裂纹扩展区（扩展区）和最后断裂区（瞬断区），如图 7-1 所示。

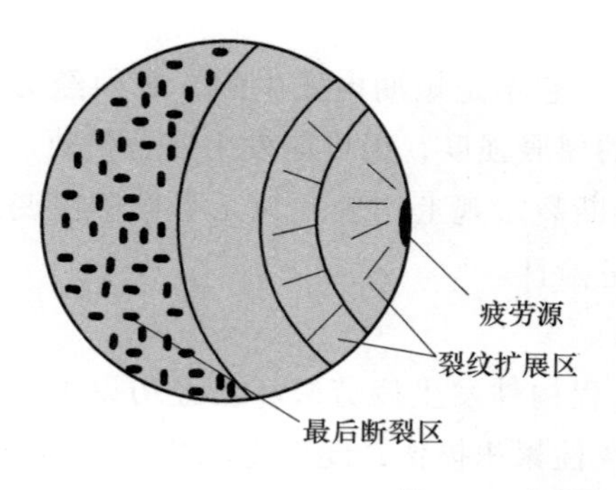

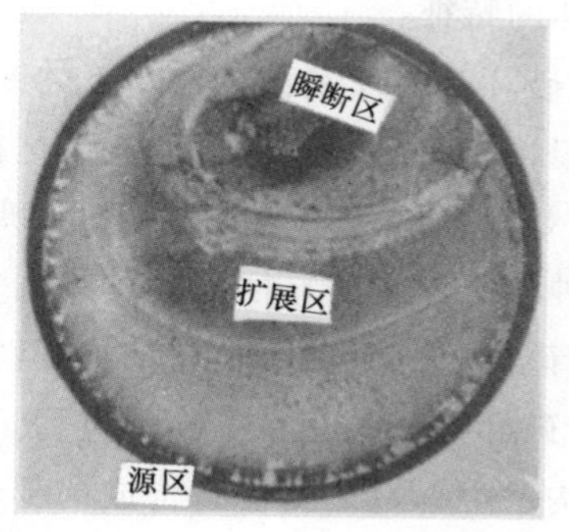

图 7-1 疲劳断口宏观形貌

疲劳源是疲劳裂纹的萌生地，该区一般位于构件的表面或内部缺陷处，可能一个，也可能多个。在断口上无法明显地看到裂纹萌生的许多细节，但根据疲劳断口的形貌特征仍可确定疲劳源的大体位置，如图 7-2 所示。

裂纹扩展区断面通常可见由载荷剧烈变动引起的形似“海滩”的海滩条带。海滩条带是疲劳断口的宏观基本特征，是判断结构断裂失效是否为疲劳断裂的重要依据，如图 7-3a 所示。

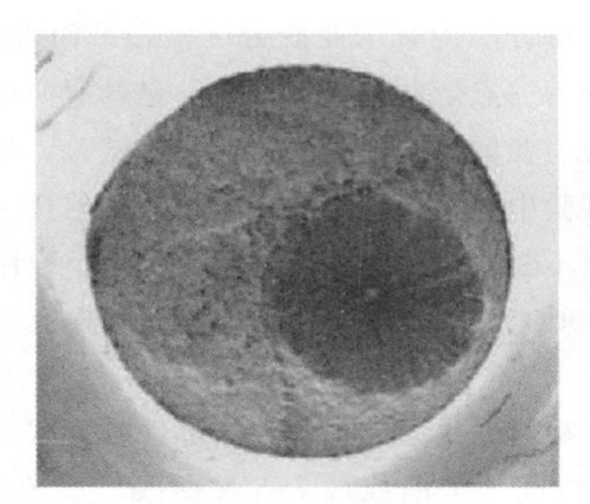
a) 疲劳源位于内部缺陷处

b) 疲劳源位于构件的表面

图 7-2 疲劳源

最后断裂区是裂纹扩展到剩余面积不足以承担最大疲劳载荷，最后发生静强度（过载）断裂失效形成的。最后断裂区形貌粗糙，如图 7-3b 所示。

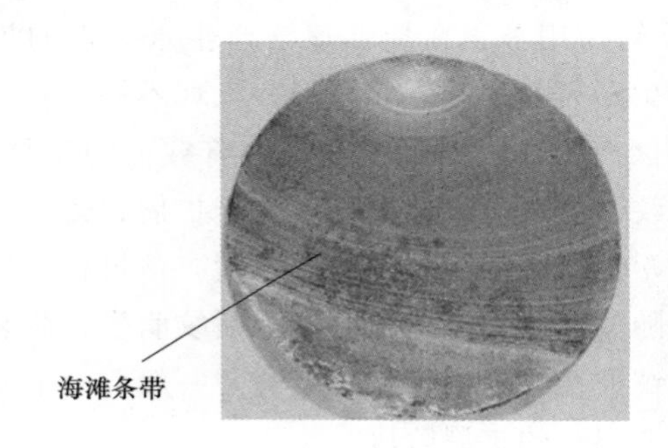

a) 裂纹扩展区

b) 最后断裂区

图 7-3 裂纹扩展区和最后断裂区

疲劳破坏的特征：

1）疲劳破坏是在反复载荷作用下的断裂，它不是短期内发生的，必须经历一定的循环周次才会断裂，即便是交变应力远低于材料的屈服强度，仍可能发生疲劳失效。

2）无论是塑性材料还是脆性材料，疲劳断裂宏观上均表现为无明显塑性变形的脆性断裂，所以这种断裂是无明显征兆并具有极大危险性。

3）疲劳破坏过程只限于材料的局部区域。

4）疲劳破坏是一种累积损伤的过程。工程构件发生疲劳破坏会经历以下几个过程：首先是微观结构发生一定的变化，构成局部永久性累积损伤；随后生成微裂纹，经过合并与长大，可能形成最终导致瞬时断裂的“主裂纹”；主裂纹经过扩展，使材料发生宏观不可恢复形变，甚至完全断裂。

7.1.3 应力-寿命曲线

应力-寿命曲线是表示一定循环特征下标准试样的循环应力与疲劳寿命之间关系的曲线，也称 S-N 曲线。一般来说，应力-寿命曲线可以用旋转弯曲疲劳试验机或高频拉压疲劳试验机控制载荷或应力，对标准试样进行疲劳试验得到。试验中记录试样在某一循环应力作用下断裂时的循环数或寿命 N。对一组试样施加不同应力幅的循环载荷，就得到一组破坏循环数。以循环应力中的最大应力 σ 为纵坐标，破坏循环数 N 为横坐标，根据试验数据，绘出应力-寿命曲线。

图 7-4 所示为用光滑试样控制载荷或应力得到的典型应力-寿命曲线，图中的点是试验数据点。

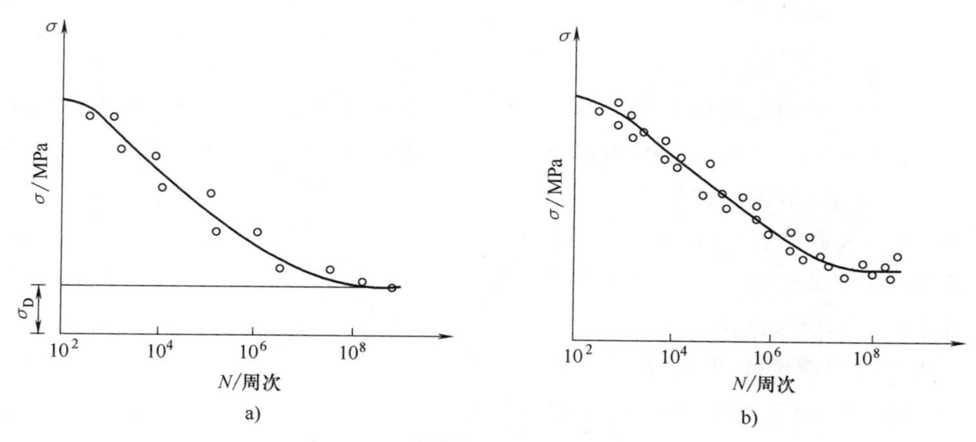

图 7-4　典型的应力-寿命曲线

图 7-4a 所示为每一应力水平用一个试样，曲线用最小二乘法绘出。图 7-4b 所示为每一应力水平用一组试样，如果在每一应力水平下取足够多的数据，那么所作的应力-寿命曲线通常穿过均值点。曲线的水平段表示材料经无限次应力循环而不破坏，与此相对应的最大应力表示光滑试样的疲劳极限 σ_D。结构钢在室温空气中试验得到的应力-寿命曲线有一水平渐近线，其纵坐标就是疲劳极限。当 $\sigma_{max}>\sigma_D$ 时，试样经有限次应力循环就发生破坏；当 $\sigma_{max}<\sigma_D$ 时，试样经无限次应力循环也不破坏。一般规定，钢铁材料若经 10^7 周次循环仍不破坏，就认为它可以承受无限次循环。在应力-寿命曲线上，小于 10^7 周次循环的点所对应的最大应力，称为材料在该循环数下的“条件疲劳极限”。铝合金材料的应力-寿命曲线没有水平段，常以一定的破坏循环数对应的最大应力作为条件疲劳极限。

上面所说的是对称循环应力下所做的疲劳试验，但很多零件中的应力是不对称循环应力。图 7-5 所示为等幅不对称循环应力，图中标出了最大应力 σ_{max}，最小应力 σ_{min}，应力幅 σ_a 和平均应力 σ_m。

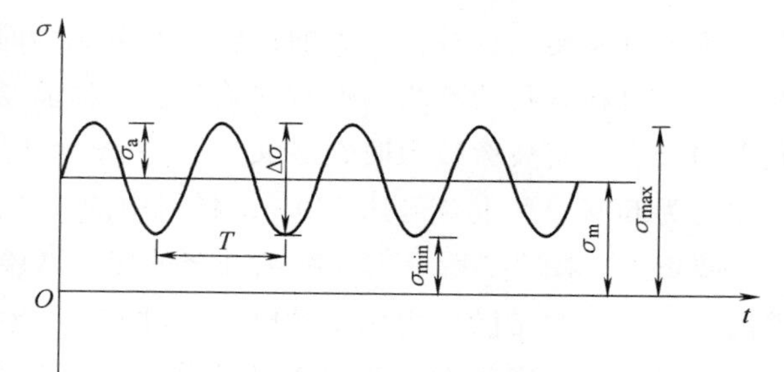

图 7-5　等幅不对称循环应力

T——一个周期的时间

在循环应力中，以拉应力为正，压应力为负，σ_{max} 是具有最大代数值的应力，σ_{min} 是具有最小代数值的应力。

应力幅 σ_a 是最大应力与最小应力差值的一半，表示为

$$\sigma_a=\frac{\sigma_{max}-\sigma_{min}}{2} \tag{7-1}$$

平均应力 σ_m 是最大应力与最小应力之和的一半，表示为

$$\sigma_m=\frac{\sigma_{max}+\sigma_{min}}{2} \tag{7-2}$$

应力比 R 是最小应力与最大应力之比，表示为

$$R=\frac{\sigma_{min}}{\sigma_{max}} \tag{7-3}$$

当 $R=-1$ 时，为对称循环应力；当 $R=0$ 时，为脉动循环应力；当 $R=1$ 时，为静应力。$R\neq\pm1$ 的各种循环应力统称为不对称循环应力。一般来说，拉应力是有害的，它使疲劳寿命缩短；压应力是有利的，它使疲劳寿命延长。

图 7-6 所示为双对数坐标的应力-寿命曲线，可以近似地看作由两条直线组成，一条是斜直线，一条是平行于横坐标轴的直线。

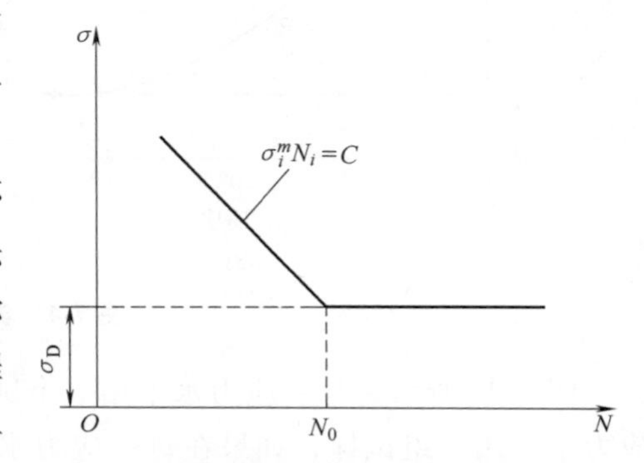

图 7-6 双对数坐标的应力-寿命曲线

两直线交点的横坐标用 N_0 表示，称为“循环基数”，如钢的 N_0 约为 10^7；两直线交点的纵坐标就是疲劳极限 σ_D。按 σ_D 进行的疲劳强度设计，称为无限寿命设计。应力-寿命曲线斜线部分的方程式为 $\sigma_i^m N_i=C$，式中的 m 和 C 是材料常数。斜线上任一点的坐标为（N_i，σ_i），规定一个 N_i，就有对应的 σ_i 值，这个 σ_i 值称为 N_i 的“条件疲劳极限”。按条件疲劳极限进行的疲劳强度设计，称为有限寿命设计。或者说，图 7-6 中 N_0 右侧的区域为无限寿命设计区域，N_0 左侧的区域为有限寿命设计区域。

7.1.4 疲劳试验结果的分散性和 *P-S-N* 曲线

疲劳试验属于分散性较大的试验。疲劳试验时的载荷波动、试样装夹精度、试样表面状态，以及材料本身的不均匀性或缺陷都会对试验结果构成影响，造成试验数据的分散性。研究表明，在测定疲劳极限时，名义应力在试验机允许的范围内波动 30%所引起的疲劳寿命误差约为 60%，严重者可达 120%；材料中的非金属夹杂物含量及其形态也对疲劳试验结果有重要影响。图 7-7 所示为一种铝合金的疲劳试验结果，可见试验数据分布在相当广的分散带内。疲劳分散带随应力水平的降低而加宽，随材料强度的提高而加宽。

如果按存活率为 50%的 *S-N* 曲线作为设计依据，意味着有 50%的产品在达到预期寿命之前会出现早期破坏。在工程实践中，对一些重要场合，需要严格控制存活，因此作为设计依据的 *S-N* 曲线上应同时标明存活率 P，作出 *P-S-N* 曲线。例如，存活率 $P=99.9\%$ 的 *S-N* 曲线给出的寿命 N，表示 1000 个产品中只可能有一个出现早期失效。图 7-8 所示的 *P-S-N* 曲线上，标明了三个不同应力水平下的疲劳试验数据和相应的存活率分布。图 7-8 中曲线 *AB* 为 $P=50\%$ 的 *S-N* 曲线；*CD* 为 $P=99.99\%$ 的 *S-N* 曲线；*EF* 为 $P=99.9\%$ 的 *S-N* 曲线。

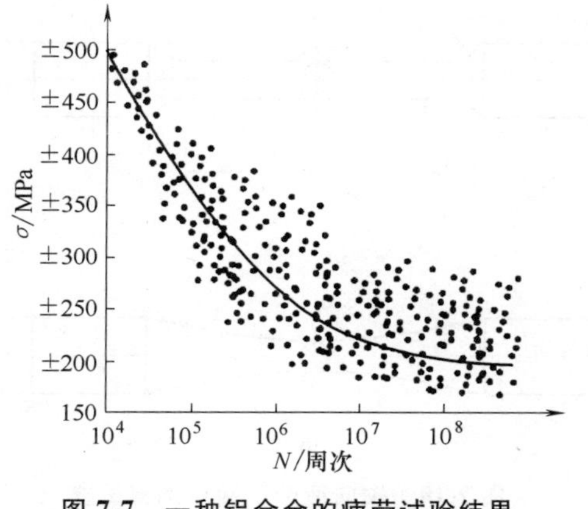

图 7-7　一种铝合金的疲劳试验结果

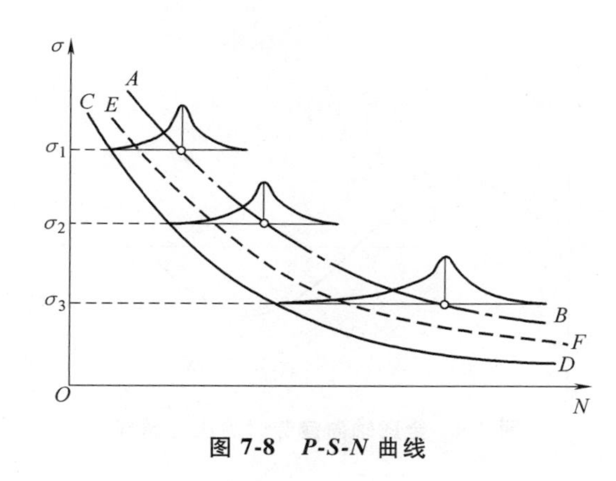

图 7-8　*P-S-N* 曲线

7.2　高周疲劳试验

7.2.1　金属轴向疲劳试验

金属轴向疲劳试验是一种常用的高周疲劳试验方法。这种试验方法设备简单、成本低，且多年来积累了大量的试验数据，得到广泛的采用。金属轴向疲劳试验一般利用高频疲劳试验机进行试验，常用的高频疲劳试验机为电磁谐振疲劳试验机。电磁谐振疲劳试验机的工作原理是利用系统的共振现象来工作的。电磁谐振疲劳试验机的机械结构是由机架、电磁振动器、振动弹簧、载荷传感器、试样和配重质量块组成整机的振动系统。电磁振动器提供振动动力，形成振动源。若电磁振动器输出的激振力的频率相位值与整机系统的固有频率相同，则整个振动系统产生共振，配重质量块在整机上产生共振现象，输出的惯性力往复作用于被测试样上，以此完成疲劳测试。

若无特殊要求，在进行金属轴向疲劳试验时，通常采用应力比 $R=-1$ 的对称循环载荷。金属轴向疲劳试验应力循环如图 7-9 所示。

1. 试样加工

轴向疲劳试验所用圆棒试样有两种形式，如图 7-10 所示。加工试样时，取样位置、方向应该严格按照有关标准进行。在进行机械加工时，应选择合适的机械加工流程，避免产生残余应力，试样的表面粗糙度 Ra 应不大于 0.2μm。另外，试样不应该有机械加工刮伤的存在，因此加工圆棒试样的最后工序应该消除在车削工序中产生的圆周方向上的划痕。如果试样在粗加工后要进行热处理，最好在热处理后进行最终的抛光处理，否则热处理最好在真空或惰性气体中进行，以防试样氧化。

2. 试验设备

试验应在拉压试验机上进行。完整的试验机加力系统（包括力传感器、夹具和试样）应该具有较好的侧向刚度和同轴度，并且具备施加要求波形循环时的控制和测量力的能力。力传感器的量程和等级应适合试验力，并且准确度应优于 1%。疲劳试验机一般使用频率范

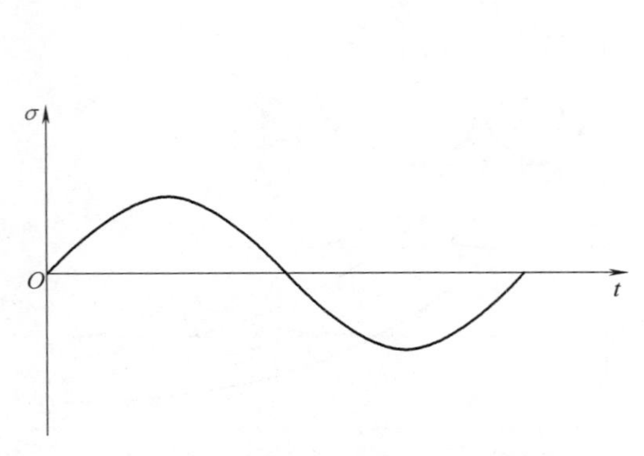

图 7-9 金属轴向疲劳试验应力循环

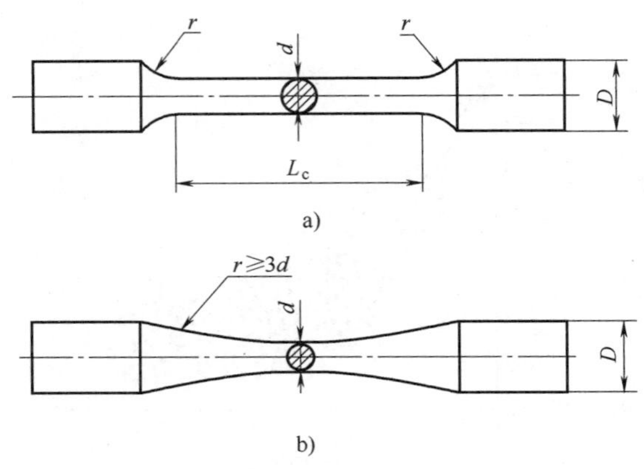

图 7-10 轴向疲劳试验用圆棒试样

围为 5~300Hz。在每一组试验前都要求检查同轴度，试验机不同轴产生的弯曲应变应不大于 5%的轴向变形。

3. 试样装夹

装夹试样时，应保证试样定位在上、下夹头间以便轴向加力，同时可以采用施加预定应力模式。夹具设计要保证圆形横截面试样在两端螺纹连接时不会由于锁紧螺母的紧固而产生的扭转应力施加在试样上。在一些使用螺纹试样的场合，配合平面和同轴面上的一部分力沿着螺纹分布能减小加紧扭矩。一组试样中每个试样的加力程序应保持一致，平均力应该保持在力值范围的±1%内。

7.2.2 试验方法

1. 单点试验法

单点试验法是将试验应力水平 σ_i 由高到低分为若干个等级，每个等级采用一根试样进行疲劳试验，得到各应力水平对应的疲劳寿命。最高应力水平 σ_{max} 可根据材料的抗拉强度 R_m 来估算，一般选取 $\sigma_{max}=(0.6\sim0.7)R_m$，试验从 σ_{max} 开始进行，然后逐级降低。一般来说，单点试验法至少需要 10 根试样，1 根用于抗拉强度 R_m 的测定，7~8 根用作疲劳试验，1~2 根作为备用。

正式试验时，先取一根试样进行室温拉伸试验，得到抗拉强度 R_m，根据得到的 R_m 确定最高应力水平 σ_{max}。第 1 根疲劳试样采用 σ_{max} 进行试验，后面的几根试样应力水平根据实际情况逐级降低。一般来说，高应力水平的间隔可以稍大一些，低应力水平的间隔稍小一些。假设应力水平为 σ_i 时断裂，而 σ_{i+1} 未断裂（$\sigma_i>\sigma_{i+1}$），且（$\sigma_i-\sigma_{i+1}$）$<5\%\ \sigma_{i+1}$，则疲劳极限为（$\sigma_i+\sigma_{i+1}$）/2；若（$\sigma_i-\sigma_{i+1}$）$>5\%\sigma_{i+1}$，则取第 $i+2$ 根试样，在应力水平 $\sigma_{i+2}=(\sigma_i+\sigma_{i+1})/2$ 进行试验，再按上述原则进行判定。

例如，第 5 根试样在 200MPa 的应力作用下断裂，第 6 根试样在 195MPa 的应力作用下未断裂，200MPa − 195MPa = 5MPa < 195MPa × 5% = 9.75MPa，则该材料的疲劳极限为 (200MPa+195MPa)/2 = 197.5MPa。若第 6 根在 190MPa 应力下未断裂，200MPa−190MPa = 10MPa>190MPa×5% = 9.5MPa，则取第 7 根试样，在（200MPa+190MPa)/2 = 195MPa 应力下进

行试验。若第 7 根断裂，由于（195MPa−190MPa）= 5MPa<190MPa×5%＝9.5MPa，则该材料疲劳极限为（195MPa+190MPa）/2＝192.5MPa。若第 7 根未断裂，由于（200MPa−195MPa）= 5MPa<195MPa×5%＝9.75MPa，则该材料的疲劳极限为（200MPa+195MPa）/2＝197.5MPa。

根据各试样在规定应力下的循环次数及测得的疲劳极限，即可画出该材料的应力-寿命曲线。

需要注意的是，在测定疲劳极限时，为保证试验结果的可靠度，至少应有两根试样达到试验循环基数而不破坏。

2. 升降法

单点试验法是测定疲劳极限的一种较为简便的方法，当在邻近的两个应力水平作用下得到相反的试验结果时（一个断裂，另一个未断裂），则这两个应力的平均值就是疲劳极限。但是，由于试验是在低应力水平下进行的，试验结果分散性较大，因此不能给出疲劳极限的精确值。为了比较准确地测定出疲劳极限（或条件疲劳极限），可以利用升降法。

利用升降法时，试验从高于疲劳极限的应力水平开始，然后逐级降低。在整个过程中，各级应力之差 $\Delta\sigma$（应力增量）保持不变。如图 7-11 所示，第 1 根试样的试验应力为 σ_0，该试样在未达到指定寿命 $N=10^7$ 周次之前发生了破坏，于是第 2 根试样在低一级的应力 σ_1 下进行试验。一直到第 4 根试样时，因该试样在 σ_3 作用下经 10^7 周次循环没有断裂，故第 5 根试样在高一级的应力 σ_2 下进行试验。按此原则，凡前一根试样不到 10^7 周次循环破坏，则随后的一次试验就要在低一级的应力下进行；凡前一根试样未破坏，则随后的一次试验就要在高一级的应力下进行，直至完成全部试验为止。

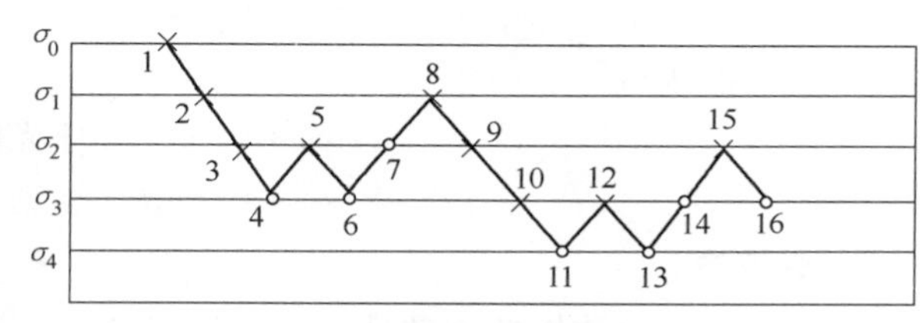

图 7-11　升降法

图 7-11 所示为 16 根试样的试验结果。处理试验结果时，将第一对出现相反结果以前的数据均舍弃。如图 7-11 中的数据点 3 和点 4 是第一对出现的相反结果，因此数据点 1 和点 2 均舍弃（若在以后的应力波动范围以内，则可作为有效数据加以利用），而第一次出现相反结果的数据点 3 和点 4 的应力平均值 $(\sigma_2+\sigma_3)/2$ 就是常规试验法给出的疲劳极限值。同样，第二次出现相反结果的数据点 5 和点 6 的应力平均值也是常规试验法给出的疲劳极限。如此，将所有邻近出现相反结果的数据点都配成对子：7 和 8、10 和 11、12 和 13、15 和 16。最后，对于不能直接配对的数据点 9 和 14，也可以凑成一对，共有 7 个对子。由这 7 对应力求得的 7 个疲劳极限的平均值，即可作为疲劳极限的精确值 σ_D。

$$\sigma_D=\frac{1}{7}\left(\frac{\sigma_2+\sigma_3}{2}+\frac{\sigma_2+\sigma_3}{2}+\frac{\sigma_1+\sigma_2}{2}+\frac{\sigma_3+\sigma_4}{2}+\frac{\sigma_3+\sigma_4}{2}+\frac{\sigma_2+\sigma_3}{2}+\frac{\sigma_2+\sigma_3}{2}\right)$$
$$=\frac{1}{14}(\sigma_1+5\sigma_2+6\sigma_3+2\sigma_4)$$

由上式可以看到，括号内各级应力前的系数代表在各级应力下试验进行的次数。若以 v_i 表示在第 i 级应力 σ_i 下进行的试验次数，n 表示有效试验总次数，m 表示应力水平的级数，

则疲劳极限 σ_D 的一般表达式可写为

$$\sigma_D=\frac{1}{n}(v_1\sigma_1+v_1\sigma_1+\cdots+v_m\sigma_m)=\frac{1}{n}\sum_{i=1}^{m}v_i\sigma_i \tag{7-4}$$

式 7-4 表明，σ_D 是以试验次数为权的加权应力平均值。

升降法试验最好在四级应力水平下进行。当完成了第 6 根或第 7 根试样的试验后，就可以按式 7-4 开始计算 σ_D 值，并陆续计算出第 8、9、10 根等各试样试验后的 σ_D 值。当这些数值的变化越来越小，趋于稳定时，试验即可停止。将完成最后一根试样试验所计算出的 σ_D 值，作为疲劳极限。一般情况下，大概需要 10 余根试样。

在选取试验的起点应力时，可根据单点试验法测得粗略的疲劳极限，以略高于疲劳极限的应力水平作为试验的起点，以单点试验法中得到的 4%~5%的疲劳极限作为应力增量。若没有条件进行单点试验，可根据该材料的疲劳极限与抗拉强度的经验关系来估计 σ_D。

对碳素钢和合金钢：

$$\sigma_D\approx0.44R_m\text{（光滑试样）}$$
$$\sigma_D\approx0.52R_m\text{（漏斗形试样）}$$

对球墨铸铁：

$$\sigma_D\approx0.34R_m\text{（珠光体铸铁）}$$
$$\sigma_D\approx0.48R_m\text{（铁素体铸铁）}$$

3. 成组法

由于疲劳试验数据的离散性较大，所以按单点试验法在每个应力水平下只用一个试样得到的应力-寿命曲线精度较差，只能用于对精确度要求不高的疲劳设计。为了得到较精确的应力-寿命曲线，需要采用成组法，即在每个应力水平下使用一组试样来进行试验。

在成组法中，应该按照经济可靠的原则来确定每组试样的数量。在大多数情况下，随着应力水平的降低，疲劳寿命的离散性增加，所以低应力水平所用的试样数应该比高应力水平多。如果取样数量太少，那么试验结果的误差较大；如果取样数量太多，则会浪费材料和时间。为了确定合适的试样数量，可从母体均值 μ 的区间估计式进行分析：

$$\bar{x}-t_\alpha\frac{s}{\sqrt{n}}<\mu<\bar{x}+t_\alpha\frac{s}{\sqrt{n}} \tag{7-5}$$

式中 $\bar{x}$——子样均值；

s——子样标准差；

n——子样容量；

t_α——t 分布极限值。

当给出置信水平 $\gamma=1-\alpha$ 及自由度 $\nu=n-1$ 时，t_α 可由 t 分布函数表查得。

将式（7-5）进行移项，可以得到子样均值 $\bar{x}$ 的误差估计式：

$$-\frac{st_\alpha}{\bar{x}\sqrt{n}}<\frac{\mu-\bar{x}}{\bar{x}}<\frac{st_\alpha}{\bar{x}\sqrt{n}} \tag{7-6}$$

式中 $\frac{\mu-\bar{x}}{\bar{x}}$——子样均值的相对误差。

式（7-6）表明，用子样均值作为母体均值估计量时，有 γ 的概率误差位于置信区间 $\left(-\frac{st_\alpha}{\bar{x}\sqrt{n}}, \frac{st_\alpha}{\bar{x}\sqrt{n}}\right)$ 以内。用 δ 表示误差限度，即

$$\delta=\frac{st_\alpha}{\bar{x}\sqrt{n}} \tag{7-7}$$

设 $\gamma=95\%$，将由一组 n 个观测值求得的 $\bar{x}$ 和 s 代入式（7-7），即可计算出 δ 值。此时，有 95%的把握，$\bar{x}$ 的误差不超过 δ。式（7-7）还可写成下面形式：

$$\frac{s}{\bar{x}}=\frac{\delta\sqrt{n}}{t_\alpha} \tag{7-8}$$

式中 $s/\bar{x}$——变异系数。

若给定置信水平 γ 和误差限度 δ，则变异系数 $s/\bar{x}$ 可看成是试样个数 n 的函数。根据一般工程误差的允许范围，选取 $\delta=5\%$，则由式（7-8）可画出 $s/\bar{x}$ 和 n 的关系曲线，如图 7-12 所示。图 7-12 中的两条曲线分别对应 $\gamma=95\%$ 和 $\gamma=90\%$，δ 都取 5%。

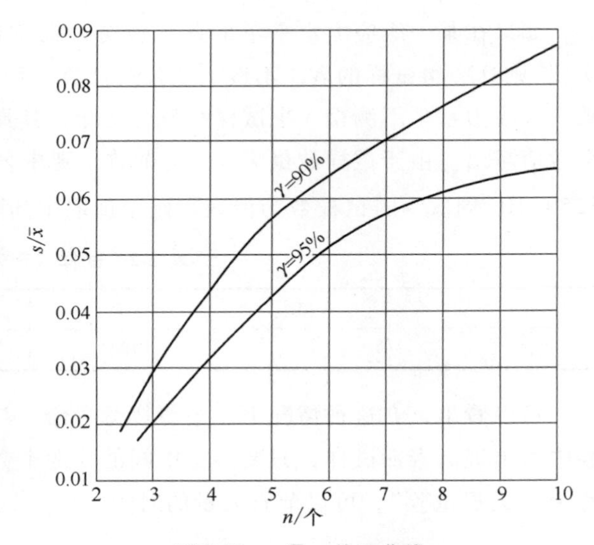

图 7-12 $s/\bar{x}$-n 关系曲线

利用图 7-12 的曲线，即可根据试验结果判定所选取的子样容量 n 是否适当。例如，在某一应力水平下，选用 5 个试样进行试验，依据这 5 个试样的试验数据，可以计算出变异系数 $s/\bar{x}$。再利用图 7-12 中的曲线，若与 $s/\bar{x}$ 对应的 n 值介于 4 和 5 之间，则表示所选取的试样数量适当；若对应的 n 值大于 5，则表示选取的试样数量不足，为使误差不超过 5%，还必须增加试样数量。对于各级应力水平，都需要按此方法确定适当的试样数量，以达到同一精度。

在每一应力水平下，对一组试样的试验结果进行统计分析，可以求得具有某一失效概率 P 的安全寿命 N_P。将 4~5 个不同应力水平下分别求出的安全寿命绘制为相应数据点，用曲线拟合各数据点，即可作出 P-S-N 曲线。当失效概率 $P=50\%$时，得到中值疲劳寿命 N_{50}，据此画出常规疲劳试验的应力-寿命曲线。

在测定过程中需要注意以下两点：

1）确定各级应力水平。在 4~5 级应力水平中的第一级应力水平 σ_1：对光滑圆试样，取 $(0.6\sim0.7)R_m$；对缺口试样，取 $(0.3\sim0.4)R_m$。第二级应力水平 σ_2 比 σ_1 减少 20~40MPa，以后各级应力水平依次减少。

2）每一级应力水平下的中值疲劳寿命 N_{50} 或 $\lg N_{50}$ 的计算，将每一级应力水平下测得的疲劳寿命 N_1、N_2、N_3、…、N_n，代入下式：

$$\lg N_{50}=\frac{1}{n}\sum_{i=1}^{n}\lg N_i$$

计算中值疲劳寿命 N_{50}，即

$$N_{50}=\lg^{-1}\lg N_{50} \tag{7-9}$$

例如，在某一级应力水平下测得 5 个试样的疲劳寿命，见表 7-1。

表 7-1 试样疲劳寿命（一）

试样编号	1	2	3	4	5
N/千周	213	265	321	339	401
$\lg N$	2.328	2.423	2.507	2.530	2.603

$$\lg N_{50}=\frac{1}{5}(2.328+2.423+2.507+2.530+2.603)=2.478$$

$$N_{50}=300.6\text{ 千周}$$

如果在某一级应力水平下的各个疲劳寿命中出现越出情况（即大于规定的 10^7 循环周次），则这一组试样的 N_{50} 不按上述公式计算，而取这一组疲劳寿命排列的中值。例如，在某一级应力水平下测得 5 个试样的疲劳寿命，其具体数据表 7-2。从表 7-2 中可以看到，第 5 个数值越出。由于试样数量为 5，是奇数，则中值就是中间的第 3 个疲劳寿命值，即 $N_{50}=3250\times10^3$ 周次。若试样数为偶数，则中值取中间两个数的平均值。

表 7-2 试样疲劳寿命（二）

试样编号	1	2	3	4	5
N/千周	891	1041	3250	6981	11253

可以看出，在这种情况下，中值疲劳寿命只与中间的一两个数值有关。因此，在一组试验中若出现高寿命试样，只要不是中间的一两个数值，就不用再继续试验至破坏。这种试验称为“夭折试验”，可以节省大量的时间。

7.2.3 应力-寿命曲线的绘制

根据各应力 σ 及各应力水平下的中值疲劳寿命 N_{50}，就可以绘制出应力-寿命曲线。通常有两种方法，即逐点描绘法和直线拟合法。

1. 逐点描绘法

用曲线把各数据点光滑地连接起来，使曲线两侧的数据点与曲线的偏离大致相等，如图 7-13 所示。在用逐点描绘法绘制应力-寿命曲线时，按升降法测得的条件疲劳极限也可以和成组法试验数据点合并在一起，绘制成从有限寿命到长寿命的完整的应力-寿命曲线。图 7-13 所示为某铝合金在 $R=0.1$ 条件下绘制的典型应力-寿命曲线。

2. 直线拟合法

由于疲劳设计上的需要，对某些金属材料常用直线拟合上述成组法试验数据点。在拟合数据时，常用“最小二乘法”。假设拟合直线方程是

$$\lg N=a+b\sigma \tag{7-10}$$

式中 a 和 b——待定常数，由下列公式计算：

$$a=\frac{1}{n}\sum_{i=1}^{n}\lg N_i-\frac{b}{n}\sum_{i=1}^{n}\sigma_i \tag{7-11}$$

$$b=\frac{\sum_{i=1}^{n}\sigma_i\lg N_i-\frac{1}{n}\left(\sum_{i=1}^{n}\sigma_i\right)\left(\sum_{i=1}^{n}\lg N_i\right)}{\sum_{i=1}^{n}\sigma_i^2-\frac{1}{n}\left(\sum_{i=1}^{n}\sigma_i\right)^2} \tag{7-12}$$

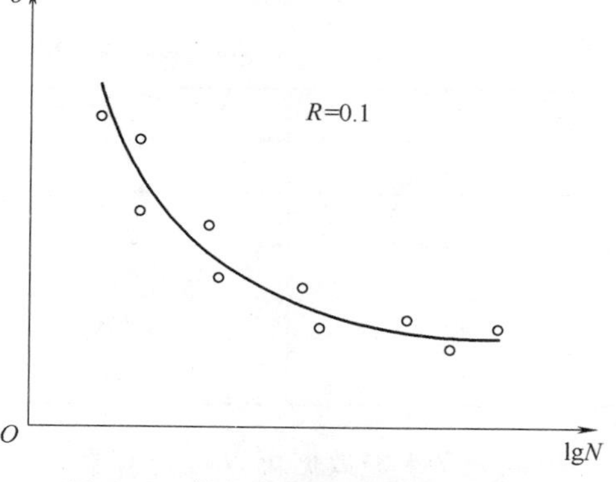

图 7-13 某铝合金的应力-寿命曲线

式中 n——拟合的数据点个数；

σ_i——第 i 个数据点的应力幅值（MPa）；

N_i——第 i 个数据点的疲劳寿命。

需要注意的是，用最小二乘法拟合直线时，只有当两个变量之间存在一定的线性关系时才有意义。变量间的相关性可以用相关系数 r 来检验：

$$r=\frac{L_{SN}}{\sqrt{L_{SS}L_{NN}}} \tag{7-13}$$

式中 L_{SN}、L_{SS}、L_{NN}——与 n 个数据点的应力 σ_i 及疲劳寿命 N_i 有关的量，由下列公式计算：

$$L_{SN}=\sum_{i=1}^{n}\sigma_i\lg N_i-\frac{1}{n}\left(\sum_{i=1}^{n}\sigma_i\right)\left(\sum_{i=1}^{n}\lg N_i\right) \tag{7-14}$$

$$L_{SS}=\sum_{i=1}^{n}\sigma_i^2-\frac{1}{n}\left(\sum_{i=1}^{n}\sigma_i\right)^2 \tag{7-15}$$

$$L_{NN}=\sum_{i=1}^{n}(\lg N_i)^2-\frac{1}{n}\left(\sum_{i=1}^{n}\lg N_i\right)^2 \tag{7-16}$$

r 的绝对值越接近 1，说明变量之间的相关性越好。表 7-3 列出了相关系数的临界值。只有当 $|r|$ 大于表中的临界值时，用直线来拟合各数据点才有意义。

表 7-3 相关系数的临界值

$n-2$	临界值	$n-2$	临界值	$n-2$	临界值	$n-2$	临界值
1	0.997	11	0.553	21	0.413	35	0.325
2	0.950	12	0.532	22	0.404	40	0.304
3	0.878	13	0.514	23	0.396	45	0.288
4	0.811	14	0.497	24	0.388	50	0.273
5	0.754	15	0.482	25	0.381	60	0.250
6	0.707	16	0.468	26	0.374	70	0.232
7	0.666	17	0.456	27	0.367	80	0.217
8	0.632	18	0.444	28	0.361	90	0.205
9	0.602	19	0.433	29	0.355	100	0.195
10	0.576	20	0.423	30	0.349	—	—

下面结合表 7-4 中所列的 30CrMnSi 钢的成组法试验数据，介绍直线拟合方法。

表 7-4　30CrMnSi 钢成组法试验数据

序号	σ/MPa	N_i/千周	$\lg N_i$
1	700	159	5.2014
2	660	274	5.4378
3	630	428	5.6314
4	610	639	5.8055
5	590	709	5.8506

根据表 7-4 中数据可以拟合其直线方程：

$$\lg N = 9.52 - 0.00617\sigma \qquad (7\text{-}17)$$

按式 7-17 求出直线上任意两点的坐标，便可画出这条直线。设当 $\sigma = 710\text{MPa}$ 时，$\lg N = 9.52 - 0.00617 \times 710 = 5.14$；当 $\sigma = 620\text{MPa}$ 时，$\lg N = 9.52 - 0.00617 \times 620 = 5.69$。在 σ-$\lg N$ 坐标系中标出（710，5.14）和（620，5.69）两点，然后用直线相连。用直线拟合应力-寿命曲线时，一般仅拟合有限寿命区。将有限寿命区和长寿命的水平部分（该钢材的疲劳极限为 580.2MPa）用圆角过渡便是完整的应力-寿命曲线，如图 7-14 所示。

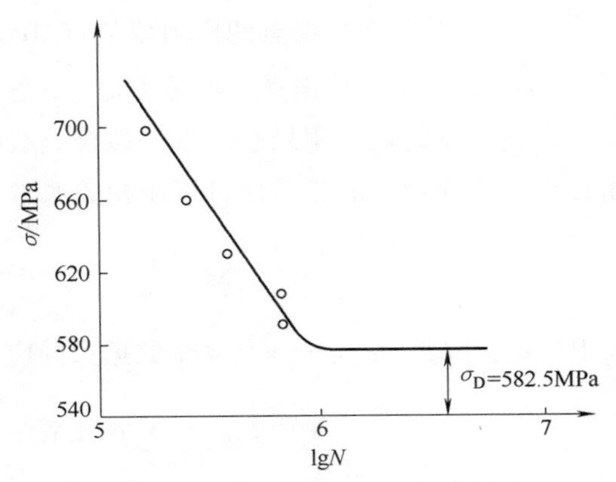

图 7-14　30CrMnSi 钢的应力-寿命曲线

7.3　低周疲劳试验

7.3.1　低周疲劳的特点

金属在循环载荷作用下，由于塑性应变的循环作用所引起的疲劳失效称为低周疲劳，也称为应变疲劳。一般来说，低周疲劳的失效次数为 $10^4 \sim 10^5$ 循环周次，加载频率通常为 0.01~1Hz。常见的低周疲劳失效零件有压力容器、反应堆、炮筒和飞机的起落架等。这些零件在循环加载过程中，应力水平很高，构件危险点的循环应力-应变关系因塑性应变较大而产生明显的迟滞后线，疲劳寿命低，材料处于塑性区工作，这种情况就属于低周疲劳研究的范畴。

低周疲劳的特点：

1）低周疲劳时，由于机件设计的循环许用应力比较高，加上实际机件不可避免地存在缺口应力集中，因而局部区域会产生宏观塑性变形，使应力应变之间不再呈直线关系，而形成循环回线。

2）低周疲劳时，因塑性变形量较大，不能用 σ-N_f 曲线，而应改用 $\Delta\varepsilon_t$-N_f 曲线描述材料的疲劳规律。因为当失效循环数 N_f 小于 10^4 周次时，试样表面应力达到屈服强度，故在 σ-N_f 曲线上有一段比较平坦。在这段曲线中，应力只要有少量变化，会对疲劳寿命产生很大的影响，所以用 σ-N_f 曲线时数据很分散，很难描述实际寿命变化，若改用 $\Delta\varepsilon_t$-N_f 曲线就比较清楚。

3）低周疲劳破坏有几个裂纹源，由于应力比较大，裂纹容易形核，其形核期较短，只占总寿命的10%。低周疲劳微观断口的疲劳带较粗，间距也宽一些，并且常常不连续。

4）低周疲劳寿命取决于塑性应变幅，而高周疲劳寿命则取决于应力幅或应力场强因子范围，但两者都是循环塑性变形累积损伤的结果。

7.3.2　低周疲劳基本理论

1. 迟滞后回线

低周疲劳分析的出发点是应变-寿命曲线和局部应力-应变法。低周疲劳的应力应变分析采用了局部应力-应变法。局部应力-应变法是二十世纪六十年代发展起来的一种方法，它是针对疲劳危险区小块材料在加载过程中的局部应力应变历程所发展起来的一种疲劳寿命估算方法。局部应力-应变法认为，零件和构件的整体疲劳性能取决于最危险部位的局部应力应变状态；循环塑性变形是造成疲劳损伤的根本原因；在描述材料的疲劳性能时，应变是比应力更直接的物理量。因此，它采用了弹塑性分析及材料在低周疲劳试验中的循环应力-应变响应，将载荷作用下的零件和构件在危险点的名义载荷转化为危险部位的局部应力-应变，并对其进行修正，然后根据相同应变条件下损伤相同的原则，采用光滑试样的低周疲劳试验所得的应变-寿命曲线估算危险部位的损伤。

低周疲劳时，构件局部区域会产生宏观塑性变形，使得应力应变之间不再呈直线关系，而形成循环回线。如图7-15所示，若拉伸载荷从 O 点加到 A 点后卸载至零，再加绝对值相等的压缩载荷，则曲线从 A 点开始先以斜率为弹性模量 E 的斜直线下行，然后开始反向屈服直到 B 点。若到 B 点后又重新加载，则以 E 为斜率上升然后屈服，返回到 A 点。加载和卸载的应力-应变迹线 ABA 形成一个闭环，称为迟滞回线或滞后环。

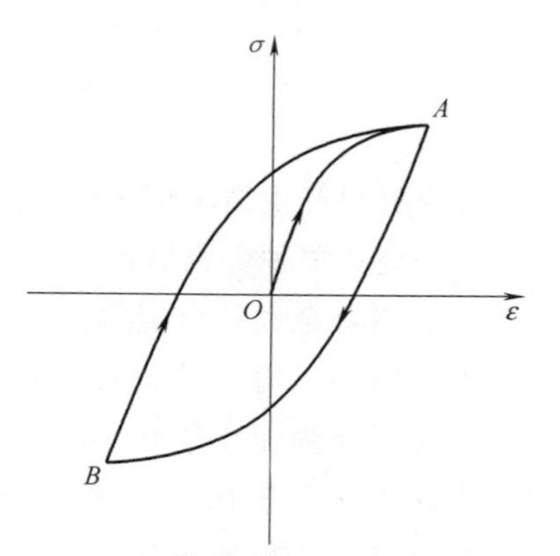

图7-15　应力-应变迟滞回线

迟滞回线所包围的面积代表材料塑性变形时外力所做的功或所消耗的能量，也表示材料抵抗循环塑性变形的能力。很明显，在弹性范围内循环加载时，理论上迟滞回线退化为一段斜率等于弹性模量 E 的直线段，其所包围的面积为零，即应力-应变关系一般不会形成应力-应变迟滞回线。

2. 循环应力响应曲线

当进行疲劳试验时，在循环载荷作用下，循环开始的应力-应变迟滞回线是不封闭的，只有经过一定周次后才形成封闭的迟滞回线。金属材料在循环开始状态过渡到循环稳定状态的过程，与其在循环应力及应变作用下的形变抗力变化有关，这种变化有两种情况，在循环过程中材料会发生循环硬化和循环软化。

当保持应变幅 $\Delta\varepsilon/2$ 恒定时，应力随循环次数的变化会出现两种情况：一种是应力响应随循环次数的增加而逐渐增大，然后达到稳定；另一种是应力响应随循环次数的增加而逐渐降低，随后达到稳定。当保持应力幅 $\Delta\sigma/2$ 恒定时，应变也会产生类似地变化。循环硬化是循环试验中的两种响应状态：①保持应变幅 $\Delta\varepsilon/2$ 为恒定时，应力随循环次数的增加而增大，然后达到稳定；②保持应力幅 $\Delta\sigma/2$ 恒定时，应变随循环次数的增加而降低，然后达到稳定。与循环硬化相比，循环软化则正好相反，如图 7-16 所示。

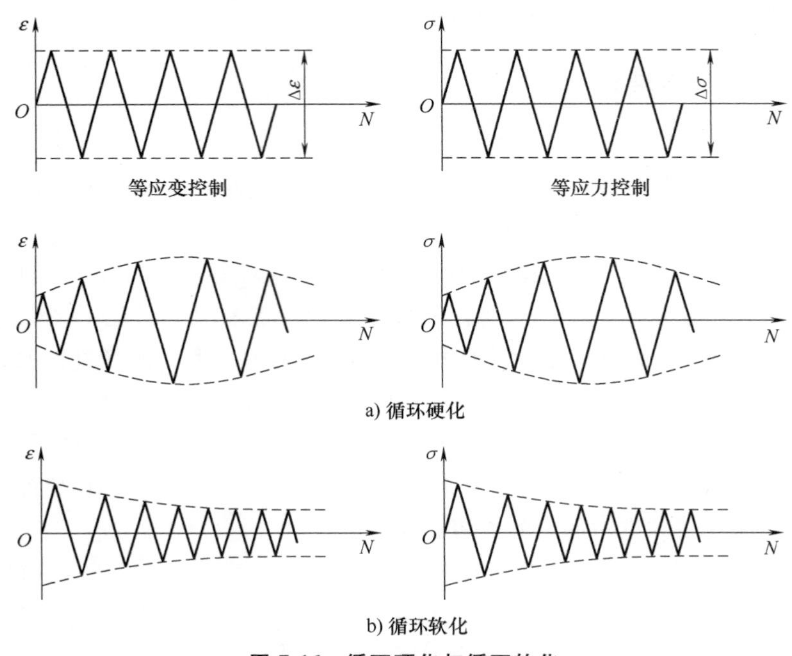

图 7-16　循环硬化与循环软化

金属材料产生循环硬化还是循环软化取决于材料的初始状态、结构特征，以及应变幅和温度等。究竟哪种金属材料会产生循环硬化，哪种金属材料会产生循环软化，很多学者对各种钢、铝合金和钛合金等进行了等应变幅控制的低周疲劳试验，在试验过程中测定应力水平，归纳后得出结论：材料产生循环硬化或循环软化取决于材料的屈强比 R_{eL}/R_m。一般来说，屈强比小于 0.7 时，材料产生循环硬化；屈强比大于 0.8 时，材料产生循环软化。当屈强比介于 0.7~0.8 之间时，就很难预测是产生循环硬化还是循环软化。一般来说，退火材料产生循环硬化，冷硬材料产生循环软化。也可用材料拉伸时的形变强化指数 n 来判断，当 $n<0.1$ 时，材料表现出循环软化；当 $n>0.1$ 时，材料表现出循环硬化或循环稳定。

3. 循环应力-应变曲线

通常所说材料的应力-应变曲线是由静力拉伸试验测定的曲线，亦称单调应力-应变曲线。材料在循环载荷作用下测定的应力-应变曲线，称为循环应力-应变曲线，它是不同总应变范围下得到的一系列稳定迟滞回线顶点的轨迹，如图 7-17 所示。由于循环硬化或循环软化现象的存在，材料的单调应力-应变曲线与循环应力-应变曲线在弹性阶段是基本重合的，而在塑性阶段则有所不同。许多材料的这两种应力-应变曲线有着明显的差异，在同一坐标系中比较这两种曲线，可判断材料的循环特性。若循环应力-应变曲线位于单调应力-应变曲线的下方，表明这种材料具有循环软化的现象；反之，若材料的循环应力-应变曲线位于单调应力应变曲线的上方，则表明该材料具有循环硬化现象。在图 7-17 中，循环应力-应变曲线位于单调应力-应变曲线的下方，因此材料呈循环软化特性。

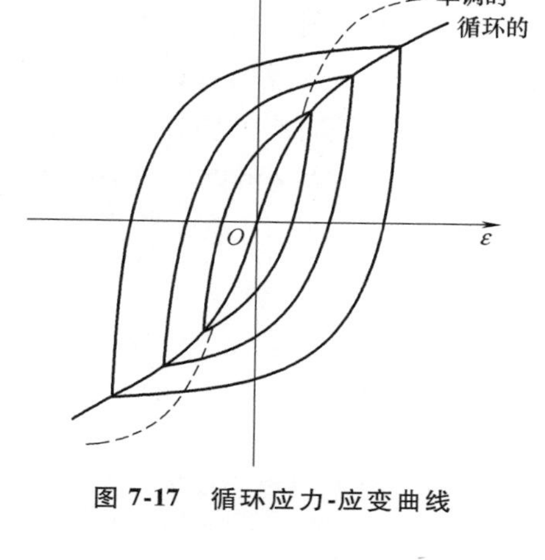

图 7-17　循环应力-应变曲线

材料的循环应力-应变曲线可用 Hollomon 公式来定量描述：

$$\frac{\Delta\varepsilon_t}{2}=\frac{\Delta\sigma_t}{2E}+\left(\frac{\Delta\sigma_t}{2K}\right)^{\frac{1}{n}}$$

$$\frac{\Delta\sigma_t}{2}=K\left(\frac{\Delta\varepsilon_p}{2}\right)^n$$

式中　$\Delta\sigma_t$——循环稳定时的总应力范围；

E——材料的弹性模量；

$\Delta\varepsilon_p$——塑性应变范围；

K——循环强度系数，K 值大者，材料的强度高；

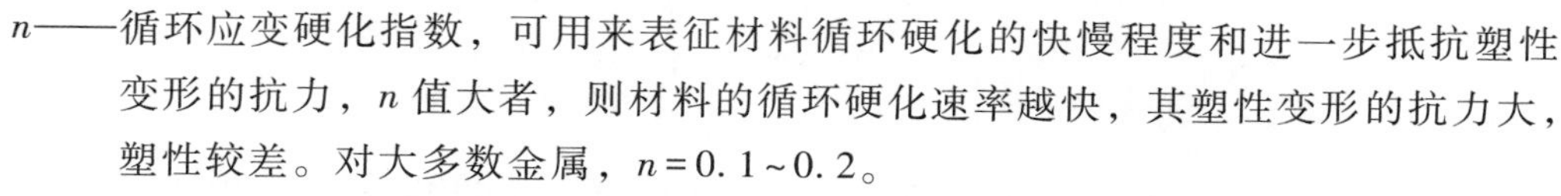

n——循环应变硬化指数，可用来表征材料循环硬化的快慢程度和进一步抵抗塑性变形的抗力，n 值大者，则材料的循环硬化速率越快，其塑性变形的抗力大，塑性较差。对大多数金属，$n=0.1\sim0.2$。

循环应力-应变曲线的测定，目前有多种方法，最常用的有：

（1）单级试验法　这种方法实际上是进行应变疲劳寿命试验。一根试样只进行一级控制应变水平的循环，产生一条迟滞回线。

（2）多级试验法　每一根试样在多级应变水平下进行循环加载（见图 7-18），每一级的循环数都必须使应力达到稳定。为避免试样产生严重的疲劳损伤，循环次数不宜太多。通过这些迟滞回线的顶点拟合出一条光滑的曲线，即循环应力-应变曲线。

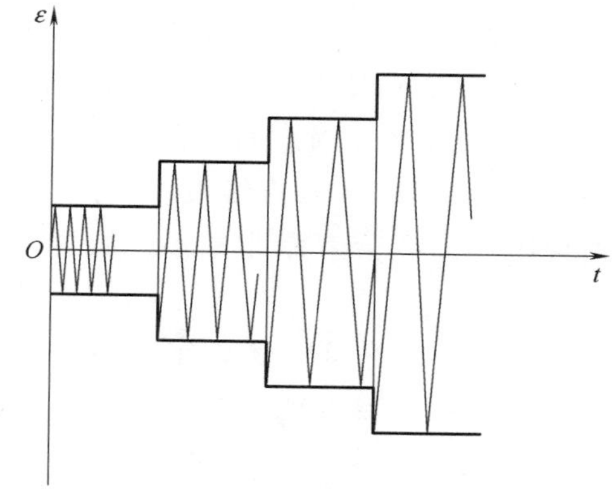

图 7-18　多级试验法

（3）增级试验法　将各级应变水平编成一个由小到大再由大到小的程序块，然后用一根试样按预先编好的程序加载，并反复试验，进行到一定次数后应力达到稳定。将由这个稳定应力的程序块得到的许多个迟滞回线的顶点连在一起，就是循环应力-应变曲线。

（4）应变-疲劳寿命　材料的应变-疲劳寿命曲线是评价该材料低周疲劳寿命最直接的性能指标。材料的应变疲劳寿命通常用 Manson-Coffin 公式来表示，即

$$\frac{\Delta\varepsilon_t}{2}=\frac{\sigma_f'}{E}(2N_f)^b+\varepsilon_f'(2N_f)^c \tag{7-18}$$

式中 σ_f'——该材料疲劳强度系数；

b——该材料疲劳强度指数；

ε_f'——该材料疲劳延性系数；

c——该材料疲劳延性指数；

$2N_f$——失效反向数；

E——该材料的弹性模量。

应变幅 $\Delta\varepsilon/2$ 又可以分解为弹性应变幅 $\Delta\varepsilon_e/2$ 和塑性应变幅 $\Delta\varepsilon_p/2$，即

$$\frac{\Delta\varepsilon}{2}=\frac{\Delta\varepsilon_e}{2}+\frac{\Delta\varepsilon_p}{2} \tag{7-19}$$

$$\Delta\varepsilon_e/2=\frac{\sigma_f}{E}(2N_f)^b$$

$$\Delta\varepsilon_p/2=\varepsilon_f'(2N_f)^c \tag{7-20}$$

另外，根据材料力学有

$$\frac{\Delta\varepsilon_e}{2}=\frac{\Delta\sigma}{2E}$$

根据 $\Delta\sigma/2=K'(\Delta\varepsilon_p/2)^{n'}$，得

$$\frac{\Delta\varepsilon_p}{2}=\left(\frac{\Delta\sigma_t}{2K'}\right)^{\frac{1}{n}} \tag{7-21}$$

因此，在得知 $2N_f$、$\Delta\varepsilon_t/2$、$\Delta\sigma_t/2$、E 的情况下，可以得到其他参数，可用 $\Delta\sigma$ 代替 $\Delta\sigma_t$。

低周疲劳应变-疲劳寿命曲线通常采用总应变幅（$\Delta\varepsilon_t/2$）和失效反向数（$2N_f$）在双对数坐标上表示，即 $\Delta\varepsilon_t/2\text{-}2N_f$ 曲线，这时应变和疲劳寿命近似呈线性关系。根据式（7-20），$\Delta\varepsilon_e/2\text{-}2N_f$ 和 $\Delta\varepsilon_p/2\text{-}2N_f$ 也可以在双对数坐标系中表示成直线关系。若 $\Delta\varepsilon_e/2\text{-}2N_f$ 和 $\Delta\varepsilon_p/2\text{-}2N_f$ 相交，则交点所对应的寿命称为过渡疲劳寿命 $2N_t$；若两直线没有交点，此时说明过渡疲劳寿命非常小，如图7-19所示。

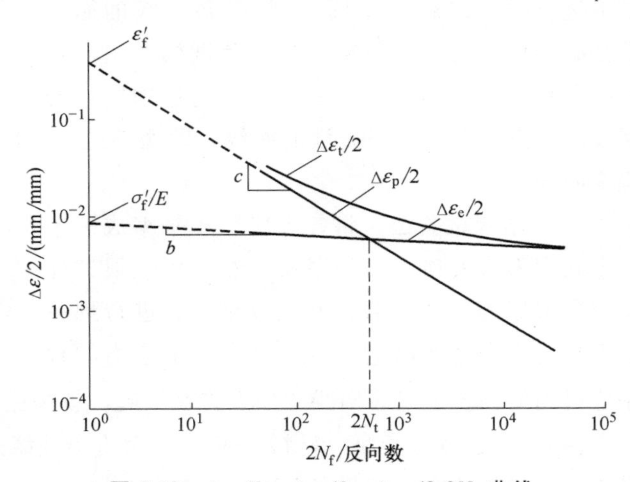

图 7-19 $\Delta\varepsilon_t/2$、$\Delta\varepsilon_e/2$、$\Delta\varepsilon_p/2\text{-}2N_f$ 曲线

过渡疲劳寿命 $2N_t$ 是评定材料疲劳行为的一项重要性能指标，它是由金属材料的强度和塑性综合决定的。通常所说的高、低周疲劳的界线即是以钢的 N_t 值界限划分的。当 $N_f=N_t$ 时，则 $\Delta\varepsilon_e=\Delta\varepsilon_p$，此时弹性应变与塑性应变占低周疲劳循环寿命比例相等；当 $N_f>N_t$ 时，$\Delta\varepsilon_e>\Delta\varepsilon_p$，则弹性应变占

疲劳寿命的比例大于塑性应变，疲劳抗力主要由材料的强度决定，此时设计时应主要考虑高周疲劳数据和弹性应力分析；当 $N_f<N_t$ 时，$\Delta\varepsilon_e<\Delta\varepsilon_p$，则塑性应变幅在疲劳寿命中占主要地位，疲劳抗力主要与塑性有关，此时设计时应主要考虑低周疲劳数据和弹-塑性数据。

绘制材料的应变寿命曲线需要进行大量的疲劳试验，得到大量的试验数据。Manson 在研究大量的试验数据后指出，可以通过四个点来确定 $\Delta\varepsilon_e$-N 和 $\Delta\varepsilon_p$-N 这两条直线。这四个点可以由单调拉伸试验获得，如图 7-20 所示。

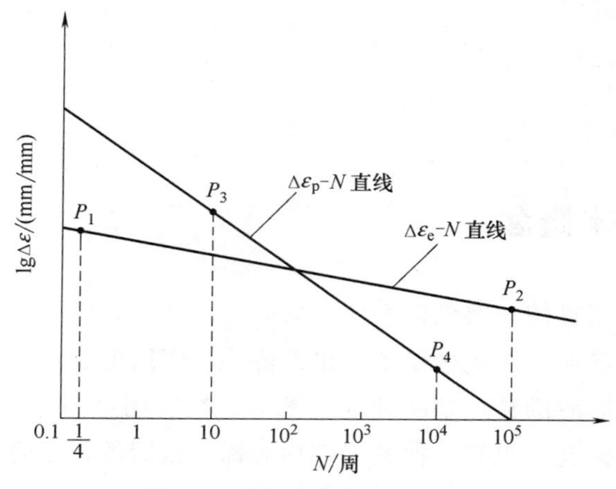

图 7-20　四点法求应变-寿命曲线

P_1 点：对应 1/4 次循环的应变幅的弹性分量，$N=1/4$，$\Delta\varepsilon_e=2.5(\sigma_f/E)$。

P_2 点：对应 10^5 次循环的应变幅的弹性分量，$N=10^5$，$\Delta\varepsilon_e=0.9(\sigma_b/E)$。

P_3 点：对应 10 次循环的应变幅的塑性分量，$N=10$，$\Delta\varepsilon_p=\dfrac{1}{4}\varepsilon_f^{\frac{3}{4}}$。

P_4 点：对应 10^4 次循环的应变幅的塑性分量，$N=10^4$，$\Delta\varepsilon_p=\dfrac{0.0132-\Delta\varepsilon_e^*}{1.91}$。

其中，$\Delta\varepsilon_e$ 是弹性应变范围；σ_f 是单调拉断时的真实应力；σ_b 是强度极限；$\Delta\varepsilon_e^*$ 是 $\Delta\varepsilon_e$-N 曲线上 $N=10^4$ 所对应的弹性应变范围，ε_f 是单调拉断时的真实应变，用断面收缩率 Z 近似求得：

$$\varepsilon_f=\ln\frac{100}{100-Z} \tag{7-22}$$

连接 P_1、P_2 得到 $\Delta\varepsilon_e$-N 直线，连接 P_3、P_4 得到 $\Delta\varepsilon_p$-N 直线。四点法求应变-寿命曲线适合于碳素钢、合金钢、铝、钛等几乎所有的金属材料。

第 8 章 紧固件力学性能试验

8.1　紧固件的基本概念

紧固件是用作紧固连接的一类机械零件广泛应用于能源、电子、电器、机械、化工、冶金、模具、液压等各行各业。在机械设备、建筑桥梁、家用电器、钟表眼镜等产品上都可以看到各式各样的紧固件。它的特点是品种规格繁多，性能用途各异，而且标准化、系列化、通用化的程度也极高。因此，也有人把紧固件称为标准紧固件，或简称为标准件。

常用的紧固件有螺栓、螺柱、螺钉、螺母、铆钉、销、垫圈、焊钉等，其中螺栓、螺柱、螺钉、螺母均通过螺纹进行紧固连接，因此也被称为螺纹紧固件。由于螺纹具有加工简单、结构紧凑、装拆方便、连接可靠等优点，成为应用最广泛的连接方式。本章就螺纹紧固件的力学性能进行简述。

8.1.1　螺纹的基本参数

普通螺纹的基本参数如图 8-1 所示。

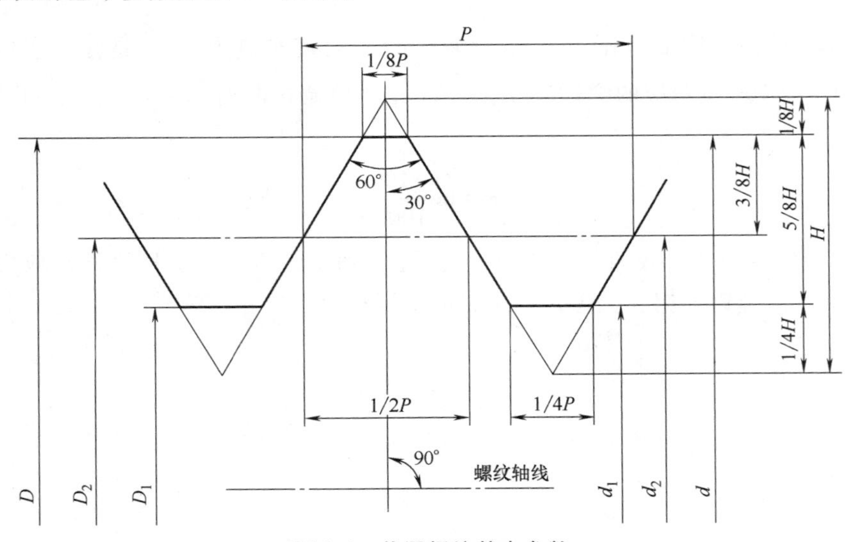

图 8-1　普通螺纹基本参数

大径 D、d：与外螺纹牙顶或内螺纹牙底相切的假想圆柱或圆锥的直径。

小径 D_1、d_1：与外螺纹牙底或内螺纹牙顶相切的假想圆柱或圆锥的直径。

中径 D_2、d_2：通过螺纹轴向截面内牙型上的沟槽和凸起宽度相等处的假象圆柱直径。

螺距 P：相邻两牙体上的对应牙侧与中径线相交两点间的轴向距离。

螺纹升角：在中径圆柱上螺旋线的切线与垂直于螺纹轴线的平面间的夹角。

牙型角：在螺纹牙型上，两相邻牙侧间的夹角。

牙侧角：在螺纹牙型上，一个牙侧与垂直于螺纹轴线平面间的夹角。

原始三角形：由延长基本牙型的牙侧获得的三个连续交点所形成的三角形。H 是原始三角形的高度。

基本牙型：在螺纹轴线平面内，由理论尺寸、角度和削平高度所形成的内、外螺纹共有的理论牙型。

8.1.2　螺纹标注方法

普通螺纹的标注包含螺纹代号、公称直径、螺距、公差带代号、旋合长度代号、旋向。

螺纹公差带是说明螺纹各部分尺寸允许的尺寸偏差大小（分为中径公差和顶径公差两种）。公差带由数字和字母组成，数字说明公差的精度等级，数字越大，精度越低，尺寸允许的变动量越大；字母说明公差相对于基本尺寸（中径或顶径）的位置，如果中径和顶径的公差相同，则仅标注一个。标注公差带代号时，中径在前，顶径在后。对于内螺纹，公差带代号为 G、H，精度等级为 4~7；对于外螺纹，公差带代号为 e、f、g、h，精度等级为 3~8。

螺纹的旋合长度分为短、中、长三组，分别用 S、N、L 表示。一般情况下，可不加标注，按中等旋合长度考虑。

一般来说，当螺纹为右旋时，不需要标注；当螺纹为左旋时，标注 LH。

例如，M16-5h6g 表示公称直径为 16mm，外螺纹中径公差带代号为 5h，大径的公差带代号为 6g 的右旋粗牙螺纹（若为粗牙，可不标注）。

M16×1.5-5h6g-LH 表示公称直径为 16mm，外螺纹中径公差带代号为 5h，大径的公差带代号为 6g，牙距为 1.5mm 的左旋细牙螺纹。

8.1.3　螺栓性能等级标记

螺栓性能等级分为 4.6、4.8、5.6、5.8、6.8、8.8、9.8、10.9、12.9/$\underline{12.9}$ 九个等级。螺栓性能等级标号由点隔开的两部分数字组成，分别表示螺栓材料的公称抗拉强度和屈强比。第一部分数字表示公称强度的百分之一，第二部分数字表示屈强比的 10 倍。例如，6.8 级代表该螺栓的公称抗拉强度为 600MPa，屈强比为 0.8。若材料性能与 8.8 级螺栓相同，但实际承载能力又低于 8.8 级的螺栓（降低承载能力），其性能等级的标记应在 8.8 前面加一个“0”，写作“08.8”。

8.1.4　螺母性能等级标记

螺母按照高度分为 0 型、1 型、2 型三种型式。

2 型、高螺母：最小高度 $m_{\min} \approx 0.9D$ 或 $>0.9D$。

1 型、标准螺母：最小高度 $m_{\min} \geqslant 0.8D$。

0 型、薄螺母：最小高度为 $0.45D \leqslant m_{\min} < 0.8D$。

（1）标准螺母（1 型）和高螺母（2 型） 1 型和 2 型螺母性能等级的代号由数字组成。它相当于可与其搭配使用的螺栓、螺钉或螺柱的最高性能等级标记中左边的数字，分为 4、5、6、8、9、10、12 共 7 个等级。

4 级螺母可与 4.6、4.8 级螺栓相配，5 级螺母可与 4.6、4.8、5.6、5.8 级螺栓相配，6、8、9、10、12 级螺母可分别与 6.8、8.8、9.8、10.9、12.9 级螺栓相配。

（2）薄螺母（0 型） 0 型性能等级的代号由两位数字组成：第一位数字为“0”，表示这种螺母比标准螺母或高螺母降低了承载能力；第二位数字表示用淬硬试验芯棒测试的公称保证应力的 1/100，以 MPa 为单位，分为 04、05 两个等级。04 级螺母用中（低）碳钢制造，不进行热处理，公称保证应力为 400MPa，实际保证应力为 380MPa；05 级螺母用中碳钢制造并经过热处理，公称保证应力和实际保证应力均为 500MPa。

8.2 螺栓、螺钉和螺柱力学性能试验

螺栓、螺钉和螺柱的力学性能指标主要有强度、保证应力、楔负载、头部坚固性、硬度、冲击值、破坏扭矩等。

8.2.1 试验分类

螺栓、螺钉和螺柱力学性能试验分为 FF 和 MP 两个试验系列（组）。FF 组用于紧固件成品试验，而 MP 组用于紧固件材料性能试验。FF 和 MP 组又分为 FF1、FF2、FF3、FF4，MP1 和 MP2。

FF1：用于测定标准头部和标准杆或细杆（全承载能力的）即 d_s（无螺纹杆径）$>d_2$（外螺纹基本中径）或 $d_s \approx d_2$ 的螺栓和螺钉成品的性能。

FF2：用于测定标准杆或细杆（全承载能力的）即 $d_s>d_2$ 或 $d_s \approx d_2$ 的螺柱成品的性能。

FF3：用于测定 $d_s>d_2$ 或 $d_s \approx d_2$ 且降低承载能力的螺栓和螺钉成品性能。

FF4：用于测定特殊设计而降低承载能力的螺栓、螺钉和螺柱成品性能，如 $d_s<d_2$ 的腰状杆紧固件。

MP1：用于机械加工试件测定紧固件材料性能和/或改进工艺的试验。

MP2：用于紧固件成品测定全承载能力紧固件实物（$d_s>d$ 或 $d_s \approx d$）（d 是螺纹公称直径）的材料性能和/或改进工艺的试验。

全承载能力的紧固件应按 FF1、FF2 或 MP2 对紧固件成品进行拉力试验，断裂应发生在未旋合螺纹的长度内或无螺纹杆部，其最小拉力载荷应符合相应规定。降低承载能力的紧固件（标准化的或非标准化的），虽然材料性能符合相应规定，但因几何尺寸的原因，如按 FF1、FF2 或 MP2 对其成品进行拉力试验时，则达不到承载能力的要求。当按 FF3 或 FF4 进行拉力试验时，降低承载能力的紧固件通常不断裂在未旋合螺纹长度内。

8.2.2　成品拉伸试验

成品拉力试验主要检测抗拉强度 R_m、断后伸长率 A_f 和 0.0048d 规定非比例延伸应力 R_{pf}。

1. 抗拉强度 R_m 的测定

在测定 R_m 时，要求螺栓和螺钉的公称长度 $l \geqslant 2.5d$，螺纹长度 $b \geqslant 2.0d$ 的直径，螺柱的总长度 $l_t \geqslant 3.0d$。

在装夹紧固件时，拉力试验机应符合 GB/T 16825.1—2022 的规定，避免斜拉，可使用自动定心装置。螺纹的有效旋合长度≥1d，未旋合螺纹长度 $l_{th} \geqslant 1d$。

在试验过程中，应以不超过 25mm/min 的速度持续施加载荷直至断裂。紧固件应断裂在未旋合螺纹长度内或无螺纹杆部。带无螺纹杆部的螺栓和螺钉不应在头与杆部交接处断裂。全螺纹的螺钉，如断裂始于未旋合螺纹长度内，允许在拉断前已延伸或扩展到头部与螺纹交接处，或者进入头部。抗拉强度和最小拉力载荷应符合相应规定。

根据公称应力截面积 $A_{s,公称}$ 和试验过程中测量的极限拉力载荷 F_m 计算抗拉强度 R_m：

$$R_m = \frac{F_m}{A_{s,公称}} \tag{8-1}$$

$$A_{s,公称} = \frac{\pi}{4} \times \left(\frac{d_2 + d_3}{2}\right)^2 \tag{8-2}$$

式中　d_2——外螺纹的基本中径；

d_3——外螺纹小径，$d_3 = d_1 - H/6$；

d_1——外螺纹的基本小径；

H——原始三角形高度。

2. A_f 和 R_{pf} 的测定

在测定 A_f 和 R_{pf} 时，要求螺栓和螺钉的公称长度 $l \geqslant 2.7d$，螺纹长度 $b \geqslant 2.2d$，螺柱的总长度 $l_t \geqslant 3.2d$。

在装夹紧固件时，拉力试验机应符合 GB/T 16825.1—2022 的规定，避免斜拉，可使用自动定心装置。螺纹的有效旋合长度≥1d，对承受载荷的未旋合螺纹的长度 $l_{th} = 1.2d$。

注：为达到 $l_{th} = 1.2d$ 的要求，首先把螺纹夹具拧到螺纹收尾；然后按相当于 1.2d 的扣数拧退夹具。

测定 R_{pf} 时，试验机速度不应超过 10mm/min；测定 A_f 时，试验机速度不应超过 25mm/min。

（1）测定断后伸长率 A_f 塑性变形量 ΔL_p 是在电子装置或者用图解法绘制的载荷-位移曲线上直接进行测量，如图 8-2 所示。

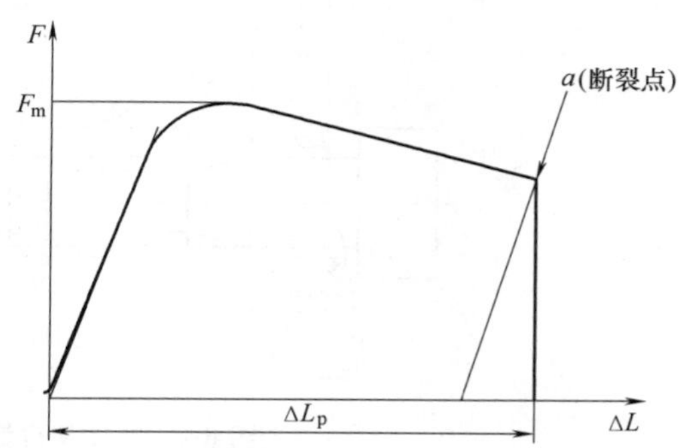

图 8-2　测定断后伸长率 A_f 的载荷-位移曲线

应测量弹性范围（曲线的直线部分）的倾斜角（斜率部分）；通过断裂点画一条平行于载

荷-位移曲线中弹性变形阶段直线部分的平行线（见图 8-2 中 a 线）。该断裂点与夹紧位移的轴心线相交的直线 a 应与变形量坐标（横坐标）ΔL 相交，应测出塑性变形量 ΔL_p（见图 8-2）。

有争议时，如在测量弹性范围内，直线部分有一定弧度时，可以通过曲线上相当于 $0.4F_p$（保证载荷）和 $0.7F_p$ 的两个点画一直线（再按这一直线画通过断裂点的平行线）。

按式（8-3）计算紧固件实物的断后伸长率：

$$A_f=\frac{\Delta L_p}{1.2d} \quad (8\text{-}3)$$

（2）测定 0.0048d 规定非比例延伸应力 R_{pf}　R_{pf} 应在载荷-位移曲线上直接测定（见图 8-3）。

在夹紧位移的轴心线上等于 0.0048d 的距离画一条平行于弹性范围（曲线的直线部分）倾斜角的直线。该线与曲线相交点即相当于 F_{pf}。

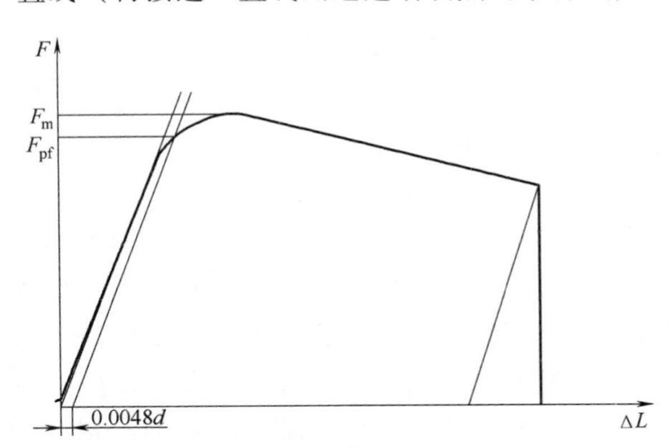

图 8-3　测定 0.0048d 规定非比例延伸应力 R_{pf} 的载荷-位移曲线

有争议时，可以通过曲线上相当于 $0.4F_p$ 和 $0.7F_p$ 的两个点画一直线。

按式（8-4）计算 0.0048d 规定非比例延伸应力 R_{pf}：

$$R_{pf}=F_{pf}/A_{s,公称} \quad (8\text{-}4)$$

8.2.3　楔负载试验

该试验可同时测定螺栓和螺钉成品的抗拉强度 R_m，头部与无螺纹杆部或螺纹部分交接处的牢固性。

楔负载试验所用的拉力试验机应符合 GB/T 16825.1—2022 的规定，不可使用自动定心装置。样品螺栓或螺钉的公称长度 $l\geq 2.5d$，螺纹长度 $b\geq 2.0d$。夹具、楔垫和螺纹夹具的硬度≥45HRC，楔垫如图 8-4 所示，楔垫孔径和圆角半径见表 8-1，楔负载试验用楔垫角度见表 8-2。

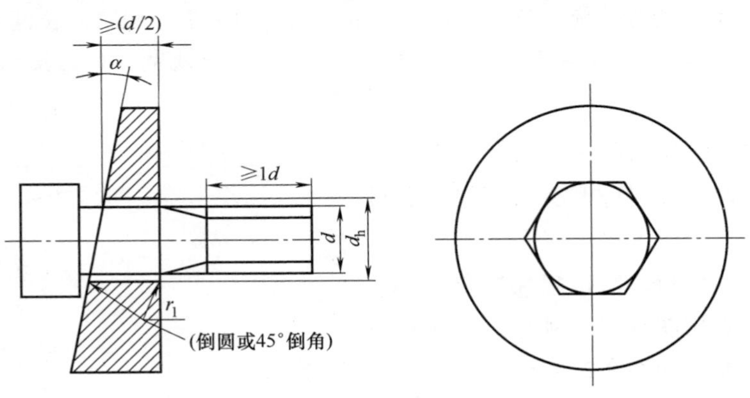

图 8-4　螺栓和螺钉成品楔负载试验用楔垫

d_h—楔垫或垫片孔径

表 8-1 楔垫孔径和圆角半径 （单位：mm）

螺纹公称直径 d	d_h	r_1	螺纹公称直径 d	d_h	r_1
3	3.4~3.58	0.7	16	17.5~17.77	1.3
3.5	3.9~4.08	0.7	18	20~20.33	1.3
4	4.5~4.68	0.7	20	22~22.33	1.6
5	5.5~5.68	0.7	22	24~24.33	1.6
6	6.6~6.82	0.7	24	26~26.33	1.6
7	7.5~7.82	0.8	27	30~30.33	1.6
8	9~9.22	0.8	30	33~33.39	1.6
10	11~11.27	0.8	33	36~36.39	1.6
12	13.5~13.77	0.8	36	39~39.39	1.6
14	15.5~15.77	1.3	39	42~42.39	1.6

表 8-2 楔负载试验用楔垫角度 α

螺纹公称直径 d/mm	性能等级			
	螺栓或螺钉的无螺纹杆部长度 $l_s \geqslant 2d$		全螺纹螺钉、螺栓或螺钉无螺纹杆部长度 $l_s<2d$	
	4.6、4.8、5.6、5.8、6.8、8.8、9.8、10.9	12.9/$\underline{12.9}$	4.6、4.8、5.6、5.8、6.8、8.8、9.8、10.9	12.9/$\underline{12.9}$
	$\alpha \pm 30'$			
3~20	10°	6°	6°	4°
>20~39	6°	4°	4°	4°

头部支承面直径超过 1.7d，而未通过楔负载试验的螺栓和螺钉成品，可将头部加工到 1.7d，并按表 8-2 规定的楔垫角度再次进行试验。此外，对头部支承面直径超过 1.9d 的螺栓和螺钉成品，可将楔垫角度 10°减小为 6°。

试验时，将楔垫按图 8-4 所示置于螺栓或螺钉头下。未旋合螺纹长度 $l_{th} \geqslant 1d$。按照 GB/T 228.1—2021 的规定进行楔负载拉力试验，试验速率不超过 25mm/min，拉力试验应持续进行，直至断裂。

8.2.4 头部坚固性试验

该试验用于检查头部与无螺纹杆部或螺纹过渡圆处的牢固性。检查时，锤击置于有规定角度试验模中的紧固件头部。通常，该试验用于紧固件太短，而不能实施楔负载试验的场合。

该试验测试的螺栓和螺钉头部承载能力应强于螺纹杆部，公称长度 $l \geqslant 1.5d$，公称直径 $d \leqslant 10$mm。头部坚固性试验用模如图 8-5 所示，硬度 ≥45HRC，d_h 和 r_1 按表 8-1 的规定，β 值按表 8-3 的规定。

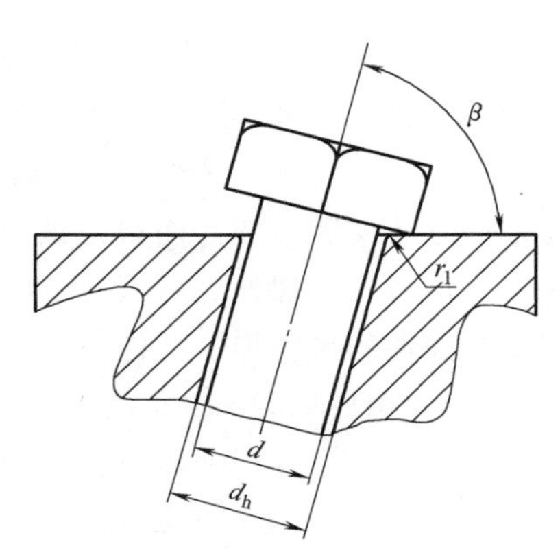

图 8-5 头部坚固性试验用模

表 8-3 头部坚固性试验用试验模 β 值

性能等级	4.6	5.6	4.8	5.8	6.8	8.8	9.8	10.9	12.9/12.9
β	60°	80°							

进行试验时，试验用模应固定牢固，用手锤击螺栓或螺钉头部数次，使头部弯曲 90°-β 角，然后放大 8~10 倍进行检查。在头部与无螺纹杆部或螺纹过渡圆处不应发现裂缝。对全螺纹的螺钉，即使在第一扣螺纹上出现裂缝，只要头部未断掉，仍应视为符合该试验要求。

8.2.5 保证载荷试验

保证载荷试验是对紧固件施加规定的保证载荷，并测量由保证载荷产生的永久伸长。

该试验适用于头部承载能力强于螺纹杆部的螺栓和螺钉及头部承载能力强于无螺纹杆部的螺栓和螺钉。要求螺栓和螺钉的公称长度 $l \geqslant 2.5d$，螺纹长度 $b \geqslant 2.0d$。在装夹紧固件时，应避免斜拉，可使用自动定心装量。夹具硬度应≥45HRC，楔垫孔径 d_h 按表 8-1 的规定。

试验前，应在试件两端加工出中心孔，中心孔的大小尽量与测量头的大小相匹配。中心孔应保证光滑无毛刺、无油污。试验时，先将试件置于带球面测头（或其他适当的方法）的台架式测量仪器中，应使用手套或钳子，以使由温度影响的测量误差减少到最小。测量施加载荷前试件的总长度 l_0，然后将试件拧入螺纹夹具，螺纹有效旋合长度至少应为 $1d$，未旋合螺纹长度 $l_{th}=1d$。为达到 $l_{th}=1d$ 的要求，建议先把螺纹夹具拧到螺纹收尾，然后按相当于 $1d$ 的扣数拧退夹具。对试件轴向施加规定的保证载荷，试验速率不应超过 3mm/min，保持规定载荷 15s。卸载后再次测量试件总长度 l_1，它应与加载前的 l_0 相同（其极限偏差 ±12.5μm 为允许的测量误差）。受某些不确定因素，如直线度、螺纹对中性和测量误差的影响，当初次施加保证载荷时，可能导致试件明显的伸长。在这种情况下，可使用比规定值增大 3%的载荷再次进行试验。如果第二次卸载后的长度（l_2）与其加载前的长度（l_1）相同（其极限偏差±12.5μm 为允许的测量误差），则应认为符合该试验要求。

8.2.6 机械加工试件拉伸试验

该试验是对紧固件的机械加工试件进行拉伸试验，可以测得试件的抗拉强度 R_m、下屈服强度 R_{eL} 或 0.2%规定非比例延伸应力 $R_{p0.2}$、机械加工试件的断后伸长率 A、机械加工试件的断面收缩率 Z。拉伸试验用机械加工试件如图 8-6 所示。

从图 8-6 可知，螺栓总长度达到螺纹公称直径的 7 倍左右才能加工成试棒。图中 a 的长度是为方便安装引伸计而设计的，如果不测定规定非比例延伸应力 $R_{p0.2}$ 则可以不保留 a，这样 6 倍直径的螺栓也可以加工成试棒。值得注意的是，螺纹公称直径 $d>16$mm，且淬火并回火紧固件的机械加工试件，其直径的减小量不应超过原有直径 d 的 25%（初始横截面积的 44%）。M12~M36 的螺栓中心取样，试件直径按螺栓直径的 3/4 计算；M39~M64 偏心取样，取样中心位置在螺栓直径的 1/4 处，试件直径按螺栓直径 3/8 计算。对由螺柱制取的试件，其两端的螺纹长度最小为 $1d$。加工好的试件按 GB/T 228.1—2021 的规定进行拉伸试验。

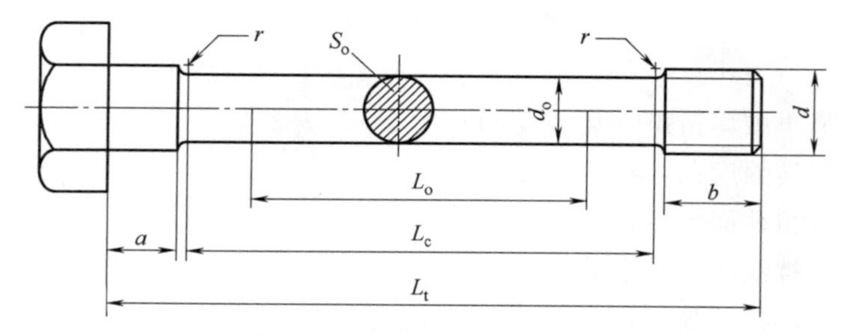

图 8-6　拉伸试验用机械加工试件

d—螺纹公称直径　d_o—机械加工试件的直径　b—螺纹长度　L_o—机械加工试件的初始测量长度　L_c—机械加工试件直线段的长度　L_t—机械加工试件的总长度　S_o—拉力试验前机械加工试件的横截面积　r—圆角半径

8.2.7　硬度试验

对不能实施拉力试验的紧固件测定其硬度，对能实施拉力试验的紧固件测定其最高硬度。

注：硬度与抗拉强度可能没有直接的换算关系。最大硬度值的规定，除考虑理论的最大抗拉强度，还有其他因素（如避免脆断）。

该试验适用于所有规格、所有性能等级的紧固件。在表面测定硬度时，应去除表面镀层或涂层，并对试件进行适当处理后，在头部平面、末端或无螺纹杆部测定硬度，常规检查常用此方法。在螺纹横截面测定硬度时，应在距螺纹末端 $1d$ 处取一横截面，并应经适当处理，在 1/2 半径与轴心线间的区域内测定硬度，也称心部硬度。

4.6 级、4.8 级、5.6 级、5.8 级和 6.8 级紧固件，应在紧固件的末端测定表面硬度。对热处理紧固件，在 1/2 半径区域内测定的硬度值之差，若不大于 30 HV，则证实材料中马氏体已达到 90%（体积分数）的要求。4.8 级、5.8 级和 6.8 级冷作硬化紧固件，应测定螺纹横截面硬度。如有争议，应使用维氏硬度法测定螺纹横截面硬度作为仲裁试验。

8.2.8　扭矩试验

该试验可以测定破坏扭矩 M_B，适用于不能进行拉力试验的螺栓和螺钉。螺栓和螺钉的头部承载能力应强于螺纹杆部，螺纹长度 $b \geqslant 1d+2P$，螺纹公称直径 $d=1.6 \sim 10$mm。

试验时，按 GB/T 3098.13 规定将螺栓或螺钉试件插入试验夹具内，至少有两扣完整螺纹，同时夹具和螺栓或螺钉头部之间应至少留出 $1d$ 的长度，然后夹紧，连续、平稳施加扭矩。试验过程中，螺栓或螺钉应只承受扭力，在达到最小破坏扭矩之前，试件不得断裂。螺栓或螺钉头部和螺纹部分不应有摩擦而影响试验结果。

扭力计的示值不应超过对试件规定的最小破坏扭矩的五倍，扭力计的最大误差为试件最小破坏扭矩的±7%。

按式（8-5）确定最小破坏扭矩：

$$M_{\mathrm{Bmin}} = \tau_{\mathrm{Bmin}} W_{\mathrm{pmin}} \tag{8-5}$$

其中，
$$W_{pmin} = \pi/16 \cdot d_{1min}^3$$
$$\tau_{Bmin} = XR_{mmin}$$

式中 M_{Bmin}——最小破坏扭矩（见表 8-4）；

τ_B——扭转强度；

W_p——抗扭截面模数；

d_{1min}——外螺纹小径最小值；

R_{mmin}——最小抗拉强度；

X——强度比（见表 8-5）。

表 8-4 最小破坏扭矩

螺纹规格	螺距/mm	最小破坏扭矩 M_{Bmin}/N·m 性能等级				螺纹规格	螺距/mm	最小破坏扭矩 M_{Bmin}/N·m 性能等级			
		8.8	9.8	10.9	12.9			8.8	9.8	10.9	12.9
M1	0.25	0.033	0.036	0.040	0.045	M3.5	0.6	2.4	2.7	3.0	3.3
M1.2	0.25	0.075	0.082	0.092	0.10	M4	0.7	3.6	3.9	4.4	4.9
M1.4	0.3	0.12	0.13	0.14	0.16	M5	0.8	7.6	8.3	9.3	10
M1.6	0.35	0.16	0.18	0.20	0.22	M6	1	13	14	16	17
M2	0.4	0.37	0.40	0.45	0.50	M7	1	23	25	28	31
M2.5	0.45	0.82	0.90	1.0	1.1	M8	1.25	33	36	40	44
M3	0.5	1.5	1.7	1.9	2.1	M10	1.5	66	72	81	90

表 8-5 强度比 X

性能等级	8.8	9.8	10.9	12.9
比值 X	0.84	0.815	0.79	0.75

8.3 螺母力学性能试验

8.3.1 保证载荷试验

对公称直径 D=M5～M39 的螺母，保证载荷是仲裁方法。将螺母安装在图 8-7 和图 8-8 所示的淬硬试验芯棒上。螺母旋合位置应处于芯棒螺纹两端距离为≥$2P$ 的位置。仲裁时，应以拉伸试验为准。

沿螺母轴线方向施加保证载荷，试验速度≤3mm/min，并持续 15s，螺母应能承受该载荷而不得脱扣或断裂。当卸载后，应能用手将螺母旋出，或借助扳手松开螺母，但不得超过半扣。在试验中，如果试验芯棒损坏，则试验作废。在拉力保证载荷下，应避免斜拉，可使用自动定心装置。

夹具硬度≥45HRC，试验芯棒的螺纹公差为 5h6g，但大径应控制在 6g 公差带靠近下限四分之一的范围内。

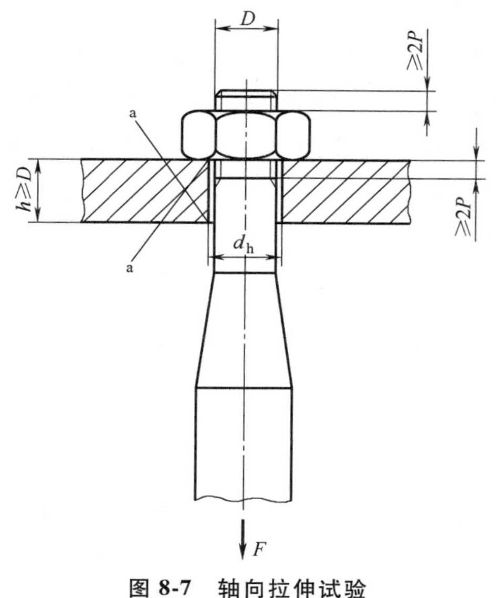

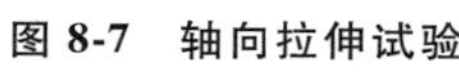
图 8-7　轴向拉伸试验

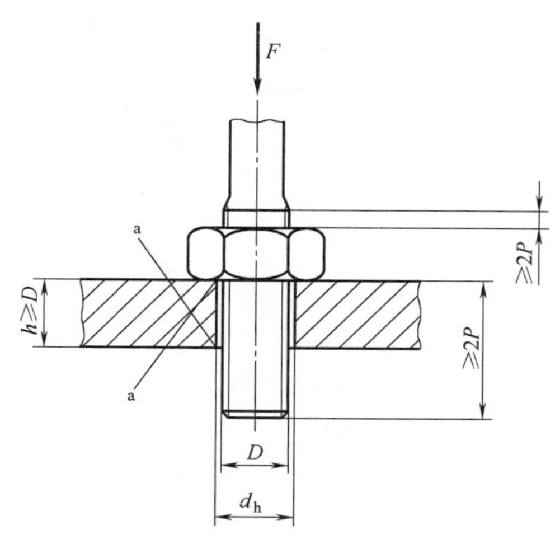

图 8-8　轴向压缩试验

8.3.2　硬度试验

常规检查，去除表面镀层或涂层，并对试件进行适当处理后，在螺母的一个支承面上实施硬度试验，取间隔为 120°的三点硬度平均值作为该螺母的硬度值。如有争议，应在通过螺母轴心线的纵向截面并尽量靠近螺纹大径处进行硬度试验。维氏硬度为仲裁试验，应采用 HV30 的试验力。

最低硬度仅对经过热处理的螺母或规格太大而不能进行保证载荷试验的螺母才是强制性的。对于未经热处理，而又能满足保证载荷试验技术要求的螺母，最低硬度应不作为考核依据。

8.4　高强度螺栓连接副力学性能试验

螺栓连接副是外螺纹零件（如螺栓）、内螺纹零件（如螺母）和辅助零件（垫圈）配套使用的一种连接形式，以摩擦型为主。在摩擦型连接中，连接副拧紧后产生的预紧力使被连接件之间紧密结合，依靠结合面的摩擦力防止被连接件相互滑移。

钢结构用高强度螺栓连接副被广泛应用于国民经济各个领域，如高层建筑、大型工业厂房和展览馆、桥梁、电站锅炉、风力发电、公路、铁路、机电装备、港口机械、大型体育场馆、地铁和轻轨工程、城市立交桥、高架桥、环保工程、城市公共设施及临时房屋等钢结构工程项目。因此，钢结构用高强度螺栓连接副的性能试验对于钢结构工程的安全性具有重要意义。

8.4.1　扭矩系数试验

扭矩系数试验所用样品为 8 套，每套连接副包括一个螺栓、一个螺母、两个垫圈。连接副扭矩系数试验用的计量器具应在试验前进行标定，误差不得超过2%。每套连接副只应做一次试验，不得重复使用。组装连接副时，螺母下的垫圈有倒角的一侧应朝向螺母支承面。当试验中垫圈发生转动时，应想办法使垫圈保持静止不动（可在垫圈底下垫砂纸或其他办法），重新试验。试验时应将螺栓穿入轴力计，在测出螺栓预拉力 P 的同时，应测定施加于螺母上的施拧扭矩 T，并应按式（8-6）计算扭矩系数 K：

$$K=\frac{T}{Pd} \tag{8-6}$$

式中 T——施拧扭矩（N·m）；

d——高强度螺栓的公称直径（mm）；

P——螺栓预拉力（kN）。

进行试验时，螺栓预拉力值应控制在表8-6规定的范围，如果超出该范围，所测得的扭矩系数无效。

表8-6 螺栓预拉力值范围

螺栓规格		M16	M20	M22	M24	M27	M30
预拉力 P/kN	10.9	99~121	153~187	189~231	225~275	288~352	351~429
	8.8	81~99	126~154	149~182	176~215	230~281	279~341

进行试验时，应同时记录环境温度。试验所用机具、仪表及连接副均应放置在该环境内至少2h以上。

每组8套连接副扭矩系数的平均值应为0.110~0.150，标准公差≤0.010，满足上述条件，试验结果合格。

8.4.2 紧固轴力试验

按照GB/T 3632—2008的要求，钢结构用扭剪型高强度螺栓需要进行紧固轴力试验。紧固轴力试验按批抽取8套，每套连接副包括一个螺栓、一个螺母、一个垫圈，每套连接副只能做一次试验，不得重复使用。试验所用的轴力计应经过检定合格，其示值相对误差的绝对值不得大于测试轴力值的2%，轴力计的最小示值应在1kN以下。

试验时，直接将螺栓插入轴力计。紧固螺栓分初拧、终拧两次进行。初拧应采用定扭电动扳手或手动扭矩扳手，初拧值为预拉力标准值的50%左右，终拧应采用专用电动扳手至尾部梅花头拧掉。

需要注意的是，组装连接副时，垫圈有倒角的一侧应朝向螺母支承面。试验时，垫圈不得转动，否则该试验无效。连接副的紧固轴力值以螺栓梅花头被拧断时轴力计所记录的峰值为测定值。

每组8套连接副紧固轴力的平均值和标准偏差应符合表8-7的规定。

当螺栓的公称尺寸 l 小于表8-8中规定数值时，可不进行紧固轴力试验。

表 8-7　紧固轴力平均值和标准偏差

螺纹规格		M16	M20	M22	M24	M27	M30
每批紧固轴力的平均值/kN	公称	110	171	209	248	319	391
	min	100	155	190	225	290	355
	max	121	188	230	272	351	430
紧固轴力标准偏差 kN　≤		10.0	15.5	19.0	22.5	29.0	35.5

表 8-8　螺栓尺寸

螺纹规格	M16	M20	M22	M24	M27	M30
l/mm	50	55	60	65	70	75

8.4.3　连接摩擦面抗滑移系数试验

连接摩擦面的抗滑移系数是钢结构高强度螺栓连接设计的重要技术参数。施工组装完成后，连接摩擦面的实际抗滑移系数是否满足设计要求是保证钢结构使用安全的关键，因此加强对高强度螺栓连接摩擦面的抗滑移系数的检验是非常必要的。

高强度螺栓连接是依靠螺栓杆内的预拉力使连接钢板紧密贴在一起产生强大的摩擦力来传递荷载。摩擦力的大小与钢板所受的正压力（高强度螺栓预拉力）大小成正比，与板材间的摩擦系数成正比，可用式（8-7）表示：

$$F = \mu_0 P \tag{8-7}$$

式中　F——板材间的摩擦力；

P——正压力；

μ_0——摩擦系数。

当连接构件所用的钢材及连接表面状态一定后，摩擦系数为一常量。如果正压力也已确定，摩擦力将随外加荷载的增大而增大，当外加荷载增大到某一值后，摩擦力不再增大，此时由式（8-7）所表示的摩擦力为该连接面的极限摩擦力 F_0。当外加荷载 N 与 F_0 相等时，连接面处于临界状态，若继续增加外荷载，超过 F_0 后，连接构件将产生相对滑动。连接面处于临界状态时的外荷载与正压力的比值即为抗滑移系数：

$$\mu = \frac{N}{P} \tag{8-8}$$

式中　N——滑移荷载；

P——板材间的正压力，连接板一侧高强度螺栓预拉力之和。

抗滑移系数试验要求试件能真实反映所代表构件的实际情况。因此，GB 50205—2020《钢结构工程施工质量验收标准》对试件的形式、规格尺寸、所用材料、制作加工等都做了严格规定。

抗滑移系数试验用的试件应由制造厂加工，试件与所代表的钢结构构件应为同一材质、同批制作、采用同一摩擦面处理工艺和具有相同的表面状态，并应用同批同一性能等级的高强度螺栓连接副，在同一环境条件下存放。

抗滑移系数试验应采用双摩擦面的二栓拼接的拉伸试件，如图 8-9 所示。

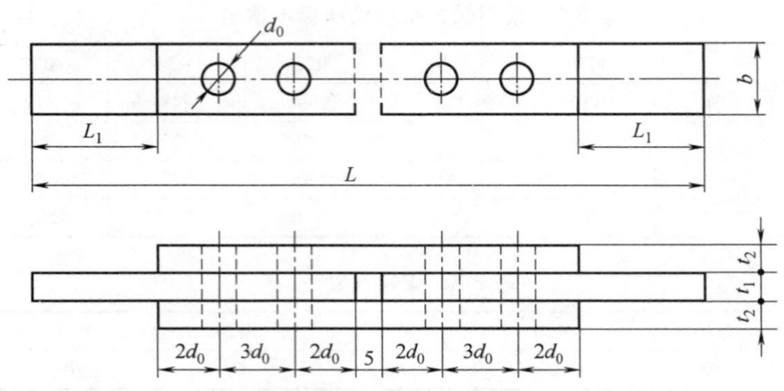

图 8-9 抗滑移系数二栓拼接的拉伸试件

L—试件总长度 L_1—试验机夹紧长度

试件板的宽度 b 可参照表 8-9 规定取值。L_1 应根据试验机夹具的要求确定，一般为 120~150mm。

表 8-9 试件板的宽度 （单位：mm）

螺栓直径 d	16	20	22	24	27	30
螺孔直径 d_0	17.5	22	24	26	30	33
板宽 b	100	100	105	110	120	120
试件中间段重叠部分长度 L_2	250	313	341	369	425	467

试件被连接板的厚度 t_1 和拼接盖板的厚度 t_2 应根据钢结构工程中有代表性的板材厚度来确定，同时应考虑在摩擦面滑移之前，试件钢板的净截面始终处于弹性状态。由于试件为双摩擦面的二栓拼接的拉伸试件，当构件为单摩擦面，试件与构件采用相同厚度的钢板及相同长度的高强度螺栓时，往往螺栓长度不够。为解决此问题，可适当减小钢板厚度，一般取拼接盖板厚度为被连接板厚度的 1/2。但钢板不能太薄，否则应用式（8-9）核算钢板板厚度，确保试验过程中试件钢板的净截面始终处于弹性状态。

$$\begin{cases} t_1 \geqslant \dfrac{(1-0.5n_1/n)\mu n_{\mathrm{f}}\sum P_i}{R_{\mathrm{eL}}(b-d_0)} \times 10^3 \\ t_2 = t_1/2 \end{cases} \tag{8-9}$$

式中 μ——抗滑移系数设计要求值；

n_{f}——摩擦面面数，取 $n_{\mathrm{f}}=2$；

P_i——试件滑动一侧高强度螺栓预拉力标准值（或同批扭剪型螺栓紧固轴力平均值）(kN)；

R_{eL}——钢板的规定下屈服强度（MPa）；

b——试件钢板宽度/mm；

n_1——危险截面螺栓数，取 $n_1=1$；

n——连接一侧螺栓数，取 $n=2$。

如果经过计算，在保证钢板强度的条件下取最小厚度后螺栓长度仍然不够，可以提前订制适当加长的螺栓制作试件，但要保证加长螺栓与原螺栓是同批同一性能等级的高强度螺栓连接副。同一厂家的同一性能等级、材料、炉号、螺纹规格、长度（当螺栓长度≤100mm时，长度相差≤15mm；螺栓长度>100mm时，长度相差≤20mm，可视为同一长度）、机械加工、热处理工艺、表面处理工艺的螺栓可视为同批。试件板面应平整，无油污、无飞边、毛刺、焊接飞溅物、焊疤、氧化皮、污垢等，除非设计要求，摩擦面不应涂漆。

试件组装时，先将冲钉打入试件孔定位，然后逐个换成装有压力传感器或贴有电阻片的高强度螺栓，或者换成同批经预拉力复验的扭剪型高强度螺栓。紧固高强度螺栓应分初拧、终拧。初拧应达到螺栓预拉力标准值的50%左右。终拧后，螺栓预拉力应符合下列规定：

1）对装有压力传感器或贴有电阻片的高强度螺栓，采用电阻应变仪实测控制试件每个螺栓的预拉力值应在（0.95~1.05）P（P为高强度螺栓设计预拉力值）范围之内。

2）不进行实测时，扭剪型高强度螺栓的预拉力（紧固轴力）可按同批复验预拉力的平均值取用。大六角头螺栓可按同批复验扭矩系数的平均值与要求的预拉力值按式（8-10）计算螺栓的施拧扭矩（N·m）：

$$T=KPd \tag{8-10}$$

式中 K——经复验的同批高强度螺栓扭矩系数平均值；

P——高强度螺栓预拉力（kN）；

d——高强度螺栓的公称直径（mm）。

对螺栓进行编号，记录每一个螺栓的实测预拉力或扭矩。在试件的侧面画出观察滑移的直线，线条应清晰、平直，上下各一条。

将组装好的试件置于拉力试验机上，试件的轴线应与试验机夹具中心严格对中。加载时，应先加10%的抗滑移设计荷载值，停1min后再平稳加载，加载速度为3~5kN/s，直拉至滑动破坏，测得滑移荷载N_v。

在试验中，当发生以下情况之一时，所对应的荷载可定为试件的滑移荷载。

1）试验机发生回针现象。

2）试件侧面画线发生错动。

3）X-Y记录仪上变形曲线发生突变。

4）试件突然发生“嘣”的响声。

抗滑移系数应根据试验所测得的滑移荷载N_v和螺栓预拉力P的实测值，按式（8-11）计算，宜取小数点后两位有效数字。

$$\mu=\frac{N_v}{n_f\cdot\sum_{i=1}^{m}P_i} \tag{8-11}$$

式中 N_v——由试验测得的滑移荷载（kN）；

n_f——摩擦面面数，取$n_f=2$；

$\sum_{i=1}^{m} P_i$——试件滑移一侧高强度螺栓预拉力实测值（或同批螺栓连接副的预拉力平均值）之和（取三位有效数字）(kN)；

m——试件一侧螺栓数量，取 $m=2$。

一批三组试件中，抗滑移系数试验的最小值必须等于或大于设计规定值。若试验结果不能满足设计要求，应分析原因，确认试件钢板与高强度螺栓没有问题后，按照设计要求对构件摩擦面重新处理，处理后的构件摩擦面应重新进行抗滑移系数试验。

第9章 测量不确定度

在对材料进行力学性能检测时，由于受到试验方法、试验设备、操作人员、试验环境等复杂因素的影响，性能参数的真值难以确定，只能得到真值的近似估计值，而估计值偏离真值的大小具有不确定性，不确定度就是对这种不确定性的量化表示。

在不确定度概念出现之前，人们一直使用“误差”来评定测量结果质量高低，但误差是一个理想化的概念，实际中不可能准确知道，加之系统误差和随机误差在某些情况下的界限不是很清楚，使得同一被测量在相同条件下的测量结果因评定方法不同而不同，从而引起测量数据处理方法和测量结果的表达不统一。

鉴于测量误差实际评定中存在难以克服的缺陷，原美国国家标准局（NBS）——现美国国家标准技术研究院（NIST）的数理统计者埃森哈特（Eisenhart）于1963年在《仪器校准系统精密度和准确度评定》中首次明确提出了测量不确定度的概念。经过30年的发展和推广，1993年，国际不确定度表示工作组以七个国际组织的名义发布了《测量不确定度表示指南》（guide to expression of uncertainty in measurement，GUM）。GUM的目的是强调如何给出测量不确定度评定的完整信息，并提供测量结果国际相互比较的基础。所以，GUM对测量不确定度的术语、概念，包括不确定度合成的评定方法、测量结果及其测量不确定度报告的表示方法等，做出了明确的规定。随着GUM在国际上的广泛应用，我国于1999年发布了JJF 1059—1999《测量不确定度评定与表示》，其基本概念、评定和表示方法与GUM一致。JJF 1059成为我国进行测量不确定度评定的基础。自此之后，中国合格评定国家认可委员会（CNAS）发布了一系列测量不确定度评定规范文件或指南文件，包括CNAS-CL07《测量不确定度评估和报告通用要求》、CNAS-CL05《测量不确定度要求的实施指南》、CNAS-GL06《化学领域不确定度指南》等，这些指南或规范文件构成了我国实验室测量不确定度评定的框架。

需要指出的是，CNAS-CL01-G003：2018《测量不确定度的要求》明确提出，实验室应制定实施测量不确定度要求的文件并将其应用于相应的工作。实验室还应建立维护测量不确定度有效性的机制。实验室应有具备能力的相关人员，能正确评定、报告和应用检测或校准结果的测量不确定度。测量不确定度评定的程序、方法，以及测量不确定度的表示和使用应符合GUM及其补充文件的规定。为此，测量不确定度的评定得到了广大理化检验工作者的高度重视。

本章主要对不确定度的相关定义、评定方法、评定步骤等问题进行简述，并给出实例。

9.1 测量不确定度的基本概念

1. 测量不确定度

根据现行有效的 GUM（2008 版），测量不确定的定义如下："与测量结果相关联的参数，它表征了可以合理地赋予被测量的量值分散程度"。这个参数可能是标准差或置信区间宽度。测量不确定度通常包括很多分量，其中一些分量可由一系列测量结果的统计学分布评估得出，可表示为标准差；另一些分量是由根据经验和其他信息确定的假设概率分布评估得出，也可以用标准差表示。很显然，测量结果是被测量值的最佳估计值，不确定度所有的分量，包括那些系统效应所产生的分量，如与修正和参考标准相关的分量，均会对不确定度的分散性产生贡献。

2. 标准不确定度

以标准差表示的测量不确定度。

3. 合成标准不确定度的定义

由在一个测量模型中各输入量的标准测量不确定度获得的输出量的标准测量不确定度。

注：如果测量模型中的输入量相关，当计算合成标准不确定度时应考虑协方差。

4. 扩展不确定度

合成标准测量不确定度与一个大于 1 的数字因子的乘积。

注：1. 术语"因子"是包含因子 k。对于大约 95%的置信水平，k 值通常为 2。

2. 该因子取决于测量模型中输出量的概率分布类型及所选取的包含概率。

5. 误差与测量不确定度的区别

区分误差和测量不确定度很重要。误差定义为被测量的单个结果和真值之差。在实际工作中，观测到的测量误差是观测值与参考值之差，所以无论是理论的，还是观测到的，误差是一个单个数值。原则上已知误差的数值可以用来修正结果。测量不确定度是以一个范围或区间的形式表示，如果是为一个分析程序和所规定样品类型做评估时，可适用于其所描述的所有测量值。通常情况下，不能用不确定度数值来修正测量结果。

9.2 标准不确定度的评定方法

9.2.1 标准不确定度的测量模型

很多情况下，被测量 Y 不能直接测得，而是由 N 个其他量 X_1，X_2，…，X_N 通过函数关系 f 来确定：

$$Y=f(X_1,X_2,\cdots,X_N) \tag{9-1}$$

输出量 Y 的输入量 X_1，X_2，…，X_N 本身可看作被测量，其本身也可能取决于其他量，包括修正系统影响的修正值和修正因子，从而导致一个复杂的函数关系式，以至函数 f 不能明确地表示出来。甚至，f 可以用实验方法确定，或者只用数值方程给出。因此，如果数据

表明 f 没有将测量过程模型化至测量所要求的准确度，则应在 f 中增加输入量以弥补不足；这就可能需要引入一个输入量来反映对影响被测量的现象认识不足。

一组输入量 X_1，X_2，…，X_N 可以分类为：

1）其值和不确定度是在当前的测量过程中直接测定的量，这些值和不确定度可从单次观测、重复观测或经验判断获得，并可能包含测量仪器读数的修正值，以及对环境温度、大气压力和湿度等影响量的修正值。

2）其值和不确定度是由外部来源获得引入测量过程的量，如与已校准的测量标准、有证标准物质、从手册中查到的参考数据相关的量。

被测量 Y 的估计值用 y 表示，是用 N 个输入量 X_1，X_2，…，X_N 的估计值 x_1，x_2，…，x_N 代入式（9-1）得到。因此，输出量的估计值 y，即测量结果由式（9-2）给出：

$$y=f(x_1,x_2,\cdots,x_N) \tag{9-2}$$

输出量的估计值或测量结果 y 的标准差估计值称为合成标准不确定度，用 $u_c(y)$ 表示，它决定于每个输入量的估计值 x_i 的标准差估计值，称为标准不确定度，用 $u_c(x_i)$ 表示。

每个输入量的估计值 x_i 及其相关的标准不确定度 $u_c(x_i)$ 是由输入量 X_i 的可能值的分布获得的。这个概率分布可能是根据 X_i 的一系列观测值 $x_{i,k}$ 得到的频率分布，或者也可能是一种先验分布。标准不确定度分量的 A 类评定根据的是频率分布，而 B 类评定根据的是先验分布。无论上述哪一种情况，分布都只代表人们对它认识程度的模型。

9.2.2　标准不确定度的 A 类评定

对在规定测量条件下测得的量值用统计分析方法进行的测量不确定度分量的评定称为 A 类评定。A 类评定的一般流程如图 9-1 所示。

在大多数情况下，随机变量 q 的期望值 μ_q 的最佳估计值是 n 次独立观测值的算术平均值或均值 $\overline{q}$，其中 n 个独立观测值 q_k 是在相同测量条件下得到的：

$$\overline{q}=\frac{1}{n}\sum_{k=1}^{n}q_k \tag{9-3}$$

因此，当从 n 次独立重复观测值 $x_{i,k}$ 估计输入量 X_i 时，由式（9-1）得到的样本平均值 $\overline{X_i}$ 被用作式（9-2）中的输入量的估计值 x_i，也就是说 $x_i=\overline{X_i}$，以便求得测量结果 y。

由于影响量的随机变化或随机效应，每次独立观测值 q_k 亦不同。观测值的实验方差，即 q 的概率分布的方差 σ^2 的估计值为

$$s^2(q_k)=\frac{1}{n-1}\sum_{j=1}^{n}(q_j-\overline{q})^2 \tag{9-4}$$

这个方差的估计值及其正平方根 $s(q_k)$ 表征了被观测值 q_k 的变异性，或者更确切地说，表征了它们在平均值 $\overline{q}$ 附近

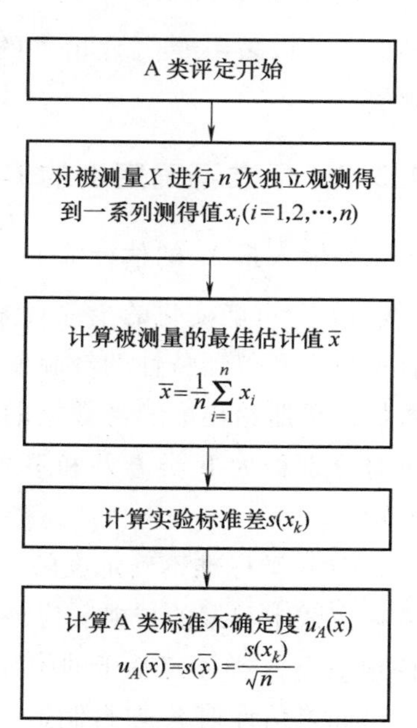

图 9-1　A 类评定的一般流程

的分散性。$s(q_k)$ 称为实验标准差。

平均值方差 $\sigma^2(\overline{q})=\sigma^2/n$ 的最佳估计值由式（9-5）确定：

$$s^2(\overline{q})=\frac{s^2(q_k)}{n} \tag{9-5}$$

平均值的实验标准差 $s(\overline{q})$ 等于平均值的实验方差 $s^2(\overline{q})$ 的正平方根，$s(\overline{q})$ 和 $s^2(\overline{q})$ 均表征了 $\overline{q}$ 与 q 的期望值 μ_q 的接近程度，两者都可用作 $\overline{q}$ 的不确定度的度量。

因此，对于由 n 次独立重复观测值 $X_{i,k}$ 确定输入量 X_i 时，其估计值 $x_i=\overline{X_i}$ 的标准不确定度 $u(x_i)$ 为 $u(x_i)=s(\overline{X_i})$，其中 $s^2(\overline{X_i})$ 根据式（9-5）计算得到。为方便起见，$u^2(x_i)=s^2(\overline{X_i})$ 及 $u(x_i)=s(\overline{X_i})$ 有时分别被称为 A 类方差和 A 类标准不确定度。

为了在统计控制下更好地表征测量过程，可以使用合成或合并方差估计值 s_{p}^2（或合并实验标准差 s_{p}）。在这种情况下，如果被测量 q 的值是依据 n 次独立观测值确定的，那么用 s_{p}^2/n 作为算术平均值 $\overline{q}$ 的实验方差的估计值将优于使用 $s^2(q_k)/n$，标准不确定度 $u=s_{\mathrm{p}}/\sqrt{n}$。

通常，输入量 X_i 的估计值 x_i 由实验数据用最小二乘法拟合一条曲线得到，表征曲线拟合参数和曲线上任何预期点的估计方差，以及标准不确定度可以用已知的统计程序评定。

在简单情况下，$u(x_i)$ 的自由度 v_i 等于 $n-1$，此时 $x_i=\overline{X_i}$ 和 $u(x_i)=s(\overline{X_i})$ 由 n 次独立观测值按式（9-3）和式（9-5）计算得到，当以文件形式说明不确定度分量的 A 类评定时，通常应该给出其自由度。

如果一个输入量在多次观测中存在相关的随机效应，如与时间相关，则用式（9-3）和式（9-5）计算的平均值和平均值的实验标准差可能是这些统计量的不恰当估计。在这种情况下，应该采用专门为相关的一系列随机变化测量的数据处理设计的统计方法来分析观测值。

9.2.3 标准不确定度的 B 类评定

当输入量 X_i 的估计值 x_i 不由重复观测得到时，估计方差 $u^2(x_i)$ 或标准不确定度 $u(x_i)$ 可根据 X_i 可能变化的全部有关信息的判断来评定，这些信息来源可能包括以前的数据、对有关材料和仪器特性的经验或了解、生产厂提供的技术说明书、校准证书或其他证书提供的数据、手册给出的参考数据的不确定度。为方便起见，用这种方法估计的 $u^2(x_i)$ 和 $u(x_i)$ 有时分别称为 B 类方差和 B 类标准不确定度。标准不确定度 B 类评定的一般流程如图 9-2 所示。

在 B 类标准不确定度的评定中，合理使用所得到的信息需要经验及知识，这是一种可以在实践中掌握的技能。应该认识到，标准不确定度的 B 类评定可以与 A 类评定一样可靠，特别是当 A 类评定基于的统计独立观测次数较少时。

如果估计值 x_i 取自制造厂的技术说明书、校准证书、手册或其他来源，并且明确给出了其不确定度是标准差的若干倍，则标准不确定度 $u(x_i)$ 可取为给定值除以该倍数所得之商，而估计方差 $u^2(x_i)$ 是商的平方。例如，标准证书声明标称值为 1kg 的标准砝码的质量 $m_S=1000.00032\text{g}$，并说明该值的不确定度按 3 倍标准差计为 0.24mg，则该标准砝码的标准不确定度 $u(m_S)=(0.24\text{mg})/3=0.08\text{mg}$，相应的相对标准不确定度 $u(m_S)/m_S$ 为 80×10^{-9}，其估计方差 $u^2(m_S)=(0.08\text{mg})^2=6.4\times10^{-9}\text{g}^2$。

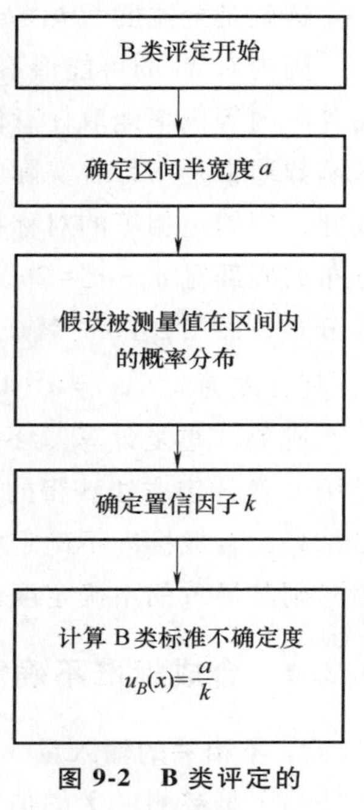

图 9-2　B 类评定的一般流程

x_i 的不确定度不一定由标准差的倍数给出。可以将不确定度定义为具有 90%、95%或 99%包含概率的一个区间。除非另有说明，可以假定不确定度是用正态分布来计算的，而 x_i 的标准不确定度可以通过将该不确定度除以对应正态分布的包含因子来得到。对应上述三个概率的包括因子 k 分别为 1.645、1.960、2.576。例如，标称值为 10Ω 的标准电阻器的校准证书中给出的校准结果为：阻值 R_S 在 23℃时为 $10.00074\Omega\pm0.13\text{m}\Omega$，并说明"给定的 0.13mΩ 不确定度所对应的区间具有 99%的包含概率"，则电阻器的标准不确定度 $u(R_S)=0.13\text{m}\Omega/2.58=0.05\text{m}\Omega$，相对标准不确定度 $u(R_S)/R_S=5\times10^{-6}$，估计方差为 $u^2(R_S)=(0.05\text{m}\Omega)^2=2.5\times10^{-9}\Omega^2$。

考虑下面的情况，根据得到的信息，输入量 X_i 的值有 50%的机会落在 a_- 到 a_+ 的区间内。如果假设 X_i 的可能值近似为正态分布，那么 X_i 的最佳估计值 x_i 可取为该区间的中点。进而，该区间的半宽度为 $a=(a_+-a_-)/2$，则可以取 $u(x_i)=1.48a$，因为对一个数学期望为 μ、标准差为 σ 的正态分布，区间 $\mu\pm\sigma/1.48$ 约包含分布的 50%。例如，测定某一零件尺寸，估计其长度以 50%的概率落在 10.07mm 到 10.15mm 之间，并报告长度 $l=(10.11\pm0.04)$ mm，这说明±0.04mm 对应 50%包含概率的区间，因此 $a=0.04\text{mm}$。假设 l 的可能值服从正态分布，长度 l 的标准不确定度 $u(l)=1.48\times0.04\approx0.06\text{mm}$，方差的估计值 $u^2(l)=(1.48\times0.04\text{mm})^2=3.5\times10^{-3}\text{mm}^2$。

在另一些情况下，可能估计 X_i 的极限（上限和下限），尤其当声明"为实用起见，X_i 落在 a_- 到 a_+ 区间内的概率等于 1，而 X_i 落在这个区间外的概率为零"。如果对 X_i 的可能值落在该区间内的情况缺乏更多的认识，只能假设 X_i 是按等概率落在该区间的任何地方，则 X_i 的数学期望或期望值 x_i 是该区间的中点，即 $x_i=(a_-+a_+)/2$，其方差为 $u^2(x_i)=(a_+-a_-)^2/12$；如果用 $2a$ 表示上限与下限之差 a_+-a_-，则 $u^2(x_i)=a^2/3$。但是，输入量 X_i 的上限 a_+ 和下限 a_- 相对于其最佳估计值 x_i 不一定是对称的，更准确地说，如果下限 $a_-=x_i-b_-$，而上限 $a_+=x_i+b_+$，其中 $b_-\neq b_+$。在这种情况下，x_i（假设 x_i 为 X_i 的期望值）不在 a_- 到 a_+ 区间的中心，X_i 的概率分布在区间内不会是均匀的。但是，可能没有足够的信息来选择合适的分布；不用的模型会导致不同的方差表达式。在缺乏信息时，最简单的近似式为

$$u^2(x_i)=\frac{(b_++b_-)^2}{12}=\frac{(a_+-a_-)^2}{12} \tag{9-6}$$

这就是全宽度为 $b_+ + b_-$ 的矩形分布的方差。

因为对 X_i 的可能值落在估计界限 a_- 到 a_+ 内的情况缺乏具体的了解，所以只能假设 X_i 在界限内等概率地取任意值，而在界限外取值的概率为零。在概率分布中，这种阶跃式不连续函数通常是不符合实际的。很多情况下，更现实的是靠近界限的值比靠近中点的值要少。因此，用斜边相等的对称梯形（一个等腰梯形）分布来代替对称矩形分布更为合理。梯形分布的底部宽 $a_+ - a_- = 2a$，顶部宽为 $2\alpha\beta$，其中 $0 \leqslant \beta \leqslant 1$。当 $\beta \to 1$ 时，此梯形分布接近于矩形分布，而当 $\beta = 0$ 时就成为三角形分布。假设 X_i 服从梯形分布，X_i 的期望值 $x_i = (a_- + a_+)/2$，其方差为 $u^2(x_i) = a^2(1+\beta^2)/6$；当 $\beta = 0$ 时，变为三角形分布，其方差为 $u^2(x_i) = a^2/6$。

避免“重复计算”不确定度分量非常重要。如果产生自某种特殊效应的不确定度分量是用B类评定方法获得的，仅当该效应对观测值的变异性没有贡献时，它才应该在计算测量结果的合成标准不确定度时作为独立的不确定度分量。如果该效应对观测值的变异性有贡献，则其导致的不确定度已经包含在观测值的统计分析中了。

9.2.4 合成标准不确定度的计算

1. 不相关的输入量

当 y 是被测量 Y 的估计值因而也就是测量结果时，y 的标准不确定度由输入量的估计值 x_1，x_2，…，x_N 的标准不确定度的适当合成得到。估计值 y 的合成标准不确定度用 $u_c(y)$ 表示。$u_c(y)$ 是合成方差 $u_c^2(y)$ 的正平方根，由式9-7给出：

$$u_c^2(y) = \sum_{i=1}^{N} \left[\frac{\partial f}{\partial x_i}\right]^2 u^2(x_i) \tag{9-7}$$

其中 f 是式（9-1）给出的函数。每个 $u(x_i)$ 是按A类评定或B类评定所得出的标准不确定度。合成标准不确定度 $u_c(y)$ 是一个估计标准差，表征可合理赋予被测量 Y 的值得分散性。偏导数 $\partial y/\partial x_i$ 是 $X_i = x_i$ 时 $\partial f/\partial x_i$ 的值，这些导数称为灵敏系数，它描述输出量估计值 y 如何随输入量估计值 x_1，x_2，…，x_N 的变化而变化，尤其是输入量估计值 x_i 的微小变化 Δx_i 引起的 y 的变化可用 $(\Delta y)_i = (\partial y/\partial x_i)(\Delta x_i)$ 表示。如果这个变化是由估计值 x_i 的标准不确定度所引起的，则 y 的相应变化为 $(\partial f/\partial x_i)u(x_i)$。因此，合成方差 $u_c^2(y)$ 可以看作各项之和，每一项代表了由每一个输入量估计值 x_i 相关联的估计方差产生的输出量估计值 y 的估计方差。由此，式9-7可以写为

$$\begin{cases} u_c^2(y) = \sum_{i=1}^{N} [c_i u(x_i)]^2 \equiv \sum_{i=1}^{N} u_i^2(y) & (9\text{-}8a) \\ c_i \equiv \partial f/\partial x_i, u_i(y) \equiv |c_i| u(x_i) & (9\text{-}8b) \end{cases}$$

灵敏系数 $\partial f/\partial x_i$ 有时不是通过函数 f 计算得到，而是用实验确定：采用变化一个特定的 X_i，而将其余输入量保持不变时，测量出由此引起的 Y 的变化。这种情况下，对函数 f 的了解就相应地缩小到基于测得的灵敏系数进行的经验性的一阶泰勒级数展开式。

如果被测量 Y 在输入量 X_i 的名义值 $X_{i,0}$ 处作一阶展开时，$Y = Y_0 + c_1\delta_1 + c_2\delta_2 + \cdots + c_N\delta_N$，其中 $Y_0 = f(X_{1,0}, X_{2,0}, \cdots, X_{N,0})$，$c_i$ 是导数 $\partial f/\partial X_i$ 在 $X_i = X_{i,0}$ 处的值，$\delta_i = X_i - X_{i,0}$。为了

分析不确定度，通常将输入量 X_i 变换到 δ_i，以使被测量近似为其变量的线性函数。

如果 $Y=CX_1^{p_1}X_2^{p_2}\cdots X_N^{p_N}$，指数 p_i 是已知正数或负数，并且其不确定度可忽略，则合成方差式（9-7）可以表示为

$$[u_c(y)/y]^2=\sum_{i=1}^{N}[p_iu(x_i)/x_i]^2 \tag{9-9}$$

这与式（9-8a）具有同样的形式，只不过其合成方差 $u_c^2(y)$ 用相对合成方差 $[u_c(y)/y]^2$ 表示，与每一个输入量的估计值相关的方差估计值 $u^2(x_i)$ 表示为相对方差的估计值 $[u(x_i)/x_i]^2$。

2. 相关的输入量

式（9-7）及其导出式，如式（9-8）和式（9-9）仅适用于输入量 X_i 间独立或不相关的情况，如果某些 X_i 是明显相关的就应考虑其相关性。

当输入量相关时，测量结果的合成方差 $u_c^2(y)$ 的表达式为

$$u_c^2(y)=\sum_{i=1}^{N}\sum_{j=1}^{N}\frac{\partial f}{\partial x_i}\frac{\partial f}{\partial x_j}u(x_i,x_j)=\sum_{i=1}^{N}\left[\frac{\partial f}{\partial x_i}\right]^2u^2(x_i)+2\sum_{i=1}^{N-1}\sum_{j=i+1}^{N}\frac{\partial f}{\partial x_i}\frac{\partial f}{\partial x_j}u(x_i,x_j) \tag{9-10}$$

其中，x_i 和 x_j 是 X_i 和 X_j 的估计值，且 $u(x_i,\ x_j)=u(x_j,\ x_i)$ 是 x_i 和 x_j 的协方差的估计值。x_i 和 x_j 之间的相关程度用估计的相关系数表征：

$$r(x_i,x_j)=\frac{u(x_i,x_j)}{u(x_i)u(x_j)} \tag{9-11}$$

其中，$r(x_i,\ x_j)=r(x_j,\ x_i)$，且$-1\leqslant r(x_i,\ x_j)\leqslant 1$。如果估计值 x_i 和 x_j 是相互独立的，则 $r(x_i,\ x_j)=0$，即一个值的变化不会影响另外一个值的变化。

相关系数这个术语比协方差易于解释，式（9-10）中的协方差项可以写成：

$$2\sum_{i=1}^{N-1}\sum_{j=i+1}^{N}\frac{\partial f}{\partial x_i}\frac{\partial f}{\partial x_j}u(x_i)u(x_j)r(x_i,x_j) \tag{9-12}$$

再用式（9-8b）代入后，式（9-10）变成：

$$u_c^2(y)=\sum_{i=1}^{N}c_i^2u^2(x_i)+2\sum_{i=1}^{N-1}\sum_{j=i+1}^{N}c_ic_ju(x_i)u(x_j)r(x_i,x_j) \tag{9-13}$$

考虑算术平均值 $\overline{q}$ 和 $\overline{r}$ 分别为两个随机变量 q 和 r 的期望值 μ_q 和 μ_r 的估计值，并在同一测量条件下对 q 和 r 进行 n 次独立同时重复观测所得值计算得到，$\overline{q}$ 和 $\overline{r}$ 的协方差用式（9-14）估计：

$$s(\overline{q},\overline{r})=\frac{\sum_{k=1}^{n}(q_k-\overline{q})(r_k-\overline{r})}{n(n-1)} \tag{9-14}$$

式中　q_k 和 r_k——量 q 和 r 的单次观测值；

　　$\overline{q}$ 和 $\overline{r}$——由观测值根据式（9-3）计算得到的。

如果实际上观测值是不相关的，则计算得到的协方差可预期接近零。

由此可见，两个相关输入量 X_i 和 X_j 是由独立重复同时观测的数据对平均值 $\overline{X}_i$ 和 $\overline{X}_j$ 评

定的，而 X_i 和 X_j 的估计协方差 $u(x_i, x_j)=s(\overline{X}_i, \overline{X}_j)$，其中 $s(\overline{X}_i, \overline{X}_j)$ 是根据式（9-14）计算得到。应用式（9-14）是协方差的 A 类评定。$\overline{X}_i$ 和 $\overline{X}_j$ 的相关系数估计值由式（9-11）得到：

$$r(x_i,x_j)=r(\overline{X}_i,\overline{X}_j)=s(\overline{X}_i,\overline{X}_j)/[s(\overline{X}_i)s(\overline{X}_j)] \tag{9-15}$$

如果测量两个输入量时采用了同一台测量仪器、实物测量标准或参考依据，并且它们具有较大的标准不确定度，则两个输入量间就可能有显著的相关性。例如，用某一温度计来确定输入量 X_i 的估计值的温度修正值，并用同一温度计来确定输入量 X_j 的估计值的温度修正值，这两个输入量就可能显著相关。然而，如果在这个例子中的 X_i 和 X_j 重新定义为不相关的量，而把确定温度计校准曲线的量作为附加的输入量，该附加输入量具有独立的标准不确定度，则此时 X_i 和 X_j 的相关性就去除了。

如果输入量之间存在显著相关性，则不能忽略。如果改变相关输入量的方法可行的话，应该采用实验方法评定相关方差，或者使用可获得的有关量的相关变异性信息（协方差的 B 类评定）进行评定。当估计由常有的影响量，如环境温度、大气压力和湿度引起的输入量间的相关程度时，就特别需要经验和常识。幸而在很多情况下，这些影响量之间的相关性很小，足以假设被影响的输入量是不相关的。然而，如果不能假设为不相关，把常有的影响量作为独立输入量引入，被影响的输入量本身之间的相关性就可避免了。

9.2.5 扩展不确定度的确定

1. 扩展不确定度的由来

根据测量不确定度声明工作组的建议书 INC-1（1980）及 CIPM 批准并再次确认的建议书 1（CI-1981）和建议书 1（CI-1986），提倡用合成标准不确定度 $u_c(y)$ 作为定量表示测量结果的不确定度参数。实际上，在其第二次建议中，CIPM 已经要求所有参加 CIPM 及其咨询委员会举办的国际对比及其他工作的参加者在给出结果时使用合成标准不确定度 $u_c(y)$。

尽管 $u_c(y)$ 可以广泛用于表示测量结果的不确定度，但在某些商业、工业和法规的应用中，以及涉及健康和安全时，常常有必要提供不确定度度量，也就是给出测量结果值的区间，并期望该区间包含了能合理赋予被测量值分布的大部分。工作组承认了此需求的存在，并反映在建议书 INC-1（1980）的第 5 条中，在 CIPM 的建议书 1（CI-1986）中也有反映。

2. 扩展不确定

扩展不确定度 U 由合成标准不确定度 $u_c(y)$ 乘以包含因子 k 得到：

$$U=ku_c(y) \tag{9-16}$$

由此，测量结果可方便地表示成 $Y=y\pm U$，意思是被测量 Y 的最佳估计值为 y，由 $y-U$ 到 $y+U$ 是一个区间，可期望该区间包含了能合理赋予的 Y 值的分布的大部分。这样一个区间也可表示成 $y-U\leqslant Y\leqslant y+U$。

置信区间和置信水平这两个术语在统计学中具有专门的定义，在本章中对应这两个术语，使用“包含区间”和“包含概率”，其仅适用于满足某些条件的由 U 定义的区间，这些条件包括对 $u_c(y)$ 有贡献的所有不确定度分量都是由 A 类评定获得的。确切地说，U 可以被理解为确定了测量结果的一个区间，该区间以较大的概率 p 包含了测量结果及其合成标准不确定度表征的概率分布的大部分，p 为区间的“包含概率”或“置信水平”。

可行时，应评估和声明由 U 确定的区间相关的包含概率 p。应该认识到，用常数乘 $u_c(y)$ 并不提供新的信息，而是以不同的形式表示前面已获取的信息。然而，也应该认识到，在大多数情况下，包含概率 p（尤其在 p 的值接近 1 时）是相当不确定的，不仅是因为对用 y 和 $u_c(y)$ 表征的概率分布的了解有限（尤其在边缘部分），而且因为 $u_c(y)$ 本身的不确定性。

3. 包含因子的选择

包含因子 k 的值是根据 $y-U$ 到 $y+U$ 区间所要求的包含概率而选择的。一般 k 在 2~3 范围内，但在某些应用领域 k 可能超出这个范围。应根据测量结果的使用需要选取合适的 k 值，这可能需要对测量结果的使用具有丰富的经验和渊博的知识。

理想情况下，能够选择包含因子 k 的特定值，k 值提供的区间 $Y=y\pm U=y\pm ku_c(y)$ 对应于特定的包含概率 p（如 95%或 99%）；同样，对于给定 k 值，也能明确地声明该区间有关的包含概率。然而，在实践中不易做到，因为它需要对由测量结果 y 及其合成不确定度 $u_c(y)$ 表征的概率分布有全面的了解。虽然这些参数是非常重要的，但为建立具有准确已知的包含概率区间，仅仅依据这些参数还不充分。

9.3　测量不确定度的评定方法

对于从事材料理化检测的实验室，在做不确定度评定时，应根据不同的检测参数和检测方法选择不同的评定方法。最常用的就是直接评定法和综合评定法。

9.3.1　直接评定法

对于检测实验室，按照国际不确定度评定指南 GUM 或我国 JJF 1059.1—2012《测量不确定度评定与表示》技术规范对材料理化检测结果进行测量不确定度评定时，一般采用直接评定法。所谓直接评定法，就是在试验条件（检测方法、环境条件、测量仪器、被测对象、检测过程等）明确的基础上，建立由检测参数试验原理所给出的测量模型，即输出量 Y 与若个输入量 X_i 之间的函数关系 $Y=f(X_1, X_2, \cdots, X_N)$［一般由该参数的测试方法标准给出，如果输出量，即检测结果的估计值为 y，输入量 X_i 的估计值为 x_i，则有 $y=f(x_1, x_2, \cdots, x_N)$］，然后按照检测方法和试验条件对测量不确定度的来源进行分析，找出测量不确定度的主要来源，以此求出各个输入量估计值 x_1，x_2，…，x_N 的标准不确定度，称为标准不确定度分量 $u(x_1)$、$u(x_2)$、$u(x_N)$。按照不确定度传播规律，根据测量模型求出每个输入量估计值的灵敏系数 $c_i=\frac{\partial f}{\partial x_i}$，再根据输入量间是彼此独立还是相关，还是二者皆存在的关系进行合成，求出合成不确定度 $u_c(y)$，最后根据对置信度的要求（95%还是 99%）确定包含因子（k 取 2 还是取 3）从而求得扩展不确定度。

现以评定金属材料的力学性能参数为例，如通过对拉伸试验的检测参数（R_{eL}、R_p、

R_m、A、Z）、弹性模量 E 及维氏硬度试验测定 HV 值所进行的测量不确定度评定，来说明直接评定法的步骤。对于拉伸性能参数，根据 GB/T 228.1—2021，若试样为圆形横截面试样，则强度指标和塑性指标的测量模型分别为

$$R_{eL}=\frac{F_{eL}}{S_o}=\frac{4F_{eL}}{\pi\bar{d}^2}$$

$$R_p=\frac{F_p}{S_o}=\frac{4F_p}{\pi\bar{d}^2}$$

$$R_m=\frac{F_m}{S_o}=\frac{4F_m}{\pi\bar{d}^2}$$

$$A=\frac{\bar{L}_u-L_o}{L_o}\times100\%$$

$$Z=\frac{S_o-S_u}{S_o}\times100\%$$

对于强度指标（R_{eL}、R_p、R_m），只要分别求出输入量试验力不确定度分量 $u(F)$（包括试样材料的不均匀性、人员测量重复性、试验机误差或不确定度等因素的影响）、试样直径平均值测量不确定度分量 $u(d)$（包括直径测量重复性、试样加工的不均匀性、所用量具的误差或不确定度等因素的影响）和强度计算结果修约所引起的不确定度分量 $u(R_{rou})$（强度检测的最后结果必须经过数值修约，所以修约也相当于输入）。试验过程中主要的影响因素都已包括在其中，而且试验力和直径的灵敏系数很容易从测量模型求出，它们分别是 $c_F=\frac{\partial R}{\partial F}=\frac{4}{\pi\bar{d}^2}$ 和 $c_d=\frac{\partial R}{\partial\bar{d}}=\frac{-8F}{\bar{d}^3}$。试验力的测量与试样直径的测量是独立无关的，于是可根据不确定度传播规律，用方和根的公式：

$$u_c^2(y)=\sum_{i=1}^{N}\left[\frac{\partial f}{\partial x_i}\right]^2u^2(x_i)=\sum_{i=1}^{N}c_i^2u^2(x_i)=\sum_{i=1}^{N}u_i^2(y)$$

进行合成。例如，对于下屈服强度，可得到合成不确定度 $u_c^2(R_{eL})$，乘上包含因子即得到扩展不确定度，即

$$U(R_{eL})=ku_c(R_{eL})$$

一般取包含因子 $k=2$，则区间的包含概率约为 95%；需要时 $k=3$，区间的包含概率约为 99%。

同理，也可得到其他强度指标的扩展不确定度。

对于断后伸长率 A，首先求出输入量 L_o 和 $\bar{L}_u$ 的不确定度分量 $u(L_o)$ 和 $u(\bar{L}_u)$（其中包括了人员测量重复性，标点机、划线机、量具误差等所引入的不确定度分量），然后求出灵敏系数 $c_{\bar{L}_u}$ 和 c_{L_o}。测量中，由于 L_o 是由标点机或划线机标出，而 $\bar{L}_u$ 一般是由游标卡尺量得，因此二者是独立的，也可根据不确定度传播规律，用方和根的公式进行合成，即 $u_c^2(A)=c_{L_u}^2u^2(L_u)+c_{L_o}^2u^2(L_o)+u^2(A_{rou})$。式中，第三项是检测结果 A 的数字修约所引起的不

确定度分量，因为修约后才能得到最后结果，所以此项也相当于输入。合成不确定度 $u_c(A)$ 求出后，评定的最后结果就很容易得到，即 $U(A)=ku_c(A)$。

对于维氏硬度，根据 GB/T 4340.1—2009，维氏硬度测试原理的测量模型为 $HV=0.1891\dfrac{F}{d^2}$。同理，首先求出两压痕对角线长度 d_1 和 d_2 算术平均值 d 的测量误差引起的不确定度分量，试验力值 F 的测量误差所引起的不确定度分量，检测结果进行数值修约所导致的不确定度分量（在前两个分量中当然包括了检测人员测量过程及硬度计测量误差所带来的不确定度分量），然后根据测量模型求出灵敏系数 $c_F=\dfrac{\partial HV}{\partial F}=0.1891\times\dfrac{1}{d^2}$ 和 $c_d=\dfrac{\partial HV}{\partial F}=-2\times 0.1891\times\dfrac{F}{d^3}$。因为 $u(d)$、$u(F)$ 和硬度值数值修约所导致的不确定度分量 $u_{rou}(HV)$ 之间彼此独立不相关，则合成标准不确定度可由下式计算：

$$u_c^2(HV)=c_F^2u^2(F)+c_d^2u^2(d)+u_{rou}^2(HV)$$

合成标准不确定度得到后，扩展不确定度即可求得。

采用直接评定法，必须具有以下三个前提：

1）如果对测量模型中的所有输入量进行了测量不确定度分量的评定，就包含了测量过程中所有影响测量不确定度的主要因素。

2）由试验标准方法所决定的测量模型，能较容易地求出所有输入量的灵敏系数。

3）各输入量之间有明确的相关或独立关系。

这三个前提条件都满足，则直接评定法是可行的；反之，则无可行性。

9.3.2 综合评定法

在检测实验室的测量不确定度评定中，有的检测项目采用直接评定法评定其检测结果的测量不确定度，会存在以下问题：①所有输入量的不确定度分量并不能包含影响检测结果所有的主要不确定因素；②所有或部分输入量的不确定度分量量化困难；③有的检测项目由测量模型求某些输入量的灵敏系数十分困难或非常复杂。这时如果仍用直接评定法，不仅可靠性低，而且缺乏可操作性。对于这种情况可以采用综合法进行评定。现通过金属材料夏比试样的冲击试验，检测其试样的冲击吸收能量并对其测量不确定度进行评定，来分析综合评定法的来由和思路。

根据试验原理，其测量模型是

$$KV=FL(\cos\beta-\cos\alpha)$$

式中 F——摆锤的重力（N）；

L——摆长（摆轴至锤重心之间的距离）（mm）；

α——冲击前摆锤扬起的最大角度（rad）；

β——冲击后摆锤扬起的最大角度（rad）。

这四个输入量计量专业人员在计量检定冲击试验机时，能进行定量检定，然而一般检测人员在对检测结果的测量不确定度评定过程中是无法对这四个输入量进行量化的。况且影响检测结果的因素很多，如试样状态（尺寸、表面粗糙度，特别是缺口状态）、冲击试验机状态（刚度、摆锤、轴线摆锤长度、刀刃尺寸、回零差、底座的跨距、曲率半径及斜度、能量损失等）、试验条件（冲击速度、试样对中、温度等）、试样材质的不均匀性、操作人员的差异等。因此，根据 GUM 或 JJF 1059.1—2012 对金属材料试样进行夏比冲击试验检测结果测量不确定度评定时，如果采用直接评定法，即根据冲击试验上述的测量模型，对各个影响因素（即输入量 F、L、α、β）引入的不确定度分量进行评定，再按不确定度传播规律进行合成，最后扩展而得到结果，那么，一方面输入量 F、L、α、β 量化很难准确，而另一方面有许多重要因素无法考虑进去，如材料的不均匀性，在满足 GB/T 229—2020 前提下试样加工的差异、试验条件（试样对中、冲击速度、温度）的差异等，这些不确定因素对不确定度的贡献无法在分量中计算进去。也就是说，上述的①和②问题明显存在。所以，如果一定要用直接评定法，那么所得到的结果的准确性和可靠性都较差。因此，为了使冲击试验结果的测量不确定度评定具有可操作性和相当的可靠性，应该采用综合评定法。此方法的思路是在试验方法（包括试样的制备和一切试验的操作）满足国家标准（如 GB/T 229—2020），所用设备、仪器和标样也满足国家标准或国家计量检定规程（如对于冲击试验，其工作冲击试验机满足 GB/T 3808—2018、冲击标准试样及标准冲击试验机满足 GB/T 18658—2018）要求的条件下，综合考虑并评定试验结果重复性（包含人员、试验机、材质的不均匀性，在满足标准条件下试样加工、试验条件及操作的各种差异等因素）引入的不确定度分量 $u(x_1)$、工作试验机误差所引入的不确定度分量 $u(x_2)$、检验工作试验机所使用的标准试样偏差所引入的不确定度分量 $u(x_3)$、根据 GB/T 229—2020 和 GB/T 8170—2008 对测量结果进行数值修约所引入的不确定度分量 $u(x_4)$。然后再进行合成、扩展，最后得到评定结果。

还有一种情况，就是在理化检测中，有的检测项目根据测量模型求取不确定度灵敏系数非常烦琐，以至失去了可操作性，如在金属材料力学性能试验中的布氏硬度试验，根据 GB/T 231.1—2018 的方法原理，其测量模型是

$$y=0.102\times\frac{2F}{\pi D(D-\sqrt{D^2-d^2})}$$

式中 F——试验力；

D——压头球直径；

d——压痕平均直径；

y——布氏硬度 HBW。

显然，不确定度灵敏系数 $c_d=\partial y/\partial d$ 的求取十分烦琐，如果采用直接法进行评定，就失去了可操作性。

考虑上述情况，在综合评定法中，测量模型的建立如果用输出量和输入量的估计值来书写，有两种表达方法：

其一是

$$y=x \tag{9-17}$$

式中 x——被测试样的参数读出值，即输入量估计值；

y——被测试样的参数估计值，即输出量估计值。

这对借助自动化的仪器、设备对材料进行性能参数检测结果测量不确定度评定，以及上述用直接评定法存在困难的项目，如冲击试验、布氏硬度及洛氏硬度试验、直读光谱分析、等离子光谱等检测项目的测量不确定度评定都可采用这种形式的测量模型。但需注意，式(9-17)中被测试样的参数读出值 x 往往是由多个影响因素所决定的，所以在许多情况下，输入量估计值 x 又可分解为 $x_1+x_2+\cdots+x_N$。因此，此测量模型用估计值表达也可写为

$$y = \sum_{i=1}^{N} x_i = x_1 + x_2 + \cdots + x_N \tag{9-18}$$

式中 y——输出量估计值，即检测结果；

x_i——试验过程中各个影响输出量之因素，即若干个输入量的若干个估计值。

实际上，测量模型式（9-17）和式（9-18）是一样的。对于冲击试验，式（9-17）的 x 包含了试验过程中对检测结果（输出量估计值 y）的四个影响因素，而式（9-18）的 x_i 就直接表示了试验过程中对检测结果（输出量估计值 y）的四个影响因素，即四个输入量估计值。这是因为各个输入量估计值的灵敏系数，$c_1=\frac{\partial y}{\partial x_1}=c_2=\frac{\partial y}{\partial x_2}=\cdots=c_N=\frac{\partial Y}{\partial x_N}=1$，即都等于1。所以，合成不确定度的计算公式是

$$u_c^2(y) = \sum_{i=1}^{N}\left[\frac{\partial f}{\partial x_i}\right]^2 u^2(x_i) = \sum_{i=1}^{N} c_i^2 u^2(x_i) = \sum_{i=1}^{N} u_i^2(y) \tag{9-19}$$

对于上述的冲击项目，于是有 $u_c^2(KV)=u^2(x_1)+u^2(x_2)+u^2(x_3)+u^2(x_4)$，即 $u_c(KV)=\sqrt{u^2(x_1)+u^2(x_2)+u^2(x_3)+u^2(x_4)}$。所以，欲求的扩展不确定度是

$$U=k\sqrt{u^2(x_1)+u^2(x_2)+u^2(x_3)+u^2(x_4)} \tag{9-20}$$

在评定中，影响因素不可重复，也不能遗漏，遗漏会使评定结果偏小，重复会导致评定结果偏大，这必须引起足够的重视。

实践表明，对于材料理化检验结果测量不确定度的评定，凡是用直接评定法无法评定的具有一定难度的检测项目，都可有效地应用综合评定法进行评定，而且综合评定法不仅使试验检测结果不确定度的评定具有可行性，并且提高了试验检测结果测量不确定度评定的准确度和可靠性。也就是说，综合评定法能满意解决材料理化检测结果测量不确定度评定中的某些难点。值得注意的是，某些标准已经给出了采用该法获得结果测量的不确定度评定方法，如 GB/T 4340.1—2009《金属材料 维氏硬度试验 第1部分：试验方法》的附录D就提供了硬度值测量的不确定度评定方法，可供参考。

9.3.3 测量不确定度的评定步骤

测量不确定度的评定可分为以下七个步骤。

第一步——概述

将测量方法的依据、环境条件、测量标准（使用的计量器具、仪器设备等）、被测对象、测量过程及其他有关的说明等表述清楚。

第二步——测量不确定度来源的分析

按测量方法和条件对测量不确定度的来源进行分析，以找出测量不确定度的主要来源。

第三步——建立测量模型

根据测试方法（标准）原理建立输出量（被测量 y）与输入量（x_1，x_2，…，x_N）间的函数关系，即建立：

$$y=f(x_1,x_2,\cdots,x_N)$$

第四步——标准不确定度分量的评定

按照上述方法对标准不确定度分量进行评定，建议列表进行汇总，以防止漏项。

第五步——计算合成标准不确定度

根据输入量间的关系（是相关还是彼此独立），应用 JJF 1059.1—2012 中公式（23）或公式（24）（对某些问题，二式都可能应用）计算出合成不确定度 $u_c(y)$，并根据 JJF 1059.1—2012 中公式（38）或公式（39）计算有效自由度。

第六步——扩展不确定度的评定

根据实际问题的需要，计算出扩展不确定度。

第七步——测量不确定度的报告

按照问题的类型，根据测量不确定度的评定，选择合乎 GUM 或 JJF 1059.1—2012 规定的表示方式，给出测量不确定度的报告。

在评定步骤中的第二步——测量不确定度来源的分析尤为重要，这是因为检测过程中引入不确定度的来源是否分析清楚，是顺利、正确、可靠地进行评定的基础。一般在测量过程中，引起测量不确定度的来源有如下 11 个方面：

1）对被测量的定义不完整或不完善。例如，定义被测量是某金属材料在低温条件下的抗拉强度。显然，此定义不完整，因定义中的“低温条件”缺乏具体温度，而温度对金属材料抗拉强度的影响显著，所以定义不完整。如果定义是在-100℃条件下的抗拉强度，也不完善，因未指明试验温度的允许偏差。这种定义的不完整或不完善，引入了温度影响的测量不确定度。因此，完整的被测量定义是，某金属材料的低温拉伸试样在-100℃±3℃的抗拉强度。

2）实现被测量定义的方法不理想。在上例中，完整定义的被测量在试验中由于温度实际上达不到定义的要求，如果实际的温度偏差已大于±3℃（包括由于温度的测量本身存在测量不确定度），即定义的实现不理想，从而使测量结果引入了不确定度。

3）取样的代表性不够，即被测量的样本不能完全代表所定义的被测量。例如，被测量为某批量钢材中化学元素碳、锰、硅、硫、磷的成分或某批量钢材的室温抗拉强度、屈服强度、断后伸长率，由于实际条件、生产应用、测量方法、设备各方面的客观限制，只能抽取这种材料的一部分（子样）制成试样，然后对其进行测量，那么抽样的不完善、试样的非均匀性等导致了所抽子样在成分、性能等方面不能完全代表所定义的被测量，也会引入测量不确定度。

4）对测量过程受环境影响的认识不全面或对环境条件的测量与控制不完善。例如，在水银温度计的检测中，被检温度计和标准温度计都放在同一个恒温槽中进行检测，恒温槽内的温度由同一台温度控制器控制。在实际检测中，控制器不可能将恒温槽的温度稳定在一个恒定值，实际的槽温将在一个小的温度范围内往复变化，这样由于标准温度计和被检温度计的温度响应时间常数不同也会引入测量不确定度。

5）对模拟式仪器的读数存在人为偏差。模拟式仪器在读取示值时，由于观测者的位置和个人习惯的不同，对同一状态下的读数可能会有差异，这种差异产生了不确定度。

6）测量仪器的计量性能（如灵敏度、分辨力、鉴别力阈、死区、稳定性等）上的局限性。例如，数字仪表的分辨力就是不确定度的来源之一。如果指示装置的分辨力为 δx，则所引入的不确定度分量为 $u=0.29\delta x$。

7）赋予计量标准的值和标准物质的值不准确。通常的测量是将被测量与测量标准的给定值进行比较来实现的，因此标准的不确定度直接引入测量结果。例如，用天平测量时，测得的质量的不确定度中包括了标准砝码的不确定度。

8）引用的数据或其他参量的不确定度。在测量中往往会用到一些参量，如线胀系数、导电系数、温度系数等，这些参数本身也具有不确定度，它同样引入了测量结果，导致了不确定度，也是测量不确定度的来源之一。

9）与测量方法和测量程序有关的近似性和假定性。例如，被测量表达式的近似程度、自动测试程序中的迭代程度、电测系统中的绝缘程度、测量方法中某些假设的准确程度等均会引起测量不确定度。

10）在表面看来完全相同的条件下，被测量重复观测值也会有所变化。在实际测量中，常发现无论如何控制环境条件及各类对测量结果可能产生影响的因素，而最终测量结果总会存在一定的分散性，即多次测量结果并不完全相等。此现象客观存在，由一些随机效应所造成，这也是不确定度的来源之一。

11）若使用经修约过的测量结果，则必要时应考虑修约引起的不确定度分量。

上述测量不确定度来源可能相互有关联，如第10）项可能与前面各项有关。对于尚未认识到的系统效应，显然在评定中不可能考虑到，但可能导致测量结果的误差。

在评定中，经来源分析后要注意抓住主要来源，可从仪器设备、人员重复性、方法、环境、被测量等方面进行分析，对于具体的一个评定项目，上述方面来源不一定都要考虑，只考虑主要因素即可，应不遗漏但也不重复，重复导致不确定度过大，遗漏会导致不确定度过小，特别应抓住对结果影响大的不确定度来源，有些影响小的不确定度来源可不必考虑。

在进行第四步标准不确定度分量的评定时，按A类和B类不确定度分量进行评定，这是两种不同的方法，并不意味着两类分量实质上有什么差别，不应当称之为“随机不确定度”和“系统不确定度”，必要时可用随机效应导致的不确定度和系统效应导致的不确定度来说明。因为“随机”和“系统”两种因素造成的不确定度，在某些情况下是可以转化的，如当前一种测量结果（量尺厂生产的尺子准确度）作为后一种测量的输入量（力学性能试验中试样尺寸的测量）时，前一种测量的“随机效应”导致的不确定度分量就转化成后一种测量的“系统效应”导致的不确定度分量。因此，A类、B类只是数据处理、计算的方法不同而已，绝非性质的不同，它们都是建立在概率分布的基础之上的，只不过A类评定法是用对观测列数据进行统计方法得出的，而B类评定法是根据已有信息进行评定的。这两类不确定度间不存在哪一类较为可靠的问题，其可靠性大小由各自自由度的大小来决定。

9.4　测量不确定度评定注意事项

9.4.1　A 类和 B 类评定方法的选用问题

在理化检测结果测量不确定度评定中，A 类和 B 类评定法不存在本质的区别，只是所用的方法不同而已。A 类评定法是用对观测列数据的统计方法，而 B 类评定法是非统计方法，绝不能认为哪一种方法更优越。在实际评定中，应根据被评定问题的现实情况，按照可靠、简单、方便的原则来选取。在评定中，某个不确定度分量属 A 类还是 B 类，只表明所采用的方法类型，而对合成标准不确定度和扩展不确定度的评定并无影响。因此，在测量不确定度分量的评定中，可以注明某个分量是 A 类或 B 类，也可不予注明。

9.4.2　评定报告中 U_p 和 U 的选用问题

扩展不确定度有 $U_p=k_pu_c(y)$ 和 $U=ku_c(y)$（k 取 2 或 3）两种形式，在理化检测结果测量不确定度的实际评定中究竟采用哪种形式来报告测量不确定度的评定结果呢？U_p 与 U 相比其主要区别是，当 y 和 $u_c(y)$ 所表征的概率分布近似为正态分布时，扩展不确定度用 U 表示。若确定的区间具有的包含概率约为 95%时，$k=2$，$U=2u_c$；若确定的区间具有的包含概率约为 99%时，$k=3$，$U=3u_c$。当有固定的包含概率的要求时，扩展不确定度用 U_p 表示，则要判断 Y 可能值的分布，若接近正态分布，则 $k_p=t_p(v_{\mathrm{eff}})$，可根据 $u_c(y)$ 的有效自由度 v_{eff} 和所需要的包含概率，查表 9-1 得到 k_p。如果确定 Y 可能值的分布不是正态分布，而是接近于其他某种分布，则不应按 $k_p=t_p(v_{\mathrm{eff}})$ 计算。

表 9-1　t 分布在不同包含概率 p 与自由度 ν 的 t_p 值（t 值）

自由度 ν	包含概率 p(%)					
	68.27	90	95	95.45	99	99.73
1	1.84	6.31	12.71	13.97	63.66	235.80
2	1.32	2.92	4.30	4.53	9.92	19.21
3	1.20	2.35	3.18	3.31	5.84	9.22
4	1.14	2.13	2.78	2.87	4.60	6.62
5	1.11	2.02	2.57	2.65	4.03	5.51
6	1.09	1.94	2.45	2.52	3.71	4.90
7	1.08	1.89	2.36	2.43	3.50	4.53
8	1.07	1.86	2.31	2.37	3.36	4.28
9	1.06	1.83	2.26	2.32	3.25	4.09
10	1.05	1.81	2.23	2.28	3.17	3.96
11	1.05	1.80	2.20	2.25	3.11	3.85
12	1.04	1.78	2.18	2.23	3.05	3.76
13	1.04	1.77	2.16	2.21	3.01	3.69

（续）

自由度 ν	包含概率 p(%)					
	68.27	90	95	95.45	99	99.73
14	1.04	1.76	2.14	2.20	2.98	3.64
15	1.03	1.75	2.13	2.18	2.95	3.59
16	1.03	1.75	2.12	2.17	2.92	3.54
17	1.03	1.74	2.11	2.16	2.90	3.51
18	1.03	1.73	2.10	2.15	2.88	3.48
19	1.03	1.73	2.09	2.14	2.86	3.45
20	1.03	1.72	2.09	2.13	2.85	3.42
25	1.02	1.71	2.06	2.11	2.79	3.33
30	1.02	1.70	2.04	2.09	2.75	3.27
35	1.01	1.70	2.03	2.07	2.72	3.23
40	1.01	1.68	2.02	2.06	2.70	3.20
45	1.01	1.68	2.01	2.06	2.69	3.18
50	1.01	1.68	2.01	2.05	2.68	3.16
100	1.005	1.660	1.984	2.025	2.626	3.077
∞	1.000	1.645	1.960	2.000	2.576	3.000

注：对期望 μ 及总体标准差 σ 的正态分布描述某量 z，当 $k=1$、2、3 时，区间 $\mu\pm k\sigma$ 分别包含分布的 68.27%、95.45%、99.73%。

9.4.3 测量结果及其不确定度有效位数的注意事项

JJF 1059.1—2012 的 5.3.8.1 条款规定，通常最终报告的 $u_c(y)$ 和 U 根据需要取一位或两位有效数字。这指最后结果的形式，在计算过程中，为减少修约误差可保留多位（GUM 未做具体规定，视具体情况而定）。

一旦测量不确定度有效位数确定了，则应采用它的修约间隔来修约测量结果，以确定测量结果的有效位数。需要注意的部分包括：

1）确定测量不确定度的有效位数，从而决定测量结果的有效位数，其原则是即要满足测量方法标准或检定规程对有效位数的规定，也要满足 GUM 的要求（一位或二位）。

2）不允许连续修约，即在确定修约间隔后，一次修约获结果，不得多次修约。

3）当不确定度以相对形式给出时，不确定度也应最多只保留两位有效数字。此时，测量结果的修约应将不确定度以相对形式返回绝对形式，同样一般情况下至多保留两位，再相应修约测量结果。

4）当采用同一测量单位来表示测量结果和其不确定度时，它们的末位应是对齐的（末位一致），这是 GUM 的规定，应予遵从。

5）若测量结果实际位数不够而无法与测量不确定度对齐时，一般操作方法是补零后对齐。例如，测量结果为 $m=100.0214\text{g}$，$U_{95}=0.36\text{mg}$，应表示为 $m=100.02140\text{g}$，$U_{95}=0.36\text{mg}$（或 0.00036g）。但必须注意补零后的数值是否与仪器设备的最小检出量相吻合，如果不吻合，则不可补零对齐。例如，在评定某个长度测量的不确定度时，已知量具的分辨力是 0.01mm，多次测量结果经评定，其平均值是 $L=10.08\text{mm}$，$U_{95}=0.056\text{mm}$，$v_{\text{eff}}=20$，则按上述原则，评定结果补零后对齐应为 $L=10.080\text{mm}$，$U_{95}=0.056\text{mm}$，$v_{\text{eff}}=20$，测量结果 L 与不确定度 U_{95} 末位是对齐了，但结果的表达却表明了量具的分辨力为 0.001mm，这与实际情况不符。因此，对于这种情况，如果为了两者末位对齐，将测量结果“补零”，则无意中提高了所用检测设备或仪器的分辨力，违反了现实状态。此时，解决的办法是，测量不确定度有效数取一位，测量结果不需补零，正确的报告表示方式是：$L=10.08\text{mm}$，$U_{95}=0.06\text{mm}$，$v_{\text{eff}}=20$。测量结果和扩展不确定度使用相同的计量单位，其末位一致，完全符合 JJF 1059.1—2012 的 5.3.8.3 的规定，也符合检测设备的现实情况。

总之，测量不确定度有效位数究竟是取一位还是两位，应根据所评定问题的客观实际情况按照 JJF 1059.1—2012 的规定来决定。

9.4.4 日常检测工作中的测量不确定度评定问题

作为规范化的检测实验室（仪器、设备、人员、方法、环境、试样、管理等一切条件合乎要求，即受控），对于性能参数的检测，在受控条件下，评定了测量不确定度，得到了不确定度数据，在往后日常的规范化检测工作（仍在受控条件下）即可直接应用早先评定的结果，不需要每次检测都进行评定工作。当然，如果某一条件（如仪器准确度）或某些条件（如环境、试样、人员、方法、仪器准确度等）发生了变化，即测量不确定度的来源发生了变化，则需要重新评定测量不确定度。在此条件下，往后日常的规范化检测（受控）就应该采用重新评定的测量不确定度数据。

9.4.5 不确定度的报告与表示

测量不确定度是与测量结果相联系的参数。因此，测量不确定度最终的报告形式应该由三部分，即检测结果、扩展不确定度 U 或 U_p、包含因子 k_p 数值或有效自由度 ν_{eff} 组成，下面给出具体实例。

1. 扩展不确定度 $U=ku_c(y)$ 的表示形式

例如，已知 $u_c(R_{\text{m}})=16.78\text{MPa}$，$R_{\text{m}}=565\text{MPa}$，取包含因子 $k=2$，$U=2\times16.78=33.56$，取 $U=34$，则

$R_{\text{m}}=565\text{MPa}$，$U=34\text{MPa}$，$k=2$。

如果以相对扩展不确定度的形式来报告，则

$R_{\text{m}}=565\text{MPa}$，$U_{\text{rel}}=6.0\%$，$k=2$。

2. 扩展不确定度 $U_p=k_pu_c(y)$ 的表示形式

例如，已知 $u_c(R_{\text{m}})=16.78\text{MPa}$，$\nu_{\text{eff}}=9$，$p=95\%$，查表 9-1 得 $k_p=t_p(\nu_{\text{eff}})=t_{95}(9)=2.26$，$U_{95}=2.26\times16.78=37.92$，取 $U_{95}=38$，则

$R_{\text{m}}=565\text{MPa}$，$U_{95}=38\text{MPa}$，$\nu_{\text{eff}}=9$。

如果以相对扩展不确定度的形式来报告，则

$R_{\text{m}}=565\text{MPa}$，$U_{95,\text{rel}}=6.7\%$，$\nu_{\text{eff}}=9$。

附录

金属材料拉伸试验测量结果不确定度评定

1. 概述

（1）测量方法　依据 GB/T 228.1—2021《金属材料　拉伸试验　第1部分：室温试验方法》。

（2）环境条件　评定的试验温度为 23℃±2℃，相对湿度为 45%。

（3）测量设备　检定合格的微机控制电子万能试验机。

（4）被测对象　采用满足 GB/T 228.1—2021 要求的标准拉伸试样。

（5）拉伸试验测量结果　评定低碳低合金钢以三个试样平均结果的抗拉强度和塑性指标的不确定度。

使用 10 个试样，得到测量列，重复性试验测量结果见附表 1。

附表 1　重复性试验测量结果

序号	试样直径 d/mm	抗拉强度 R_m/MPa	下屈服强度 R_{eL}/MPa	规定塑性延伸强度 $R_{p0.2}$/MPa	断后伸长率 A(%)	断面收缩率 Z(%)
1	10.00	669	387	391	25.4	51.0
2	10.00	664	395	400	25.4	50.4
3	10.01	662	386	391	25.4	51.1
4	10.00	660	394	397	25.6	52.2
5	10.00	665	391	394	25.5	51.0
6	10.00	671	393	396	25.0	50.0
7	10.00	667	395	405	25.5	53.0
8	10.00	667	400	405	25.5	54.0
9	10.00	668	393	402	25.5	50.0
10	10.00	667	400	406	25.5	53.0
平均值		666	393.4	398.7	25.43	51.57
标准差 s_i		3.300	4.648	5.736	0.164	1.397
相对标准差 s		0.495%	1.181%	1.439%	0.643%	2.709%

实验标准差按贝塞尔公式计算：

$$s_i = \sqrt{\frac{\sum_{i=1}^{n}(X_i - \overline{X})^2}{n-1}}$$

$$\overline{X} = \frac{1}{n}\sum_{i=1}^{n} X_i$$

2. 抗拉强度不确定度的评定

（1）数学模型

$$R_m = \frac{F_m}{S_o}$$

$$u_{crel}(R_m) = \sqrt{u_{rel}^2(F_m) + u_{rel}^2(S_o) + u_{rel}^2(rep) + u_{rel}^2(R_{mV})}$$

式中　R_m——抗拉强度；

F_m——最大力；

S_o——原始横截面积；

rep——重复性；

R_{mV}——拉伸速率对抗拉强度的影响。

（2）A 类相对标准不确定度分量　本例评定三个试样测量平均值的不确定度，故应除以$\sqrt{3}$，则

$$u_{rel}(rep) = \frac{s}{\sqrt{3}} = \frac{0.495\%}{\sqrt{3}} = 0.286\%$$

（3）最大力 F_m 的 B 类相对标准不确定度分量

1）测力系统示值误差带来的相对标准不确定度。1.0 级的拉力试验机示值误差为±1.0%，按均匀分布考虑 $k=\sqrt{3}$，则

$$u_{rel}(F_1) = \frac{1.0\%}{\sqrt{3}} = 0.577\%$$

2）标准测力仪的相对标准不确定度。使用 0.3 级的标准测力仪对试验机进行检定。重复性 $R=0.3\%$可以看成重复性极限，则其相对标准不确定度为

$$u_{rel}(F_2) = \frac{R}{2.83} = \frac{0.3\%}{2.83} = 0.106\%$$

3）计算机数据采集系统带来的相对标准不确定度。计算机数据采集系统引入的 B 类相对标准不确定度为 0.2×10^{-2}，则

$$u_{rel}(F_3) = 0.2\%$$

4）最大力的相对标准不确定度分量：

$$u_{rel}(F_m) = \sqrt{u_{rel}^2(F_1) + u_{rel}^2(F_2) + u_{rel}^2(F_3)}$$

$$= \sqrt{(0.577\%)^2 + (0.106\%)^2 + (0.2\%)^2} = 0.620\%$$

（4）原始横截面积 S_o 的 B 类相对标准不确定度分量　测定原始横截面积时，测量每个尺寸应准确到±0.5%，则

$$S_o = \frac{1}{4}\pi d^2$$

$$u_{rel}(d) = \frac{0.5\%}{\sqrt{3}} = 0.289\%$$

$$u_{rel}(S_o) = 2u_{rel}(d) = 2\times 0.289\% = 0.578\%$$

（5）拉伸速率影响带来的相对标准不确定度分量　试验得出，在拉伸速率变化范围内抗拉强度最大相差 10MPa，所以拉伸速率对抗拉强度的影响为±5MPa，按均匀分布考虑：

$$u(R_{mV}) = \frac{5}{\sqrt{3}} = 2.887$$

$$u_{rel}(R_{mV}) = \frac{2.887}{666} = 0.433\%$$

（6）抗拉强度的相对合成不确定度　抗拉强度的相对标准不确定度分量汇总见附表 2。

附表 2　抗拉强度的相对标准不确定度分量汇总

相对标准不确定度分量	不确定度来源	相对标准不确定度(%)
$u_{rel}(rep)$	测量重复性	0.286
$u_{rel}(F_m)$	最大力	0.620
$u_{rel}(S_o)$	试样原始横截面积	0.578
$u_{rel}(R_{mV})$	拉伸速率	0.433

相对合成不确定度：

$$u_{rel}(R_m) = \sqrt{u_{rel}^2(rep) + u_{rel}^2(F_m) + u_{rel}^2(S_o) + u_{rel}^2(R_{mV})}$$

$$= \sqrt{(0.286\%)^2 + (0.620\%)^2 + (0.578\%)^2 + (0.433\%)^2} = 0.994\%$$

（7）抗拉强度的相对扩展不确定度　取包含概率 $p=95\%$，按 $k=2$，则

$$U_{rel}(R_m) = ku_{crel}(R_m) = 2\times 0.994\% = 1.998\%$$

3. 下屈服强度不确定度的评定

（1）数学模型

$$R_{eL} = \frac{F_{eL}}{S_o}$$

$$u_{crel}(R_{eL}) = \sqrt{u_{rel}^2(rep) + u_{rel}^2(F_{eL}) + u_{rel}^2(S_o) + u_{rel}^2(R_{eLV})}$$

式中　R_{eL}——下屈服强度；

F_{eL}——最大力；

S_o——原始横截面积；

rep——重复性；

R_{eLV}——拉伸速率对下屈服强度的影响。

（2）A 类相对标准不确定度分量　本例评定三个试样测量平均值的不确定度，故应除以$\sqrt{3}$，则

$$u_{rel}(rep)=\frac{s}{\sqrt{3}}=\frac{1.181\%}{\sqrt{3}}=0.682\%$$

（3）下屈服力 F_{eL} 的B类相对标准不确定度分量　下屈服力 F_{eL} 的相对标准不确定度分量 $u_{rel}(F_{eL})$ 的评定与最大力 F_m 的相对标准不确定度分量 $u_{rel}(F_m)$ 的评定步骤相同。

$$u_{rel}(F_{eL})=\sqrt{u_{rel}^2(F_1)+u_{rel}^2(F_2)+u_{rel}^2(F_3)}=0.620\%$$

（4）原始横截面积 S_o 的B类相对标准不确定度分量　原始横截面积相对不确定度与2.（4）相同：

$$U_{rel}(S_o)=0.578\%$$

（5）拉伸速率影响带来的相对标准不确定度分量　试验得出，在拉伸速率变化范围内下屈服强度最大相差10MPa，所以拉伸速率对下屈服强度的影响为±5MPa，按均匀分布考虑：

$$u(R_{eLV})=\frac{5}{\sqrt{3}}=2.887$$

$$u_{rel}(R_{eLV})=\frac{2.887}{393.4}=0.734\%$$

（6）下屈服强度的相对合成不确定度　下屈服强度的相对标准不确定度分量汇总见附表3。

附表3　下屈服强度的相对标准不确定度分量汇总

相对标准不确定度分量	不确定度来源	相对标准不确定度(%)
$u_{rel}(rep)$	测量重复性	0.682
$u_{rel}(F_{eL})$	下屈服力	0.620
$u_{rel}(S_o)$	试样原始横截面积	0.578
$u_{rel}(R_{eLV})$	拉伸速率	0.734

相对合成不确定：

$$u_{crel}(R_{eL})=\sqrt{u_{rel}^2(rep)+u_{rel}^2(F_{eL})+u_{rel}^2(S_o)+u_{rel}^2(R_{eLV})}$$

$$=\sqrt{(0.682\%)^2+(0.620\%)^2+(0.578\%)^2+(0.734\%)}=1.312\%$$

（7）下屈服强度的相对扩展不确定度　取包含概率 $p=95\%$，按 $k=2$，则

$$U_{rel}(R_{eL})=ku_{crel}(R_{eL})=2\times1.312\%=2.624\%$$

4. 规定塑性延伸强度不确定度的评定

（1）数学模型

$$R_p=\frac{F_p}{S_o}$$

$$u_{crel}(R_p)=\sqrt{u_{rel}^2(rep)+u_{rel}^2(F_p)+u_{rel}^2(S_o)+u_{rel}^2(R_{pV})}$$

式中　R_p——规定塑性延伸强度；

F_p——规定塑性延伸力；

S_o——原始横截面积；

rep——重复性；

R_{pV}——拉伸速率对规定塑性延伸强度的影响。

（2）A 类相对标准不确定度分量　本例评定三个试样测量平均值的不确定度，故应除以$\sqrt{3}$，则

$$u_{rel}(rep)=\frac{s}{\sqrt{3}}=\frac{1.439\%}{\sqrt{3}}=0.831\%$$

（3）规定塑性延伸力 F_p 的 B 类相对标准不确定度分量　规定塑性延伸力 F_p 的相对标准不确定分量 $u_{rel}(F_p)$ 的评定，除最大力 F_m 的相对标准不确定评定［与 $u_{rel}(F_m)$ 相同］，还包括引伸计测量应变的相对标准不确定度 $u_{rel}(\Delta L_e)$ 与引伸计对力值带来的相对标准不确定度 $u_{rel}(F_e)$ 的评定。$u_{rel}(\Delta L_e)$ 和 $u_{rel}(F_e)$ 近似符合下式：

$$u_{rel}(F_e)=\tan\alpha\cdot u_{rel}(\Delta L_e)$$

1 级引伸计的相对误差为±1%，按均匀分布考虑，则

$$u_{rel}(\Delta L_e)=\frac{1\%}{\sqrt{3}}=0.577\%$$

在实际操作中，α 角与坐标轴的比例有关，$\tan\alpha=\frac{\Delta F}{\Delta L}$，本例中在交截点$\frac{\Delta F}{\Delta L}\approx 0$，则

$$u_{rel}(F_e)=\frac{\Delta F}{\Delta L}\cdot u_{rel}(\Delta L_e)\approx 0$$

$$u_{rel}(F_p)=\sqrt{u_{rel}^2(F_1)+u_{rel}^2(F_2)+u_{rel}^2(F_3)+u_{rel}^2(F_e)}=0.620\%$$

（4）原始横截面积 S_o 的 B 类相对标准不确定度分量　原始横截面积相对不确定度与 2.（4）相同：

$$U_{rel}(S_o)=0.578\%$$

（5）拉伸速率影响带来的相对标准不确定度分量　试验得出，在拉伸速率变化范围内规定塑性延伸强度最大相差 10MPa，所以拉伸速率对规定塑性延伸强度的影响为±5MPa，按均匀分布考虑：

$$u(R_{eLV})=\frac{5}{\sqrt{3}}=2.887$$

$$u_{rel}(R_{eLV})=\frac{2.887}{398.7}\times 100\%=0.724\%$$

（6）规定塑性延伸强度的相对合成不确定度　规定塑性延伸强度的相对标准不确定分量汇总见附表 4。

附表 4　规定塑性延伸强度的相对标准不确定度分量汇总

相对标准不确定度分量	不确定度来源	相对标准不确定度(%)
$u_{rel}(rep)$	测量重复性	0.831
$u_{rel}(F_p)$	规定塑性延伸力	0.620
$u_{rel}(S_o)$	试样原始横截面	0.578
$u_{rel}(R_{pV})$	拉伸速率	0.724

相对合成不确定度：

$$u_{crel}(R_p)=\sqrt{u_{rel}^2(F_p)+u_{rel}^2(rep)+u_{rel}^2(S_o)+u_{rel}^2(R_{pV})}$$

$$=\sqrt{(0.831\%)^2+(0.620\%)^2+(0.578\%)^2+(0.724\%)}=1.390\%$$

（7）规定塑性延伸强度的相对扩展不确定度　取包含概率 $p=95\%$，按 $k=2$，则

$$U_{rel}(R_p)=ku_{crel}(R_p)=2\times1.390\%=2.780\%$$

5. 断后伸长率不确定度的评定

（1）数学模型

$$A=\frac{L_u-L_o}{L_o}$$

式中　A——断后伸长率；

L_o——原始标距；

L_u——断后标距。

断后伸长 ΔL（L_u-L_o）的测量应准确到±0.25mm。在评定测量不确定度时公式应表达为

$$A=\frac{L_u-L_o}{L_o}=\frac{\Delta L}{L_o}$$

ΔL 与 L_o 彼此不相关，则

$$u_{crel}(A)=\sqrt{u_{rel}^2(rep)+u_{rel}^2(L_o)+u_{rel}^2(\Delta L)+u_{rel}^2(off)}$$

（2）A类相对标准不确定度分量　本例评定三个试样测量平均值的不确定度，故应除以$\sqrt{3}$，则

$$u_{rel}(rep)=\frac{s}{\sqrt{3}}=\frac{0.643\%}{\sqrt{3}}=0.372\%$$

（3）原始标距的B类相对标准不确定度分量　根据标准规定，原始标距的标记 L_o 应准确到±1%。按均匀分布考虑 $k=\sqrt{3}$，则

$$u_{rel}(L_o)=\frac{1\%}{\sqrt{3}}=0.577\%$$

（4）断后伸长的B类相对标准不确定度分量　ΔL 的测量应准确到±0.25mm。本试验的平均伸长为12.715mm，按均匀分布考虑 $k=\sqrt{3}$，则

$$u_{rel}(\Delta L)=\frac{0.25}{12.715\times\sqrt{3}}\times100\%=1.135\%$$

（5）修约带来的相对标准不确定度分量　断后伸长率的修约间隔为0.5%。按均匀分布考虑，修约带来的相对标准不确定度分量：

$$u_{rel}(off)=\frac{0.5\%}{2\times\sqrt{3}\times25.43\%}\times100\%=0.568\%$$

（6）断后伸长率的相对合成不确定度　断后伸长率的相对标准不确定度分量汇总见附表5。

附表 5　断后伸长率的相对标准不确定度分量汇总

相对标准不确定度分量	不确定度来源	相对标准不确定度(%)
$u_{rel}(rep)$	测量重复性	0.372
$u_{rel}(L_o)$	试样原始标距	0.577
$u_{rel}(\Delta L)$	断后伸长	1.135
$u_{rel}(off)$	修约	0.568

相对合成不确定度：

$$u_{crel}(A)=\sqrt{u_{rel}^2(rep)+u_{rel}^2(L_o)+u_{rel}^2(\Delta L)+u_{rel}^2(off)}$$

$$=\sqrt{(0.372\%)^2+(0.577\%)^2+(1.135\%)^2+(0.568\%)}=1.443\%$$

（7）断后伸长率的相对扩展不确定度　取包含概率 $p=95\%$，按 $k=2$，则

$$U_{rel}(A)=ku_{crel}(A)=2\times1.443\%=2.886\%$$

6. 断面收缩率不确定度的评定

（1）数学模型

$$Z=\frac{S_o-S_u}{S_o}$$

式中　Z——断面收缩率；

S_o——原始横截面积；

S_u——断后最小横截面积。

公式中 S_u 不独立，与 S_o 相关性显著，近似按 S_o 与 S_u 相关系数为 1 考虑，符合下式关系：

$$u_c^2(y)=\left[\sum_{i=1}^{N}c_iu(x_i)\right]^2=\left[\sum_{i=1}^{N}\frac{\partial f}{\partial x_i}u(x_i)\right]^2$$

$$u_c(S_o,S_u)=\left|\frac{S_u}{S_o^2}\cdot u(S_o)-\frac{1}{S_o}\cdot u(S_u)\right|$$

$$u_c(Z)=\sqrt{u_c^2(S_o,S_u)+u^2(rep)+u^2(off)}$$

（2）A 类标准不确定度分量　本例评定三个试样测量平均值的不确定度，故应除以 $\sqrt{3}$，则

$$u(rep)=\frac{s}{\sqrt{3}}=\frac{2.709\%}{\sqrt{3}}=1.564\%$$

（3）原始横截面积的标准不确定度分量　测量每个尺寸应准确到±0.5%，试样公称直径 $d=10$mm，$S_o=\frac{1}{4}\pi d^2=78.54\text{mm}^2$，则

$$u_{rel}(d)=\frac{0.5\%}{\sqrt{3}}=0.289\%$$

$$u_{rel}(S_o)=2u_{rel}(d)=0.578\%$$

$$u(S_o) = 78.54\text{mm}^2 \times 0.578\% = 0.454\text{mm}^2$$

（4）断裂后横截面积的标准不确定度分量　标准中规定断裂后最小横截面积的测定应准确到±2%，按均匀分布考虑：

$$u_{rel}(S_u) = \frac{2\%}{\sqrt{3}} = 1.155\%$$

根据计算断后缩径处最小直径处横截面积平均为 $S_u = 37.566\text{mm}^2$，则

$$u(S_u) = 37.566\text{mm}^2 \times 1.155\% = 0.434\text{mm}^2$$

（5）修约带来的相对标准不确定度分量　根据 GB/T 228.1—2021 的规定，断面收缩率的修约间隔为 1%，按均匀分布考虑，修约带来的标准不确定度分量：

$$u(\text{off}) = \frac{1\%}{2\times\sqrt{3}} = 0.289\%$$

（6）断面收缩率的相对合成不确定度　断面收缩率的相对标准不确定度分量汇总见附表 6。

附表 6　断面收缩率的相对标准不确定度分量汇总

相对标准不确定度分量	不确定度来源	相对标准不确定度	平均值
$u(\text{rep})$	测量重复性	1.564%	$\overline{Z} = 51.57\%$
$u(S_u)$	断裂后横截面积	0.434mm^2	$\overline{S_u} = 37.566\text{mm}^2$
$u(S_o)$	试样原始横截面积	0.454mm^2	$\overline{S_o} = 78.54\text{mm}^2$
$u(\text{off})$	修约	0.289%	

相对合成不确定度：

$$u_c(S_o, S_u) = \left| \frac{S_u}{S_o^2} \cdot u(S_o) - \frac{1}{S_o} \cdot u(S_u) \right| = \left| \frac{37.566}{78.54^2} \times 0.454 - \frac{0.434}{78.54} \right| = 0.276\%$$

$$u_c(Z) = \sqrt{u_c^2(S_o, S_u) + u^2(\text{rep}) + u^2(\text{off})}$$

$$= \sqrt{(0.276\%)^2 + (1.564\%)^2 + (0.289\%)^2} = 1.614\%$$

（7）断面收缩率的相对扩展不确定度　取包含概率 $p = 95\%$，按 $k = 2$，则相对扩展不确定度：

$$U(Z) = ku_c(Z) = 2 \times 1.614\% = 3.228\%$$

7. 相对扩展不确定度结果汇总

相对扩展不确定度结果汇总见附表 7。

附表 7　相对扩展不确定度结果汇总

抗拉强度相对扩展不确定度 $U_{rel}(R_m)$	下屈服强度相对扩展不确定度 $U_{rel}(R_{eL})$	规定塑性延伸强度相对扩展不确定度 $U_{rel}(R_p)$	断后伸长率相对扩展不确定度 $U_{rel}(A)$	断面收缩率相对扩展不确定度 $U_{rel}(Z)$
2.0%	2.6%	2.8%	2.9%	3.2%

参考文献

[1] 刘瑞堂，刘文博，刘锦云．工程材料力学性能［M］．哈尔滨：哈尔滨工业大学出版社，2001.

[2] 机械工业理化检验人员技术培训和资格鉴定委员会，中国机械工程学会理化检验分会．金属材料力学性能试验［M］．北京：科学普及出版社，2014.

[3] 束德林．金属力学性能［M］．北京：机械工业出版社，1987.

[4] 屠海令，干勇．金属材料理化测试全书［M］．北京：化学工业出版社，2007.

[5] 金属夏比缺口冲击试验方法国家标准实施指南编写组．金属夏比缺口冲击试验方法国家标准实施指南［M］．北京：中国标准出版社，2006.

[6] 高镇同．疲劳性能测试［M］．北京：国防工业出版社，1980.

[7] 徐灏．疲劳强度［M］．北京：高等教育出版社，1988.

[8] 傅祥炯．结构疲劳与断裂［M］．西安：西北工业大学，1995.

[9] 全国钢标准化技术委员会．钢及钢产品　力学性能试验取样位置及试样制备：GB/T 2975—2018［S］．北京：中国标准出版社，2018.

[10] 全国钢标准化技术委员会．金属材料　拉伸试验　第1部分：室温试验方法：GB/T 228.1—2021［S］．北京：中国标准出版社，2018.

[11] 全国钢标准化技术委员会．金属材料　拉伸试验　第2部分：高温试验方法：GB/T 228.2—2015［S］．北京：中国标准出版社，2015.

[12] 全国钢标准化技术委员会．金属材料　拉伸试验　第3部分：低温试验方法：GB/T 228.3—2019［S］．北京：中国标准出版社，2019.

[13] 全国钢标准化技术委员会．金属材料　布氏硬度试验　第1部分：试验方法：GB/T 231.1—2018［S］．北京：中国标准出版社，2018.

[14] 全国钢标准化技术委员会．金属材料　洛氏硬度试验　第1部分：试验方法：GB/T 230.1—2018［S］．北京：中国标准出版社，2018.

[15] 全国钢标准化技术委员会．金属材料　维氏硬度试验　第1部分：试验方法：GB/T 4340.1—2009［S］．北京：中国标准出版社，2009.

[16] 全国钢标准化技术委员会．金属材料　夏比摆锤冲击试验方法：GB/T 229—2020［S］．北京：中国标准出版社，2020.

[17] 全国钢标准化技术委员会．金属材料　弯曲力学性能试验方法：YB/T 5349—2014［S］．北京：冶金工业出版社，2014.

[18] 全国钢标准化技术委员会．金属材料　弯曲试验方法：GB/T 232—2010［S］．北京：中国标准出版社，2010.

[19] 全国钢标准化技术委员会．金属材料　室温压缩试验方法：GB/T 7314—2017［S］．北京：中国标准出版社，2017.

[20] 全国紧固件标准化技术委员会．紧固件机械性能　螺栓、螺钉和螺柱：GB/T 3098.1—2010［S］．北京：中国标准出版社，2010.

[21] 全国法制计量管理计量技术委员会．测量不确定度评定与表示：JJF 1059.1—2012［S］．北京：中国标准出版社，2013.

[22] 全国认证认可标准化技术委员会．测量不确定度评定与表示：GB/T 27418—2017［S］．北京：中国

标准出版社，2018.
[23] 中国合格评定国家认可委员会. 测量不确定度要求的实施指南：CNAS-GL05：2011 [S]. 北京：中国标准出版社，2011.
[24] 中国合格评定国家认可委员会. 材料理化检验测量不确定度评估指南及实例：CNAS-GL10：2006 [S]. 北京：中国计量出版社，2007.